养殖高手谈经验丛书

肖冠华 编著

YANGROUNIU GAOSHOU TANJINGYAN

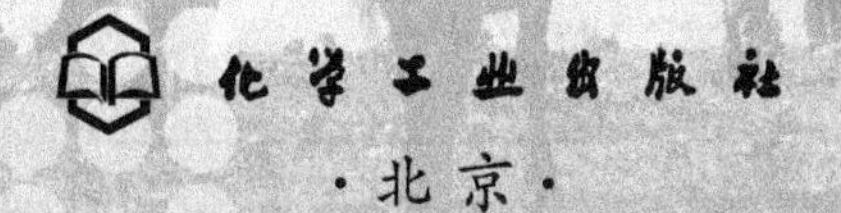

·北京·

图书在版编目（CIP）数据

养肉牛高手谈经验/肖冠华编著. —北京：化学工业出版社，2015.5（2019.11重印）
（养殖高手谈经验丛书）
ISBN 978-7-122-23506-0

Ⅰ.①养… Ⅱ.①肖… Ⅲ.①肉牛-饲养管理
Ⅳ.①S823.9

中国版本图书馆CIP数据核字（2015）第066502号

责任编辑：邵桂林　　　　文字编辑：何　芳
责任校对：宋　玮　　　　装帧设计：孙远博

出版发行：化学工业出版社
（北京市东城区青年湖南街13号　邮政编码100011）
印　　装：北京虎彩文化传播有限公司
850mm×1168mm　1/32　印张9½　字数274千字
2019年11月北京第1版第6次印刷

购书咨询：010-64518888　　　　售后服务：010-64518899
网　　址：http://www.cip.com.cn
凡购买本书，如有缺损质量问题，本社销售中心负责调换。

定　　价：30.00元

FOREWORD 前言

一直以来我国都是世界肉牛生产大国，却不是生产强国，肉牛业发展过程中所暴露出的种种问题实难回避，如单价连年上升、产量连年减少、存栏量连年减少、牛源日趋紧张、潜在消费增量加重的现实危机。

我国传统肉牛业养殖效益低的主要原因：一是牛的品种较差，许多试验证明，杂交牛比本地牛一般多增收20%～30%，而我国牛的品种落后，多以老黄牛为主；二是饲料配方不适合牛的生长需要，有什么吃什么，没有专门的配合饲料，耗料多，饲料利用率低，成本高；三是管理粗放，不善于学习利用新技术，采用老办法养牛，不善于核算，不注意节约劳动，加大了成本，肉牛的繁殖配种工作也跟不上，养牛收益低；四是经营方法单一，没有与种植业有机地结合起来，饲料开支大，卖牛收入少，收益不多；五是我国牛肉市场不健全，不管什么品种、性别、年龄、部位，价格没有多大区别，再好的肉牛或牛肉也卖不出高价格。另外还有一个重要原因，就是饲养周期长，未能及时出栏，增加了饲养成本。

《全国牛羊肉生产发展规划》（2013—2020年）提出推广普及先进实用技术：以推行"畜禽良种化、养殖设施化、生产规范化、防疫制度化、粪污处理无害化"为重点，提高肉牛标准化生产水平；推广优质牧草和农作物秸秆利用技术，科学优化牛饲草料结构，提高饲草料利用水平；因地制宜推广肉牛分段式育肥和全混合日粮饲喂等技术，提高饲养效率和效益。

《全国畜牧业发展第十二个五年规划（2011—2015）》提出的我国畜牧业发展中有这样两点原则。一是要求坚持发展标准化规模养殖。转变养殖观念，调整养殖模式，在因地制宜发展适度规模养殖的基础上，加快改善设施设备保障条件，大幅度提高标准化养殖技术水平，积极推行健康养殖方式，促进畜牧业可持续发展。二是坚持科技兴牧。依靠科技创新和技术进步，突破制约畜牧业发展的技术瓶颈，不断提高良种化水平、饲料资源利用水平、生产管理技术水平和疫病防控水平，加快畜牧业发展方式转变，推动畜牧业又好又快发展。

从我国政府制定的发展规划和目前的肉牛生产现状看，首要的问题是要加强肉牛养殖人员养殖关键技术的培训与指导。因为科学技术是第一生产力，要用科学的养肉牛知识武装广大养肉牛人的头脑，才能提升我国肉牛养殖的整体水平。

笔者经常深入养殖一线，了解养肉牛人的需求。养肉牛人问到的最多问题是怎么做最合理、有没有什么更好的办法、有没有什么绝招、有没有什么窍门、同样的难题养殖搞得好的人是怎么做的等。他们不需要太多的大道理，需要的是怎么做。所以养殖实践经验对他们来说最有用、最实惠。

在新闻报道及我们身边都能看到一些养肉牛的成功人士，他们通常被称为养殖高手和养殖能人，在养肉牛上取得了令人羡慕的成就。

俗话说：成功自有非凡处。这些在养殖业上的成功者，他们在通往成功的道路上，并非一帆风顺，其中有成功的喜悦，也有惨痛的教训，尤其是经历过很多的挫折和失败，但是他们在面对失败的时候没有选择退却，而是认真总结经验和教训，最后凭着这些个人总结的宝贵经验，走向了成功的彼岸。这些经验对其他的养肉牛人同样有非常好的借鉴和指导作用。

因此，本人根据多年的肉牛养殖实践，同时吸收和借鉴同行业的成果经验，将这些经过实践检验的、确实可靠、切实可行的好经验、好做法总结出来，编写了此书，分享给有志成为养殖高手的读者。

全书包括养殖场规划与建设、品种确定与挑选、饲料与饲喂、饲养与管理、防病与治病、人员管理与物资管理、经营与销售等七章。每章介绍养肉牛生产技术的一个方面，其中每篇文章介绍一个养殖实用知识，全书涵盖养肉牛生产经营的各个环节。每篇经验文章力求做到短小简练、主题鲜明，做到既符合生产实际，又符合养殖科学的要求。这些知识涵盖了肉牛养殖的各个方面，突出实用性和可操作性，使读者一看就懂、一学就会、一用就灵，使他们少走弯路，真正解决饲养管理者生产实践中遇到的各种难题。养殖者如果掌握了这些绝招、妙招，无疑找到了通往养殖成功之门的金钥匙。

在本书编写过程中，参考借鉴了国内外一些肉牛养殖方面的专家和养殖实践者比较实用的观点和做法，在此对他们表示诚挚的感谢！由于编者水平有限，书中很多做法和体会难免有不妥之处，敬请批评指正。

编者

2015 年 2 月

CONTENTS 目录

第一章　肉牛场规划与建设

经验之一：肉牛场选址应该考虑的问题 …………………………… 1
经验之二：适度规模效益高 ………………………………………… 3
经验之三：牛舍建设要注意的问题 ………………………………… 5
经验之四：无公害肉牛生产常用数据 ……………………………… 7
经验之五：肉牛场必须有哪些设备？ ……………………………… 8
经验之六：采用犊牛舍（岛）技术单独养犊牛最科学 ………… 19
经验之七：冬季巧用塑料暖棚育肥肉牛 ………………………… 21
经验之八：养肉牛常用的牛舍 …………………………………… 24
经验之九：湖北省农户养牛“165”模式 ………………………… 26
经验之十：养牛场实用的青贮设施种类及要求 ………………… 27

第二章　品种确定与挑选

经验之一：品种选择适应性是关键 ………………………………… 31
经验之二：养殖比较多的肉牛品种 ………………………………… 34
经验之三：符合市场需求是引种的原则 …………………………… 35
经验之四：根据不同类型肉牛的生长速度确定饲养的肉牛品种 …………………………………………………… 35
经验之五：养牛要充分利用好肉牛体重增长规律 ……………… 36
经验之六：外购架子牛注意哪些事项？ ………………………… 36
经验之七：架子牛产地考察哪些内容？ ………………………… 40
经验之八：高产母牛的选择方法 ………………………………… 41
经验之九：架子牛的年龄鉴定方法 ……………………………… 44
经验之十：用肉眼鉴定肉牛的方法 ……………………………… 45
经验之十一：养牛场要合理确定牛群结构 ……………………… 46
经验之十二：后备母牛初配不宜过早 …………………………… 46

第三章　饲料与饲喂

经验之一：犊牛饲料应具备的特点 ………………………………… 48

经验之二：育肥牛饲料应具备的特点 …………………………… 49
经验之三：成年牛育肥饲料应具备的特点 ………………………… 50
经验之四：青年母牛饲料应具备的特点 …………………………… 50
经验之五：成年母牛饲料应具备的特点 …………………………… 51
经验之六：母牛不同饲养阶段的饲料组成 ………………………… 51
经验之七：牛消化饲料特点的利用 ………………………………… 54
经验之八：夏季肉牛饲料营养方面需要注意的问题 ……………… 55
经验之九：冬季饲料营养方面需要注意的问题…………………… 56
经验之十：配制肉牛饲料的基本原则 ……………………………… 57
经验之十一：配制配合饲料时应注意的事项……………………… 59
经验之十二：稻草喂牛需加工 ……………………………………… 60
经验之十三：外购饲料要注意的问题有哪些？…………………… 61
经验之十四：犊牛早期断奶优点多 ………………………………… 64
经验之十五：使用稻草颗粒饲料效果好 …………………………… 64
经验之十六：谷物发芽喂牛效果好 ………………………………… 66
经验之十七：给育肥牛添加多少蛋白质饲料最适宜 ……………… 66
经验之十八：舔砖的作用大 ………………………………………… 67
经验之十九：肉牛喜欢吃糖化饲料 ………………………………… 69
经验之二十：酒糟发酵技术要点 …………………………………… 69
经验之二十一：大豆渣发酵技术要点 ……………………………… 71
经验之二十二：全混合日粮是肉牛最合理的日粮………………… 73
经验之二十三：饲料的饲喂顺序有规矩 …………………………… 76
经验之二十四：犊牛补饲要及时 …………………………………… 77
经验之二十五：如何给带犊母牛补饲？ …………………………… 78
经验之二十六：夏季养牛防贪青 …………………………………… 79
经验之二十七：牛不宜多喂精饲料 ………………………………… 79
经验之二十八：犊牛一定要吃好初乳 ……………………………… 80
经验之二十九：犊牛使用代乳料效果好 …………………………… 81
经验之三十：犊牛饲喂常乳要坚持“五定”原则 ………………… 81
经验之三十一：高档肉牛高效饲喂技术 …………………………… 82
经验之三十二：酒糟饲喂肉牛技术要点 …………………………… 83
经验之三十三：啤酒糟饲喂肉牛技术要点 ………………………… 86
经验之三十四：秋季莫让牛采食五种草料 ………………………… 87

经验之三十五：给肉牛吃夜宵育肥快 …………………………… 88
经验之三十六：红薯面拌料喂牛要慎重 ………………………… 88
经验之三十七：利用草地放牧肥育肉牛的方法…………………… 89
经验之三十八：肉牛促长剂的种类及使用办法…………………… 89
经验之三十九：合理饲喂青贮饲料的方法 ……………………… 90

第四章 饲养与管理

经验之一：养肉牛就要懂得肉牛的行为特性………………………… 92
经验之二：肉牛的应激你知道多少？ ……………………………… 95
经验之三：影响肉牛生长的主要环境因素有哪些？ ……………… 96
经验之四：犊牛适宜的环境温度是多少？………………………… 99
经验之五：新生犊牛管理要做到“三勤”、“三净” ………… 100
经验之六：养牛常犯的错误及改进方法 ……………………… 100
经验之七：肉牛饮水要做到清洁、充足、达标 ……………… 102
经验之八：母牛产犊时接产的技巧 …………………………… 103
经验之九：每天刷拭牛体促进牛健康 ………………………… 103
经验之十：提高配种成功率的绝招 …………………………… 104
经验之十一：春季养肉牛需要注意哪些问题？ ……………… 110
经验之十二：夏季肉牛饲养管理应注意哪些问题？ ………… 111
经验之十三：秋季养肉牛需要注意哪些问题？ ……………… 114
经验之十四：冬季肉牛饲养管理应注意哪些问题？ ………… 115
经验之十五：养牛防止难产应该从配种开始 ………………… 117
经验之十六：后备母牛什么时间配种最合适？ ……………… 117
经验之十七：提高犊牛成活率的方法 ………………………… 118
经验之十八：做好初生犊牛的管护 …………………………… 120
经验之十九：犊牛应去角……………………………………… 122
经验之二十：育成公、母牛分群饲养好 ……………………… 123
经验之二十一：实现肉牛一年一胎的饲养管理要点 ………… 123
经验之二十二：高效育肥肉牛的饲养技术 …………………… 126
经验之二十三：舍饲肉牛育肥的养殖要点 …………………… 128
经验之二十四：放牧补饲强度育肥技术 ……………………… 132
经验之二十五：要重视母牛异常发情的辨别和处理 ………… 133
经验之二十六：如何确定肉牛的育肥时间长短？ …………… 135

经验之二十七：公牛去势采用附睾尾摘除法效果好 …… 135
经验之二十八：高档肉牛直线育肥技术 …… 136
经验之二十九：判断母牛是否已经怀孕的方法 …… 137
经验之三十：要精心呵护怀孕母牛 …… 140
经验之三十一：哪些征兆说明孕牛要分娩了？ …… 142
经验之三十二：母牛分娩前后的管理要点 …… 142
经验之三十三：肉牛分娩时助产要点 …… 145
经验之三十四：判断肉牛育肥结束的标准 …… 151
经验之三十五：肉牛圈养育肥实用技术 …… 152
经验之三十六：要定期给牛修蹄 …… 154
经验之三十七：给牛做标记常用的方法 …… 158
经验之三十八：高档牛肉生产技术 …… 159

第五章 防病与治病

经验之一：养牛场怎样防止传染病传入？ …… 166
经验之二：肉牛场消毒绝不是可有可无 …… 167
经验之三：养牛场常用的消毒方法 …… 169
经验之四：养殖场常用消毒剂及选用注意事项 …… 173
经验之五：养牛场怎样合理确定消毒方式 …… 180
经验之六：怎样具体做好牛场消毒？ …… 181
经验之七：影响消毒效果的主要因素 …… 183
经验之八：牛的一般临床检查 …… 185
经验之九：肉牛正常的粪便是什么样的？ …… 190
经验之十：别小看中药在防病中的作用 …… 191
经验之十一：养牛场应预备的药物 …… 193
经验之十二：养殖场苍蝇的解决办法 …… 199
经验之十三：牛的各种注射方法 …… 199
经验之十四：牛的投药方法 …… 204
经验之十五：孕牛用药有讲究 …… 206
经验之十六：护理高热病牛“六多” …… 207
经验之十七：免疫接种后出现免疫反应的处置经验 …… 208
经验之十八：牛结核病的防治 …… 209
经验之十九：牛布氏杆菌病的防治 …… 211

经验之二十：牛口蹄疫病的防治 …………………………………… 215
经验之二十一：牛病毒性腹泻-黏膜病的防治 …………………… 217
经验之二十二：牛流行热的防治体会 ……………………………… 219
经验之二十三：牛巴氏杆菌病的防治体会 ………………………… 222
经验之二十四：养肉牛场寄生虫病的防治措施 …………………… 223
经验之二十五：犊牛消化不良的防治体会 ………………………… 225
经验之二十六：犊牛下痢的防治体会 ……………………………… 226
经验之二十七：牛前胃阻塞的防治体会 …………………………… 228
经验之二十八：牛瘤胃臌气的防治体会 …………………………… 232
经验之二十九：牛瘤胃积食的防治体会 …………………………… 235
经验之三十：牛瘤胃酸中毒的防治体会 …………………………… 237
经验之三十一：牛食道阻塞的防治体会 …………………………… 239
经验之三十二：牛创伤性网胃腹膜炎的防治体会 ………………… 242
经验之三十三：牛蹄部疾病的防治体会 …………………………… 245
经验之三十四：日射病及热射病的防治体会 ……………………… 247
经验之三十五：胎衣不下的防治体会 ……………………………… 249
经验之三十六：牛氢氰酸中毒的防治体会 ………………………… 252
经验之三十七：牛酒糟中毒的防治体会 …………………………… 254
经验之三十八：牛亚硝酸盐中毒的防治体会 ……………………… 255
经验之三十九：牛菜籽渣中毒的防治体会 ………………………… 256
经验之四十：牛马铃薯中毒的防治体会 …………………………… 258
经验之四十一：牛尿素中毒的防治体会 …………………………… 259

第六章　人员管理与物资管理

经验之一：员工管理要“五个到位” ……………………………… 261
经验之二：聘用什么样的养殖人员？ ……………………………… 262
经验之三：员工管理的诀窍 ………………………………………… 264
经验之四：怎样合理制定饲养员的劳动定额？ …………………… 265
经验之五：养牛场的生产管理 ……………………………………… 266

第七章　经营与销售

经验之一：育肥牛养多大出售最合理 ……………………………… 276
经验之二：怎样养牛效益高？ ……………………………………… 276

经验之三：购买架子牛的说道多 ………………………………… 277
经验之四：影响肉牛高产肥育的因素 ……………………………… 279
经验之五：养肉牛不挣钱的原因 ………………………………… 280
经验之六：如何卖个好价钱？ …………………………………… 282
参考文献

第一章　肉牛场规划与建设

经验之一：肉牛场选址应该考虑的问题

肉牛场场址（图 1-1）的选择要有周密考虑，更要符合防疫规范要求，统筹安排，要有发展的余地和长远的规划，适应于现代化养牛业的需要。因此，必须与当地农牧业发展规划、农田基本建设规划以及今后修建住宅等规划结合起来，节约用地，不占或少占耕地。肉牛场的场址的选择要求如下。

图 1-1　肉牛场场区

1. 地势高燥，地形开阔

肉牛场应建在地势高燥、背风向阳、空气流通、土质坚实、地下水位较低（3 米以下）、具有缓坡的北高南低之处，适宜坡度为 1%～3%，最大不超过 25%，应在总体平坦的地方。地形开阔整齐，理想的是正方形或长方形，避免狭长形和多边角形。切不可建在低凹处、风口处。肉牛场地势过低，地下水位太高，极易造成排水困难，引起环境潮湿，影响牛的健康，同时蚊蝇也多，汛期积水以及冬季防寒困难。而地势过高，又容易招致寒风的侵袭，同样有害于牛的健康，且增加交通运输的困难。

2. 土质良好

土质以沙壤土最理想，沙土较适宜，黏土最不适。沙壤土土质松软，抗压性和透水性强，吸湿性、导热性小，毛细管作用弱。雨水、尿液不易积聚，雨后没有硬结，有利于牛舍及运动场的清洁与卫生干燥，有利于防止蹄病及其他疾病的发生。

3. 水源充足，水质良好

肉牛场要有充足的、符合卫生标准的、不含毒物、确保人畜安全和健康的水源，以满足生活、生产场区绿化用水。在有自来水供应的地方，设计规划好自来水管线网和水管口径。按每10头肉牛每天至少1吨水来计算。自建供水源时，可选用无污染的地面水源，建设牛场专用水塔或蓄水池，位置设在场部管理区附近，做好安全和防污染措施。打深井取水是最好的封闭性水源，经勘测，要求地下水源充足，还要对水源进行物理、化学及生物学分析，特别要注意水中微量元素成分与含量是否符合饮用水要求。在几种水源如河、湖、塘、井等都具备的情况下，可采用从不同水源分别取水，从卫生、经济、节约资源和能源等各方面考虑，可分别建设饮用水和生产用水网络，做到既卫生又经济，并能充分利用自然资源。

4. 草料资源丰富，运输距离短

肉牛饲养所需的饲料特别是粗饲料的需要量大，不宜远距离运输。肉牛场应距秸秆、青贮和干草饲料资源较近，以保证草料供应，同时可减少运费，降低成本。尽量避开周围同等规模的饲养场，以避免原料竞争。

5. 交通便捷

由于饲料运进，粪肥的销售，运输量很大，来往频繁，有些运输要求风雨无阻。因此，在满足防疫要求的情况下，牛场应兼顾距离饲料生产基地、放牧地、离公路或铁路较近，并符合防疫安全的地方。但又不能太靠近交通要道与工厂、住宅区，以利防疫和环境卫生。

6. 场址符合防疫要求

符合兽医卫生和环境卫生的要求，周围无传染源。远离主要交通要道、村镇工厂1000米以外，一般交通道路500米以外。还要避开对牛场污染的屠宰、化工和工矿企业1500米以外，特别是化工类企业。

对于较大型的肉牛场，为防止畜群粪尿对环境的污染，粪尿处理要离开人的活动区，选择较开阔的地带建场，以有利于对人类环境的保护和畜群防疫。

禁止在饮用水水源保护区、风景名胜区、自然保护区的核心区和缓冲区、城镇居民区、文化教育科学研究区等人口集中区域、法律、法规规定的其他禁止养殖区域建设畜禽养殖场、养殖小区。

7. 电力供应充足

现代化牛场的饲料加工、通风、饲喂以及清粪等都需要电。因此，牛场要设在供电方便的地方。

8. 有利于防止自然灾害

要综合考虑当地的气象因素，如最高温度、最低温度，湿度、年降雨量、主风向、风力等，以选择有利地势。肉牛场区的小气候要相对稳定，但要通风。消除由于地势、地形原因造成的场区空气呆滞、污浊、潮湿、闷热等。所以，不宜在谷地或山坳里建肉牛场。

经验之二：适度规模效益高

经济学理论告诉我们：规模才能产生效益，规模越大效益越大，但规模达到一个临界点后其效益随着规模呈反方向下降。适度规模养殖是在一定的适合的环境和适合的社会经济条件下，各生产要素（土地、劳动力、资金、设备、经营管理、信息等）的最优组合和有效运行，取得最佳的经济效益。所谓肉牛养殖生产的适度规模，是指在一定的社会条件下，肉牛养殖生产者结合自身的经济实力、生产条件和技术水平，充分利用自身的各种优势，把各种潜能充分发挥出来，以取得最好经济效益的规模。

养肉牛规模太小了不行，但也不是规模越大越好，肉牛养殖规模的扩大必须以提高劳动生产率和经济效益为目的。养殖规模的大小因养殖经营者的自身条件不同而不同，不能一概而论。通常养肉牛规模过大，资金投入相对较大，资源过度消耗，生态环境恶化，疫病防控成本倍增，饲料供应、架子牛购买、牛粪处理的难度增大，而且市场风险也增大。因此，适度规模应该注意以下几个方面。

一是与自身资金实力相适应。肉牛养殖的所需投资很大，尤其是短期育肥时购买架子牛需要的流动资金更大。据黑龙江农业信息网，

2013年8月12日黑龙江省部分地区黄牛平均价格每头最低4600元，最高15000元，普遍价格每头在8000元左右。如果一次购进100头，不包括运输和其他费用，仅购牛成本一项至少需要46万元。而牛进场以后，陆续要投入饲料、雇人工、防病治病、水电等一些费用，也是一项很大开支，一直要等出售牛的时候才能形成良性循环，前期一直是投入。如果资金不足，就会出现难以为继。所以投资者必须根据自身的资金情况来确定饲养规模的大小。资金雄厚者，规模可大些。资金薄弱者，宜从小规模起步，适合滚动发展的策略。

二是与所在地区发展形势相结合。根据《全国肉牛优势区域布局规划（2008～2015年）》，全国规划了中原肉牛区、东北肉牛区、西北肉牛区和西南肉牛区等四个优势区域，优势区域涉及17个省（自治区、直辖市）的207个县市。明确了各肉牛优势区域的发展方向，如果处在这四个肉牛养殖优势区，投资者可以根据所在区域的规划目标定位与主攻方向确定养殖的品种和规模。比如中原肉牛区目标定位为建成为“京津冀”、“长三角”和“环渤海”经济圈提供优质牛肉的最大生产基地；东北肉牛区目标定位为满足北方地区居民牛肉消费需求，提供部分供港活牛，并开拓日本、韩国和俄罗斯等周边国家市场；西北肉牛区目标定位为满足西北地区牛肉需求，以清真牛肉生产为主；兼顾向中亚和中东地区出口优质肉牛产品，为育肥区提供架子牛。西南肉牛区目标定位为立足南方市场，建成西南地区优质牛肉生产供应基地。

三是与当地的饲料资源相适应。要全面掌握养殖当地的饲料资源，要保证就近解决饲料问题。靠长途运输、高价购草来饲养肉牛将得不偿失。在条件允许的情况下，若能拿出适当的耕地进行粮草间作、轮作解决青饲料供应问题。一般每头成年基础母牛至少匹配1公顷的饲草、饲料种植地，粗饲料自给自足、数量和质量均有保障，饲养成本较低，真正做到农牧业生产良性生态循环，实现牛养殖业的规模化、标准化及健康持续的发展。饲草问题解决之后，还应考虑季节因素。饲养育肥架子牛的，一般应选在夏、秋季饲草生长旺盛的季节饲养，不宜在冬、春枯草季节饲养。

四是与自身经营管理水平相适应。应考虑投资者自身的经营管理水平，如果不掌握肉牛的生长发育规律和生理特点，不使用科学的饲养技术，就难以获得高效益。因此，要搞规模肉牛养殖，建场前必须对养牛的基础知识有全面的了解，并在以后的饲养实践中不断地总结和学习，系统地运用新的技术，降低成本，提高效益。所以，投资者应在自身管理水平允许的范围内确定规模大小。对于没有经验的，可由小规模起步，总结出成熟的管理经验后，再扩大肉牛饲养规模。

五是架子牛的来源相适应。购买架子牛育肥是肉牛养殖的主要方式。如果养殖场处在架子牛养殖比较集中的区域，架子牛的购买即方便，可供挑选的优质架子牛多，购买的成本也低。相反，如果养殖者处在架子牛养殖较少的地区，如果要养殖就要到距离很远的地方购买，属于长途贩运，运输成本和运输风险都很高，得不偿失。

结合实践经验，饲养母牛的适度规模应该是：家庭农场、小规模养牛户应以饲养30～60头的成年母牛为宜；养殖合作社以100～300头成年母牛为宜，大中型牛场以养殖400～1500头成年母牛为宜。

饲养育肥架子牛的，可以比饲养成年母牛数量多一些，具体数量还要考虑架子牛的来源、饲养场地、饲草、牛粪处理、劳动力、防疫等条件再决定。

经验之三：牛舍建设要注意的问题

牛舍是养肉牛的基本条件之一，修建牛舍的目的是为了给牛创造适宜的生活环境，保证牛的健康和生产的正常运行。花较少的饲料原料、资金、能源和劳力，获得更多的畜产品和较高的经济效益。为此设计肉牛舍应注意以下问题。

1. 环境要适宜

一个适宜的环境可以充分发挥牛的生产潜力，提高饲料利用率。一般说来，家畜的生产力20％取决于品种，40％～50％取决于饲料原料，20％～30％取决于环境，不适宜的环境温度可以使家畜生产力下降10％～30％，此外即使喂给全价饲料，如果没有适宜的环境，饲料也不能最大限度地转化为畜产品，从而降低了饲料利用率。由此可见，修建畜舍时，必须符合家畜对各种环境条件的要求，包括温度、湿度、通风、光照、空气中的二氧化碳、氨、硫化氢，为家畜创造适宜的环境。牛舍四周和道路两旁应绿化，以调节小气候。

2. 结构要合理

规模化牛场为了长久的发展需要，尽量建设经久耐用的砖瓦结构牛舍。牛舍的屋顶要求选用隔热保温性好的材料，并有一定的厚度；牛舍墙壁的厚度至少 24 厘米，最好做一层外墙保温。采用彩钢板的钢结构牛舍，要砌筑至少 1 米高的围墙，然后在围墙上安装彩板房，彩板房直接接触地面容易腐烂，故不宜直接接触地面安装。

双坡式牛舍房脊高 3.2～3.5 米，前后墙高 2.4 米；单坡式牛舍前墙高 2.4 米，后墙高 2 米；平顶式牛舍墙高 2.4～2.5 米。

牛舍内地面可采用砖地面或水泥地面，要求坚固耐用而且便于清扫和消毒。要铺设供牛休息的牛床，牛床的长度一般育肥牛为 1.6～1.8 米，成年母牛为 1.8～1.9 米，宽为 1.1～1.2 米。牛床坡度为 1.5%，前高后低。

牛舍内的通道可分为中间通道和饲料通道。一般通道的宽度应以送料车和清洁车能够通过为原则。对尾式饲养的双列式牛舍，中间通道宽度为 1.3～1.5 米，两边饲料通道各宽 0.8～0.9 米；对头式饲养的双列式牛舍，中间通道（兼作饲料通道）宽 1～1.5 米。

牛舍的大门采用铁制的，做到坚实牢固。大型双列式牛舍，一般设有正门和侧门，门向外开或左右拉动的对开门，正门宽 2.2～2.5 米，侧门宽 1.5～1.8 米，高 2 米。开设窗户的应按照窗的面积与牛舍的占地面积的比例 1∶11∶16 设计。南窗宜多，采光面积要大，通常为 1 米×1.5 米；北侧窗户宜少宜小，通常为 0.8 米×1 米。南北窗户数量的比例为 2∶1。

牛舍内的粪尿沟应不渗漏，表面光滑。一般宽 28～30 厘米、深 15 厘米，倾斜度为 1∶(50～100)。粪尿沟通至舍外污水池，应距牛舍 6～8 米，其容积根据牛的数量而定。

3. 符合生产工艺要求

生产工艺包括牛群的组成和周转方式、运送草料、饲喂、饮水、清粪等，也包括测量、称重、采精输精、防治和生产护理等措施。修建牛舍必须与本场生产工艺相结合，保证生产的顺利进行，否则将会给生产造成不便，甚至使生产无法进行。

4. 有利于防疫和减少疾病发生

要根据防疫要求合理进行场地规划和建筑物布局，确定畜舍的朝向和间距，设置消毒设施，合理安置污物处理设施等。

生产区要和生活区分开，生活区不在下风口而应与饲养区错开，生活区还应在水流或排污沟的上游方向。在牛场的边缘地带应建设隔离观察的牛舍，供新购入牛喂养观察、防疫和本场病牛的隔离观察治疗。

做到场区内的污道和净道分开。牛群周转、场内工作人员行走、场内运送饲料的专用道路与粪便等废弃物运送出场的道路必须彻底分开。

牛场废弃物的处理要符合《畜禽规模养殖污染防治条例》的要求，主要包括牛粪、尿、尸体及相关组织、垫料、过期兽药、残余疫苗、一次性使用的畜牧兽医器械及包装物和污水等的综合利用和无害化处理。

5. 要做到经济合理，技术可行

畜舍修建还应尽量降低工程造价和设施投资，为降低生产成本，加快资金周转。因此栏舍修建应尽量利用自然界的有利条件（如自然通风、自然光照等），尽量就地取材，采用当地施工建筑习惯，适当减少附属用房面积。畜舍设计方案必须是通过施工能够实现的，否则方案再好而施工技术上不可行，也只能是空想的设计。

经验之四：无公害肉牛生产常用数据

① 牛舍有害气体允许范围为：氨气≤20 毫克/立方米；二氧化碳≤1500 毫克/立方米；硫化氢≤8 毫克/立方米。

② 青贮储备量按每头牛每天 20 千克计算，应满足 6～7 个月需要。青贮窖池按每立方米 500～600 千克设计容量。

③ 饲草储备量：按每头牛每天 8 千克计算，应满足 3～6 个月需要。高密度草捆密度 350 千克/立方米。

④ 精饲料储备量应能满足 1～2 个月需要。

⑤ 运动场设在牛舍的前面或后面，面积按每头牛 6～8 平方米设计。自由运动场四周围栏可用钢管，高 150 厘米。运动场地面以三合土为宜，并向四周有一定坡度（3°～5°）。

⑥ 水：每 100 头存栏牛每天需水 20～30 吨。

⑦ 场界距离交通干线不少于 500 米，距居民居住区和其他畜牧场不少于 1000 米，距离畜产品加工场不少于 1000 米。

⑧ 规划面积按每头牛 18～20 平方米计算。

⑨ 道路与外界应有专用道路相连通。场内道路分净道和污道，两者严格分开，不得交叉、混用。净道路面宽度不小于 3.5 米，半径不小于 8 米。道路上空净高 4 米内没有障碍物。

⑩ 牛舍内部单列式内径跨度 4.5～5.0 米，双列式内径跨度 9.0～10.0 米，采用对头式饲养。两栋牛舍间距不少于 15 米。

⑪ 牛床距牛槽 1.70～1.80 米。牛床地面应结实、防滑，易于冲刷，并向粪沟 2°倾斜。可用粗糙水泥地面或竖砖铺设，水泥抹缝。

⑫ 粪沟宽 25～30 厘米，深 10～15 厘米，并向贮粪池一端倾斜 2°～3°。

⑬ 通道单列式位于饲槽与墙壁之间，宽度 1.30～1.50 米；双列式位于两槽之间，宽度 1.50～1.80 米。

⑭ 饲槽设在牛床前面，槽底为圆形，槽内表面应光滑、耐用。饲槽上口宽 55～60 厘米，底宽 35～40 厘米，前沿高 45～50 厘米，后沿高 60～65 厘米。

⑮ 工作间与调料室双列式牛舍靠近道路的一端，设有两间小屋，一间为工作间（或值班室），另一间为调料室，面积 12～14 平方米。

经验之五：肉牛场必须有哪些设备？

牛场设备主要包括拴系、饲喂、饮水、除粪尿及污水处理、饲料加工、青贮、消防、消毒、给排水及诊疗设备等。

一、拴系设备

拴系设备用以限制肉牛在牛床内的活动范围，使牛的前脚不能踩入饲槽，后脚不能踩入粪沟，牛身不能横躺在牛床上，但也不妨碍肉牛的正常站立、躺卧、饮水和采食饲料。

拴系设备有链式和关节颈架式等类型，常用的是软的横行链式颈架。两根长链（760毫米）穿在牛床两边支柱的铁棍上，能上下自由活动；两根短链（500毫米）组成颈圈，套在牛的颈部。结构简单，但需用较多的手工操作来完成拴系和释放肉牛的工作。

图1-2　关节颈架式

关节颈架（图1-2）拴系设备在欧美国家使用较多，有拴系或释放一头牛的，也有同时拴系或释放一批牛的。它由两根管子组成长形颈架，套在牛的颈部。颈架两端都有球形关节，使牛有一定的活动范围。

二、饲喂设备

1. 固定喂饲设备

固定喂饲设备的工作程序是青饲料（从料塔）→输送设备→牛舍或运动场饲料。

优点是饲料通道（牛舍内）小，牛舍建筑费用低，省饲料和转运工作量。

2. 输送带式喂饲设备

输送带式喂饲设备的运送饲料装置为输送带，带上撒满饲料，通往饲槽上方，再用一刮板在饲槽上方往复运动将饲料刮入饲槽。

3. 穿梭式喂饲车

穿梭式喂饲车指饲槽上方有一轨道，轨道上有一喂饲车，饲料进入饲料车，通过链板及饲料车的移动将饲料卸入饲槽。

4. 螺旋搅龙式喂饲设备

螺旋搅龙式喂饲设备是给在运动场上的肉牛喂饲的设备。

5. 机动喂饲车

大型牛场，青贮量很大，各牛舍（运动场）离饲料库太远，采用固定喂饲设备投资太大，可采用机动喂饲车。将青贮库卸出的饲料用喂饲车运送到各牛舍饲槽中，喂饲方便，设备利用率高。但冬季喂饲车频繁进入牛舍，不利于保暖，要设双排门、双门帘等保暖措施。

三、饮水设备

饮水设备多采用阀门式自动饮水器，它由饮水杯、阀门、顶杆和压板等组成。牛饮水时，触动饮水杯内的压板，推动顶杆将阀门开启，水即通过出水孔流入饮水杯内。饮水完毕牛抬起头后，阀门靠弹力回位，停止流水。

拴养每 2 头牛合用 1 个饮水器，散放每 6～8 头牛合用 1 个饮水器。图 1-3、图 1-4、图 1-5 是几种常用的饮水设备。

图 1-3 饮水碗

图 1-4 饮水器

图 1-5 饮水槽

四、除粪设备

除粪设备有机械除粪和水冲除粪两种。机械除粪有连杆刮板式、环形刮板式、双翼形推粪板式和运动场上除粪设备等。

连杆刮板式清粪装置用于单列牛床，链条带动带有刮板的连杆，在粪沟内往复运动，刮板单向刮粪，逐渐把粪刮向一端粪坑内。适用于在单列牛舍的粪沟内除粪。

环形刮板式除粪装置用于双列牛床，将两排牛床粪沟连成环形状（类似操场跑道），有环形刮板在沟内做水平环形运动，在牛舍一端环形粪沟下方设一粪池（坑）及倾斜链板升运器，粪入粪池后，再提运到舍外装车，运出舍外。适用于在双列牛舍的粪沟内除粪。

双翼形推粪板式除粪装置（图 1-6）用于隔栏散放，电机、减速器、钢丝绳＋翼形推粪板往复运动，把粪刮入粪沟内，往复运动由行程开关控制。翼形刮板（推粪板）有双翼板，两板可绕销轴转动，推粪时呈“V”形，返回时两翼合笼，“V”形板不推粪。适用于宽粪沟的隔栏散养牛舍的除粪作业。

图 1-6　机械清粪设备

运动场上除粪设备同养猪除粪车（铲车）相似，车前方有一刮粪铲，向一方推成堆状，发酵处理或装车运出场外。

五、饲料收割与加工机械

1. 青饲料联合收获机

青饲料联合收获机按动力来源分为牵引式、悬挂式和自走式三种。牵引式靠地轮或拖拉机动力输出轴驱动，悬挂式一般都由拖拉机动力输出轴驱动，自走式的动力靠发动机提供。按机械构造不同，青饲料收获机可分为滚筒式青饲料收获机、刀盘式青饲料收获机、甩刀式青饲料收获机和风机式青饲料收获机等。

2. 玉米收获机

玉米收获机专门用于收获玉米，一次可完成摘穗、剥皮、果穗收集、茎叶切碎、装车进行青贮等项工作。玉米收获机的类型按与拖拉机的挂接方式可分为悬挂式青饲玉米收获机、带有玉米割台的牵引式收获机以及带有玉米割台的自走式收获机。按收割方法又分为对行和不对行，按切割器型式分为复式割刀和立筒式旋转割刀。在选择自走式或牵引式的问题上，首先要根据购买者的使用性质来确定，既要满足青贮玉米和青饲料在最佳收割期时收割，又要考虑充分利用现有的拖拉机动力，更要考虑投资效益和回报率的问题。

3. 青饲料铡草机械

铡草机也称饲草切碎机（图 1-7），主要用于切碎粗饲料，如谷草、稻草、麦秸、玉米秸等。按机型大小可分为小型、中型和大型。

图 1-7 饲草切碎机

图 1-8 揉搓机

小型铡草机适用于广大农户和小规模饲养户，用于铡碎干草、秸秆或青饲料。中型铡草机也可以切碎干秸秆和青饲料，故又称秸秆青贮饲料切碎机。大型铡草机常用于规模较大的饲养场，主要用于切碎青贮原料，故又称青贮饲料切碎机。铡草机是农牧场、农户饲养草食家畜必备的机具。秸秆、青贮料或青饲料的加工利用，切碎是第一道工序，也是提高粗饲料利用率的基本方法。铡草机按切割部分形式可分为滚筒式和圆盘式 2 种。大中型铡草机为了便于抛送青贮饲料，一般多为圆盘式，而小型铡草机以滚筒式为多。为了便于移动和作业，大中型铡草机常装有行走轮，而小型铡草机多为固定式。

4. 揉搓机

揉搓机（图 1-8）是介于铡切与粉碎两种加工方法之间的一种新方法。各类秸秆揉搓机揉搓方式基本相同，基本上是以高速旋转的锤片结合机体内（工作室）表面的齿板形成的表面阻力对秸秆实施捶打，即所谓揉搓，其结构实质上就是粉碎机结构。经过揉搓后的成品秸秆多呈块状或碎散状，牲畜食用后在胃中堆积，易形成实体。牲畜有挑食现象，秸秆利用率较低。

5. 秸秆揉丝机

秸秆揉丝机和秸秆揉搓机在结构上前者较后者复杂，主要体现在秸秆揉丝机首先要具有使秸秆基本形成丝状的丝化装置，接着再进行揉搓处理，同时以进一步使其细化。

揉搓方式目前有锤片式、磨盘式和栅栏式。其中锤片式及磨盘式出料碎散，但磨盘式揉搓效果好。栅栏式揉搓效果俱佳，既保证了细丝状似草的形体，又保证了柔性。

秸秆揉丝机使物料经加工后，成品秸秆呈细丝条形的草状，符合牲口采食习性，易于消化及吸收营养（胃液可充分渗透到饲料间隙中）、易于打包贮存、氨化处理效果好、秸秆利用率高。适宜加工粗大株型秸秆和牧草。

6. 粉碎机

粉碎机类型有锤片式、爪式和对辊式 3 种。锤片式粉碎机（图 1-9）是一种利用高速旋转的锤片击碎饲料的机器，生产率高，适应性广，既能粉碎谷物类精饲料，又能粉碎含纤维、水分较多的青草类、秸秆类饲料，粉碎粒度好。爪式粉碎机（图 1-11）是利用固定在转子上的齿爪将饲料击碎，这种粉碎机结构紧凑、体积小、重量轻，适合于粉碎含纤维较少的精饲料。对辊式粉碎机（图 1-10）是由一对回转方向相反、转速不等的带有刀盘的齿辊进行粉碎，主要用于粉碎油料作物的饼粕、豆饼、花生饼等。

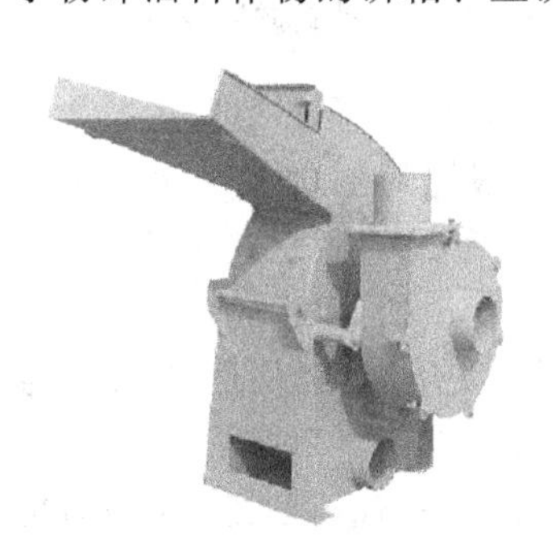

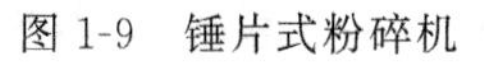

图 1-9　锤片式粉碎机　　图 1-10　对辊式粉碎机　　图 1-11　爪式粉碎机

7. 小型饲料加工机组

小型饲料加工机组主要由粉碎机、混合机和输送装置等组成。其特点是：①生产工艺流程简单，多采用主料先配合后粉碎再与副料混合的工艺流程；②多数用人工分批称量，只有少数机组采用容积式计量和电子秤重量计量配料，添加剂由人工分批直接加入混合机；③绝大多数机组只能粉碎谷物类原料，只有少数机组可以加工秸秆料和饼类料；④机组占地面积小，对厂房要求不高，设备一般安置在平房建筑物内。

8. 全自动全混合日粮（TMR）搅拌喂料车

全自动全混合日粮（TMR）搅拌喂料车，主要由自动抓取、自动称量、粉碎、搅拌、卸料和输送装置等组成。有多种规格，适用于不同规模的肉牛场、肉牛小区及TMR饲料加工厂。

图1-12 固定式搅拌喂料车

图1-13 移动式搅拌喂料车

固定式（图1-12）与移动式（图1-13）的选择主要应从牛舍建筑结构、人工成本、耗能成本等考虑。一般尾对尾老式牛舍，过道较窄，搅拌车不能直接进入，最好选择固定式；而一些大型牛场，牛舍结构合理，从自动化发展需求和人员管理的难度考虑，最好选择移动式。中小型牛场固定式与移动式的选择，应从运作成本考虑，主要涉及耗油、耗电、人工、管理几个方面，例如：选用7立方设备，固定式由22千瓦电机提供动力，牵引式需匹配65马力拖拉机，同样工作1小时，固定式耗电22度，牵引式耗油2.8升；牵引式可以直接将饲料撒入牛舍，固定式需采用一些运输工具；在劳动力上，牵引式较固定式可以节省搬运工人、减少饲喂人员；饲养管理上，牵引式直接将TMR撒入食槽供肉牛自由采食，固定式还需将加工好的TMR由人工分发给肉牛采食，牵引式可以简化饲养管理。

饲料搅拌喂料车可以自动抓取青贮、草捆和精料啤酒糟等，可以大量减少人工，简化饲料配制及饲喂过程，提高肉牛饲料转化率和产奶性能。

9. 牧草收获机械

牧草收获机械（图 1-14）是用机器将生长的牧草或作为饲草的其他作物切割、收集、制成各种形式的干草的作业过程。机械化收获牧草具有效率高，成本低，能适时收、多收等优点。世界上畜牧业发达国家都非常重视牧草收获技术。主要使用的收获方法是散草收获法和压缩收获法两种。

图 1-14　牧草收获机

散草收获法主要机具配置有割草机、搂草机、切割压扁机、集草器、运草车、垛草机等。不同机具系统由不同的单机组成。工艺流程是割草机割草—搂草机搂草—方捆机压方捆（或圆捆机压圆捆）—捡运或装运—贮存。要正确地对各单机进行选型，使各道工序之间的配合和衔接经济合理，保证整个收获工艺经济效果最佳。

压缩收获工艺比散草收获工艺的生产效率高（省略了集草堆垛工序），提高生产率 7～8 倍，草捆密度高、质量好，便于保存和提高运输效率。各单机技术水平和性能较先进，适用于我国牧区地势较平坦、产草量较高的草场。但一次性投资大，使用技术高，目前只在经济条件较好的牧场及贮草站使用。

六、牛舍通风及防暑降温的机械和设备

标准化肉牛养殖小区牛舍通风设备有电动风机和电风扇。轴流式风机（图 1-15）是牛舍常见的通风换气设备，这种风机既可排风，又可送风，而且风量大。电风扇也常用于牛舍通风，一般为吊扇。

喷淋降温系统是目前最实用且有效的降温方法。它是将细水滴喷到牛背上湿润它的皮肤，利用风扇及牛体的热量使水分蒸发以达到降温的目的。这主要是用来降低牛身体的温度，而不是牛舍的温度。当

图 1-15 轴流式风机

仅仅靠开启风扇不能有效消除肉牛热应激的影响时，可以将机械通风和喷淋结合。喷淋降温系统一般安装在牛舍的采食区、休息区、待挤区以及挤奶厅，它主要包括水路管网、水泵、电磁阀、喷嘴、风扇以及含继电器在内的控制设备。喷水与风扇结合使用，会形成强制气流，提高蒸发散热效率，迅速带走牛体多余的热量。喷淋通风结合降温系统时，通风和喷淋要交替进行。

图 1-16 喷雾消毒推车

图 1-17 消毒液发生器

七、消毒设备

① 消毒推车（图 1-16）：用于牛舍内消毒，便于移动，使用维护简便，适合牛舍内。

② 消毒液发生器（图 1-17）：用于生产次氯酸钠消毒液，具有成本低廉、便于操作的特点，可以现制现用，解决了消毒液运输、贮存的困难，仅用普通食盐和水即可随时生产消毒液，特别适合大型肉牛规模饲养场使用。

八、其他设备

其他设备包括牛场管理设备（刷拭牛体器具、体重测试器具，另外还需要配备耳标、无血去势器、体尺测量器械等、鼻环）、防疫诊疗设备、场内外运输设备及公用工程设备等。

1. 牛体刷

全自动牛体刷（图 1-18）包括吊挂固定基础部件、通过固定连接件悬挂在吊挂固定基础部件上的电机和刷体。当牛将刷体顶起倾斜时，电机自动起动，带动刷体旋转；当肉牛离开时，电机带动刷体继续旋转一段时间后停止。可实现刷体自动旋转、停止及手动控制。

牛体刷能够使肉牛容易达到自我清洁的目的，减少肉牛身体上的污垢和寄生虫。同时，牛体刷还可以促进肉牛血液循环，保持肉牛皮毛干净，提高采食量。使肉牛的头部、背部和尾部得到舒适的清理，不再到处摩擦搔痒，从而节约费用，预防事故发生。牛蹄刷也是生产高档牛肉必备的设备之一。

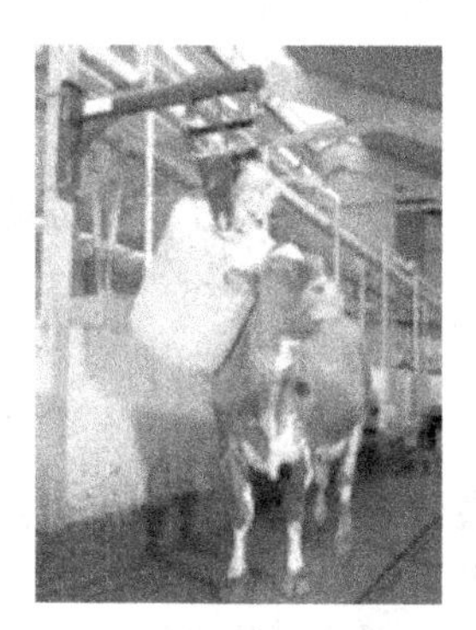

图 1-18　全自动牛体刷

2. 鼻环

为便于抓牛、牵牛和拴牛，尤其是对未去势的公牛，常给牛带上鼻环。鼻环有两种类型：一种为不锈钢材料制成，质量好又耐用。另一种为铁或铜材料制成，质地较粗糙，材料直径 4 毫米左右。

注意不宜使用不结实、易生锈的材料，其往往将牛鼻拉破引起感染。

3. 诊疗设备

兽医室需要配备消毒器械、手术器械、助产器、诊断器械、灌药器（图 1-19）和注射器械，以及修蹄工具（图 1-20、图 1-21）等。

图 1-19　连续灌药器

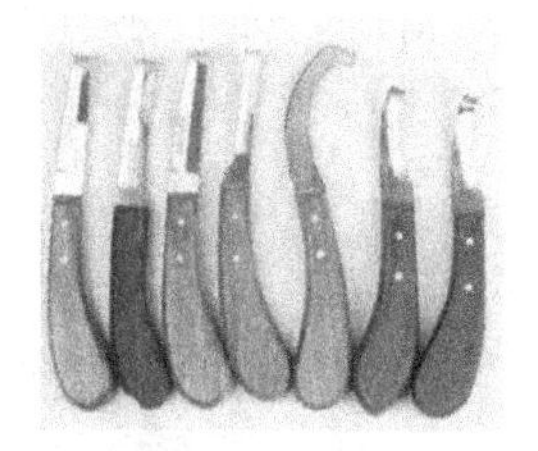

图 1-20　修蹄工具

无血去势钳（图 1-22）是一种兽医手术器械，用于雄性家畜的去势（又称阉割）手术。该器械通过隔着家畜的阴囊用力夹断动物精索的方法达到手术目的，不需要在家畜的阴囊上切口，故称“无血去势”。无血去势钳特别适用于公牛、公羊的去势，也可用于公马等家

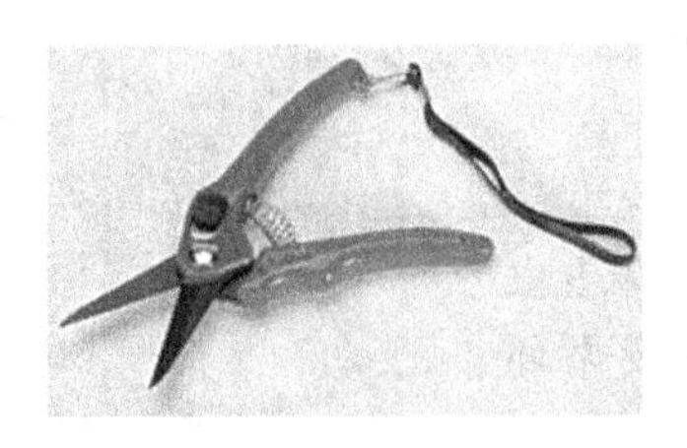

图 1-21 修蹄剪

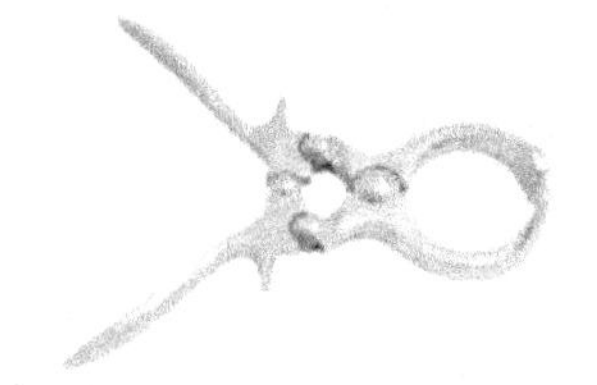

图 1-22 无血去势器

畜的去势。通常在家畜至少 1 个月大之后再进行这种手术。这是一种较为先进的兽医学器械。

弹力去势器（图 1-23）是一种兽医手术器械，用于雄性家畜的去势（又称阉割）手术。该器械通过将弹性极强的塑胶环放置在家畜的阴囊根部，压缩血管、阻碍睾丸血流的方式，来达到睾丸逐渐坏死萎缩的作用，实现手术目的。这种器械无需切开家畜阴囊，不会流血，从而降低了副作用，是一种较为先进的兽医手术器械。弹力去势器系统包括两大部分：弹力去势器本身和与之配套的塑胶环。弹力去势力器本身像是一把钳子，由金属制成，包括把手、杠杆机构和钳口几部分。与传统的外科手术式阉割的方法相比，具有同无血去势钳一样的优点，使用注意事项也同无血去势钳一样。

助产器（图 1-24）是牛场常用的诊疗设备之一，操作杆采用双杆设计，双杆可拼接、拆卸、存放十分方便，特殊的螺纹操作杆在使用中移动精确，而且不会打滑。助产器安装操作简单，使用灵活方便。

图 1-23 弹力去势器

图 1-24 助产器

4. 保定架

保定架是牛场不可缺少的设备，给牛打针、灌药、编耳号及治疗时均使用。通常用原木或钢管制成，架的主体高160厘米，铁颈枷支柱高200厘米，立柱部分埋入地下约40厘米，架长150厘米，宽65～70厘米。

5. 吸铁器

因为牛的采食行为是大口的吞咽，如果杂草中混杂着细铁丝等杂物容易误食，一旦吞进去以后，就不能排出，会积累在瘤胃里面，对牛的健康造成伤害，所以可以使用吸铁器（图1-25）将食料里面的杂物吸出。

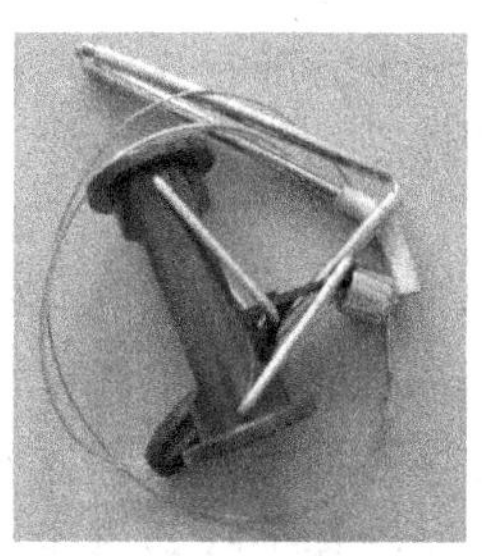

图1-25 吸铁器

经验之六：采用犊牛舍（岛）技术单独养犊牛最科学

犊牛岛（图1-26）技术即户外犊牛单独围栏饲养技术。为满足犊牛的生长发育的需要，给犊牛创造适合其生长发育特点的环境，提高犊牛的成活率，规模化的牛场均应建设单独的犊牛舍（岛）。犊牛采用单栏饲养，便于工人对犊牛和其生活环境的清洁与消毒，特别是避免犊牛间互相吸吮，改善犊牛的生活环境，降低下痢和胃肠炎的发病概率。充足的光照能够促进犊牛体内维生素D_3的合成，从而有利于钙的合成，可促进骨骼发育。

一般在气候适宜的情况下，犊牛出生后在室内设置的犊牛笼中饲养7～10天后即可转入室外犊牛舍（图1-27）或犊牛岛中饲养。该法

图 1-26 犊牛岛

图 1-27 犊牛舍

可以保证牛群快速增长，适用于0～3个月龄的犊牛，可将犊牛成活率提高到90%以上。

犊牛出生后即在靠近产房的单笼中饲养，每犊一笼，隔离管理，一般一月龄后才过渡到通栏。犊牛笼（图1-28）长130厘米、宽80～110厘米、高110～120厘米。笼侧面和背面用木条或钢丝网制成，笼侧面以向前方探出24厘米为宜，这样可防止犊牛互相吮舐，笼底用木制漏缝地板，利于排尿。笼正面为向外开的笼门，并采用镀锌管制作，设有颈枷，并在下方安有两个活动的铁圈和草架，铁圈可供放桶或盆，以便犊牛喝奶后能自由饮水、采食精料和草。

图 1-28 犊牛笼

犊牛岛由箱式牛舍（犊牛舍）和围栏（犊牛小运动场）组成，围栏正面设有活动的门，门上配有可放饮水桶和料桶的环，两个桶之间相距10～15厘米。犊牛栏前面要有两个开口并保持一定的距离，主要是为了防止犊牛饮水后立即吃料或吃料后立即饮水，而造成犊牛料被水浸或饮水被料弄脏。有固定式和可整体自由移动式。

箱式牛舍的规格为长2.2米、宽1.2米、高1.4米，顶部及后部可设可开启的通风孔，以保证通风透气效果。材料为整体铸塑或其他保温材料，卫生清理方便，隔热性能好。

犊牛舍的规格为长1.8～2米、宽1.2米、前檐高1.3～1.5米、后檐高1.1～1.3米，前后檐高度可根据当地气候温度确定，北方以保温为主，檐高可以低一些，南方以遮阴通风为主，檐高可高些。注意前檐不可比后檐过于高，过高会影响遮阴和保温效果。屋面前后檐要延长和探出10厘米，屋面为单坡，南高北低，采用双层屋面板或复合彩钢板，防止晒透导致笼内温度升高。

笼内设有木制踏板，上面铺垫草，供犊牛休息，踏板要高于地面10厘米，踏板选用的木板宽度不超过10厘米，板与板之间要留有1厘米的缝隙，也可选用竹片做板条，钉做踏板。

犊牛笼可以用砖砌，砖砌成本相对较低，长久耐用，但由于传导性强、夏天热、冬天凉。但犊牛运动场部分不可用砖砌墙体代替钢网，否则会影响通风效果。犊头笼也可以用木制，成本略高于砖砌，有维护费用，木制传导性差，所以隔温效果好。犊头笼有可移动功能，将其移开可进行彻底消毒和日晒，而且夏天可将其底部垫高，增加通风效果。

运动场长2米、宽1.2米（箱式牛舍或犊牛笼相当），两个运动场之间用钢网焊接隔离，钢网孔应小于2厘米，钢网高度不低于100厘米。

犊牛岛根据犊牛饲养数量设计为数排，每排之间距离2～3米。犊牛岛位置应靠近产牛舍，放置在舍外朝阳、通风效果好、阳光充足、干燥的旷场上。通常应为坐北朝南摆放，北半部放置犊牛笼，南半部为犊牛小运动场（运动场地面部分可砌砖或填充沙土）。整体地势要高于周边，要有配套的排水系统。

室外犊牛舍（岛）坐北向南，也可随季节或地区不同而调换方向。室外犊牛栏应设在地势平坦、排水良好的地方，要求清洁干燥、通风良好、光线充足及防风防潮等。在寒冷地区由于温度过低，需要对犊牛舍（岛）采取保温措施。

经验之七：冬季巧用塑料暖棚育肥肉牛

采用塑料暖棚养肉牛，可以有效地解决在寒冷的冬季和早春，环境温度低，影响肉牛生长的问题。据有关资料介绍，塑料暖棚利用阳光热能和牛自身体温散发的热量提高舍内温度，舍内温度比一般普通牛舍高10℃左右。在喂相同饲料的情况下，通过3个月（90天）的饲养对比，在暖棚内饲养的肉牛平均日增重1175克；而在一般牛舍饲养的肉牛因气温过低，不但没有增重，而且平均日减重125克。因此，采用塑料暖棚育肥肉牛，经济效益十分显著，应值得大力推广。

1. 塑料暖棚牛舍结构与设计

① 牛舍结构：以砖石结构为主，根据情况，也可采用泥土墙建舍。

② 牛舍设计：以背风向阳、坐北朝南的正房为主，不宜建厢房。角度为南偏东或西角度最多不要超过15°，舍南至少10米应无高大建筑物及树木遮蔽。

通常宽度5米，长度视养牛数量多少而定，但最长不宜超过50米，在一侧的大山开门，以保证冬季光照充足。

牛舍前檐高2.5米，后檐高1.7米。牛槽以砖砌，水泥撒浆，并用水泥将槽子里外抹光。牛舍正面（坐北朝南的为南面）为敞棚，用粗钢管或水泥桩作支柱，上面架钢管或松木杆做横梁，梁上架檩子，檩子上面挂椽子，铺木板，木板上铺一层苯板、秫秸或苇子，亦可直接用铺秫秸或苇子，最后再铺水泥瓦或石棉瓦、彩板瓦等做房盖，以达到冬季保温和夏季凉爽的目的。

夏季正面全部敞开，天气炎热时，可在正面搭设遮阳棚。冬季用带有一定弧度（40°～60°）的钢管或3.5米长的竹竿顺房檐摆开，间距90厘米，下面埋在地下，上面和房檐焊接或固定好，然后在钢管或竹竿上面用塑料大棚膜（应选择对太阳光透过率高而对地面长波辐射透过率低的聚氯乙烯等塑膜，其厚度以80～100微米为宜）扣上。最后用8号铁线或包塑的细钢丝绳压在大棚膜上面并进行固定，以防止风将大棚膜掀开。

大棚正面和顶棚不留通风孔，通风孔留在后面墙上，每栋牛舍留5～6个后窗。后窗宽度为80厘米，高度为50厘米，窗户低沿距离地面60厘米，作为通风和清粪两用。冬季夜间用草袋堵严，白天和清粪时打开，进行通风换气，及时排除水蒸气、二氧化碳、氨及硫化氢等废气。冬季塑料大棚上面覆盖草帘或纸被。夜间放下，白天卷起采光，以利牛舍保温。

舍内铺水泥地面，地面也可以采用铺红砖或三合土夯实，在牛休息的地方铺木板或红砖牛床。养育肥肉牛的，排尿沟留在中间，养母牛时排尿沟留在后面。沟深 25～35 厘米，沟宽 30 厘米。上边用木板或水泥板盖上，板与板中间留 3～4 厘米宽的缝，以便牛尿流入沟内。并由一头排出舍外。

育肥的肉牛在棚内饲养密度每头牛占用 4～5 平方米为宜。在暖棚内最好实行 1 牛 1 桩、1 牛 1 槽、短绳拴系的办法，牛吃完草料后即可靠桩槽卧下休息、反刍、晒太阳。

2. 注意事项

① 塑料暖棚扣塑料大棚膜的时间应根据无霜期的长短灵活掌握，在南方地区可晚些，北方地区可早些。一般的扣棚时间是 11 月份至次年的 3 月份。扣棚时，塑料薄膜应绷紧拉平，四边封严，不透风；夜间和阴雨风雪天气，要用草帘、棉帘等物将暖棚盖严以保温，并及时清除棚面上的积霜和积雪，以保证光照效果良好。

② 科学管理，使肉牛养成定点排粪尿的习惯，防止肉牛尿窝。水泥地面应有一定的坡度，能使粪尿顺利流向尿坑，并及时清除。

③ 实行高密度饲养，每间圈舍多养几头肉牛，充分利用肉牛自身产生的热量。

④ 用过的塑料薄膜要注意检查有无漏洞，对缺损部分要粘补好，平时注意保护塑料薄膜。及时用吸水性强的布擦抹塑料薄膜上的水滴，以减少棚内湿度。

⑤ 肉牛牛舍地面的垫草要保持干爽，勤换垫草有利于消除潮气，也可在肉牛牛舍内垫炉灰、干土吸收水分。

⑥ 加强食具管理，喂肉牛的食槽、拌料槽、水槽要定期用开水烫，刷洗干净。做到每顿不剩料，防止剩料酸败发霉而产生有害气体。同时食具和工具严格分开和使用，还要做好食具、工具和环境的定期和不定期消毒工作，以消除代谢物的腐臭气味，保证通风和空气新鲜，提高肉牛机体抗病力，保证肉牛的安全生产。

经验之八：养肉牛常用的牛舍

目前我国养殖肉牛采用比较多的牛舍形式有封闭式牛舍、半开放式牛舍、开放式棚舍和塑料暖棚式牛舍四种。

1. 封闭式牛舍

封闭式肉牛舍（图 1-29、图 1-30）应用最为广泛，尤其适合东北及西北地区。冬天舍内可以保持 10℃以上，夏天借助开窗自然通风和风扇等物理送风降温。封闭牛舍四面有墙和窗户，顶棚全部覆盖，分单列封闭舍和双列封闭舍。适合饲养母牛和犊牛，也可用于饲养育肥牛。通常采用拴系饲养方法。

图 1-29 封闭式牛舍一

图 1-30 封闭式牛舍二

单列封闭牛舍只有一排牛床，舍宽 6 米，高 2.6～2.8 米，舍顶可修成平顶，也可修成脊形顶，这种牛舍跨度小，易建造，通风好，但散热面积相对较大。单列封闭牛舍适用于小型肉牛场。

双列封闭牛舍舍内设有两排牛床，两排牛床多采取头对头式饲养。中央为通道。舍宽 12 米，高 2.7～2.9 米，脊形棚顶。双列式封闭牛舍适用于规模较大的肉牛场，以每栋舍饲养 100 头牛为宜。

2. 半开放式牛舍

半开放式牛舍（图 1-31、图 1-32）单侧或三面有墙，三面有墙的在墙上加装窗户，向阳一面敞开，有顶棚，在敞开一侧设有围栏。每舍（群）15～20 头，每头牛占有面积 4～5 平方米。水槽、料槽设在栏内，肉牛采用散放或拴系饲养方法均可。夏季开放能良好通风降

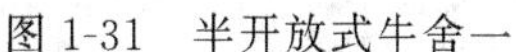

图 1-31　半开放式牛舍一

图 1-32　半开放式牛舍二

温，冬季可用卷帘遮拦封闭敞开部分，窗户可保持舍内温度，牛舍形成封闭状态，使舍内小气候得到改善。相对封闭式肉牛舍来讲，造价低，节省劳动力，但冷冬防寒效果不佳，较适合华北部分地区，这种牛舍在南方地区也常见。

3. 开放式牛舍

开放式牛舍也称为棚式牛舍（图 1-33、图 1-34），指外围防护结构开放的畜舍。水槽、食槽设在棚内，这种畜舍只能克服或缓和某些不良环境因素的影响，如避雨雪和遮阳等，不能形成稳定的小气候。但其结构简单、施工方便、造价低廉，使用越来越广泛。

图 1-33　开放式牛舍一

图 1-34　开放式牛舍二

4. 塑料暖棚式牛舍

塑料暖棚式牛舍属于半开放牛舍的一种，是近年北方寒冷地区推出的一种较保温的半开放牛舍（图 1-35、图 1-36）。与一般半开放牛舍比，保温效果较好。塑料暖棚式牛舍三面围墙，向阳一面无墙或有半截墙，有1/2～2/3的顶棚。向阳的一面在温暖季节露天开放，寒季在露天一面用竹竿、钢筋等材料做支架，上覆单层或双层塑料，两层膜间留有间隙，使牛舍呈封闭的状态，借助太阳能和牛体自身散发热量，使牛舍温度升高，防止热量散失。

图1-35 塑料暖棚式牛舍外部

图1-36 塑料暖棚式牛舍内部

经验之九：湖北省农户养牛“165”模式

农户养牛“165”模式为一个农户养6头母牛，年提供5头小牛。本模式2007年开始在沙洋县和钟祥市进行试点示范，示范户35户，户平均养牛9头，出栏架子牛2头，收入6700元，直接经济效益十分显著。湖北省农业厅专家组评价该模式的优点是：一是引导农户发展肉牛规模养殖，提高生产水平；二是解决农户小牛来源问题，避免到处购买小牛带来的疫病风险；三是可为肉牛养殖企业提供大量的架子牛，实现集中育肥，促进肉牛养殖企业或合作社的发展。在全省均适宜推广。

模式的技术要点及参数如下。

1. 牛舍建设

① 牛舍建设在农户住房的下风方向，距离饲草地较近的高燥地块。

② 建筑面积为50平方米，配套运动场100平方米，建有活动式隔栏，设临时隔离怀孕母牛栏及产犊栏。

③ 牛舍高度为 2.8 米左右。

④ 牛舍一般门宽 1.5 米，高 1.8 米，窗户面积一般占地面面积的 10%，窗应向阳，距地面 2 米左右。

⑤ 牛舍一般采用水泥地面平养，采用牛槽部位稍高、两侧稍低的坡式地面，便于清扫粪便。

⑥ 牛舍附属设施应有饲槽、水槽、草架、氨化池和沼气池等。购置微型铡草机一台。

2. 肉牛品种选择

常年存栏优良地方母牛或杂交母牛 6 头，采取细管冻精冻配技术对母牛进行配种，以西门塔尔或夏洛莱品种冻精为首选，生产杂交后代商品牛育肥。

3. 牧草品种选择。

一般推荐春季用墨西哥玉米、高丹草、室竹草等优质品种为主，秋季以黑麦草、紫花苜蓿、红三叶、白三叶、鸭茅等高产优质牧草品种为主。

4. 秸秆利用技术

各种农作物秸秆都是养牛的好饲料，但要适时收获，科学处理，大力推广秸秆"三贮"（青贮、干贮、微贮）、"一化"（氨化）技术。采用套作、间作、轮作等方式生产青饲料，确保饲草饲料均衡供应，特别是越冬春草料严重不足的问题。

5. 疫病防治

重点推广"两防"，即春秋两季防疫，"四驱"，即四季驱虫技术，确保肉牛生产健康发展。

经验之十：养牛场实用的青贮设施种类及要求

目前，养牛场青贮设施的种类有很多，主要有青贮窖、塔、池、袋、箱、壕及平地青贮。按照建设用材分为土窖、砖砌、钢筋混凝土，也有塑料制品、木制品或钢材制作的青贮设施。但是不管建设成什么类型，用什么材质建设，都要遵循一定的设置原则，以免青贮窖效果差，饲料霉变或被污染，造成禽畜场饲料的浪费和经济的损失。选择青贮建筑种类和选用建筑材料主要取决于费用和适合农牧场的需要。

一、青贮设施建设的原则

（1）不透空气原则　青贮窖（壕、塔）壁最好是用石灰、水泥等防水材料填充、涂抹，如能在壁裱衬一层塑料薄膜更好。

（2）不透水原则　青贮设备不要靠近水塘、粪池，以免污染水渗入。地下式或半地下式青贮设备的底面要高出历年最高地下水位以上 0.5 米，且四周要挖排水沟。

（3）内壁保持平直原则　内壁要求平滑垂直，墙壁的角要圆滑，以利于青贮料的下沉和压实。

（4）要有一定的深度原则　青贮设备的宽度或直径一般应小于深度，宽深比为 1∶（1.5～2）为好，便于青贮料能借助自身的重量压实。

（5）防冻原则　地上式的青贮塔，在寒冷地区要有防冻设施，防止青贮料冻结。

二、青贮设施

1. 青贮塔

这是一种在地面上修造的圆筒体，一般用砖和混凝土修建而成，长久耐用，青贮效果好，便于机械化装料与卸料，可以充分承受压力并适于填料。青贮塔是永久性的建筑物，其建造必须坚固，虽然最初成本比较昂贵，但持久耐用，青贮损失少。在严酷的天气里饲喂方便，并能充分适应装卸自动化。

青贮塔的高度应不小于其直径的 2 倍，不大于直径的 3.5 倍，一般塔高 12～14 米，直径 3.5～6.0 米。在塔身一侧每隔 2 米高开一个 0.6 米×0.6 米的窗口，装时关闭，取空时敞开。

近年来，国外采用气密（限氧）的青贮塔，由镀锌钢板乃至钢筋混凝土构成，内边有玻璃层，防气性能好。提取青贮饲料可以从塔顶或塔底用旋转机械进行。可用于制作低水分青贮、湿玉米青贮或一般青贮。

2. 青贮窖

青贮窖呈圆形或方形，以圆形居多，可用混凝土建成。青贮窖建成地下式，也可建成半地下式。地下式青贮窖适于地下水位较低、土质较好的地区，半地下式青贮窖适于地下水位较高或土质较差的地区。有条件的可建成永久性窖，窖四周用砖石砌成，三合土或水泥抹面，坚固耐用，内壁光滑，不透气，不漏水。圆形窖做成上大下小，便于压紧。长形青贮窖窖底应有一定坡度，以利于取用完的部分雨水流出。青贮窖容积，一般圆形窖直径 2 米，深 3 米，直径与窖深之比以 1∶(1.5～2.0) 为宜。长方形窖的宽深之比为 1∶(1.5～2.0)，长度根据家畜头数和饲料多少而定。

青贮窖的主要优点是造价较低，作业也比较方便，既可人工作业，也可以机械化作业。青贮窖可大可小，能适应不同生产规模，比较适合我国农村现有生产水平。青贮窖的缺点是贮存损失较大（尤以土窖为甚）。

3. 青贮壕

青贮壕是一个长条形的壕沟状建筑，沟的两端呈斜坡，沟底及两侧墙面一般用混凝土砌抹，底部和壁面必须光滑，以防渗漏。青贮壕也可建成地下式或半地下式，也有建于地面的地上青贮壕。青贮壕的优点是造价低，并易于建造。缺点是密封面积大，贮存损失率高，在恶劣的天气取用不方便。但青贮壕有利于大规模机械化作业，通常拖拉机牵引着拖车从壕的一端驶入，边前进、边卸料，从另一端驶出。拖拉机和青贮拖车驶过青贮壕，既卸了料又能压实饲料，这是青贮壕的特点。装填结束后，物料表面用塑料布封项，再用泥土、草料、沙包等重物压紧，以防空气进入。

国内大多数牧场多用青贮壕，而且已从地下发展至地上，这种“壕”是在平地建两垛平等的水泥墙，两墙之间便是青贮壕。这样的青贮壕不但便于机械化作业，而且避免了积水的危险。

4. 青贮袋

利用塑料袋形成密闭环境，进行饲料青贮。袋贮的优点是方法简单，贮存地点灵活，喂饲方便，袋的大小可根据需要调节。为防穿孔，宜选用较厚结实的塑料袋，可用两层。小型塑料袋青贮装袋依靠人工，压紧也需要人工踩实，效率很低，这种方法适合于农村家庭小规模青贮调制。塑料袋可用土埋住或放在畜舍内，要注意防鼠防冻。

20 世纪 70 年代末，国外兴起了一种大塑料袋青贮法，每袋可贮存数十吨至上百吨青贮饲料。为此，设计制造了专用的大型袋装机，可以高效地进行装料和压实作业，取料也使用机械，劳动强度大为降低。大袋青贮的优点一是节省投资，二是贮存损失小，三是贮存地点灵活。

5. 草捆青贮

草捆青贮是一种新兴的青贮技术，主要适用于牧草青贮。方法是将牧草收割、萎蔫后，压制成大圆草捆，外表用塑料布严实包裹即可。草捆青贮的优点除了投资省、损失少和贮存地点灵活外，还有利于机械操作。压制草捆可用机械，青贮结束启封后，也可用机械将整个草捆搬入牛群运动场草架上，动物可自由饲用。草捆青贮的原理与一般青贮相同，技术要点也与一般青贮相似。采用草捆青贮法，要注意防止塑料布破损，一旦发现破损，应随时粘补。

6. 青贮堆

选一块干燥平坦的地面，铺上塑料布，然后将青贮料卸在塑料布上垛成堆。青贮堆的四边呈斜坡，以便拖拉机能开上去。青贮堆压实之后，用塑料布盖好，周围用沙土压严。塑料布顶上用旧轮胎或沙袋压严，以防塑料布被风掀开。青贮堆的优点是节省了建窖的投资，贮存地点也十分灵活，缺点是不易压严实。

第二章　品种确定与挑选

经验之一：品种选择适应性是关键

适应性是指生物体与环境表现相适合的现象。适应性是通过长期的自然选择，需要很长时间形成的。虽然生物对环境的适应是多种多样的，但究其根本，都是由遗传物质决定的。而遗传物质具有稳定性，它是不能随着环境条件的变化而迅速改变的。所以一个生物体有它最适合的生长环境的要求，而且这个最佳生长环境要变化最小，在它的承受范围之内，该生物体就能正常地生长发育、生存繁衍。否则，如果由于生存的环境变化过大，超出该生物体的承受范围，该生物体就表现出各种的不适应，严重的不适应甚至可以致死。

肉牛的适应性是指肉牛适应饲养地的水土、气候、饲养管理方式、牛舍环境、饲草料等条件。养殖者要对自己所在地区的自然条件、饲草资源、气候以及适合于自己的饲养管理方式等因素有较深入的了解。否则，因为适应性问题容易造成养殖失败。

我国目前养殖的肉牛品种主要有我国地方黄牛良种牛品种、我国培育的肉牛品种和引进的国外肉牛品种等。这些品种总体适应性都很好，绝大多数都能适应我国大部分地区的饲养环境条件。如我国地方黄牛良种牛南阳黄牛、蒙古牛、新疆褐牛和夏南牛，这几个品种适应性能普遍好。南阳黄牛体躯大、耐粗饲，在我国的很多省区被大量用于改良当地黄牛。南阳地区多年来向全国提供大量的种牛。在纯种选育和本身的改良上有向早熟肉用方向和兼用方向发展的趋势。如与利木赞牛、夏洛莱牛、皮尔蒙特、契安尼娜、西门塔尔牛、鲁西黄牛等牛杂交，可提高产肉、产奶性能和经济效益；蒙古牛役用能力较大且持久力强，能吃苦耐劳。适应寒冷的气候和草原放牧等生态条件。它耐粗宜牧，抓膘易肥，适应性强，抗病力强，肉的品质好，生产潜力大。蒙古牛广泛分布于我国北方各省，终年放牧，既无棚圈，也无草料补饲，夏季在蒙古包周围，冬季在防风避雪的地方卧盘，有的地方积雪期长达 150 多天，最低温度－50℃以下，最高温度 35℃以上。在这样粗放而原始的饲养管理条件下，它仍能繁殖后代，特别是每年 3～4 月份，牲畜体质非常瘦弱，可是当春末青草萌发，一旦吃饱青草，约两个月的时间，就能膘满肉肥，很快脱掉冬毛。新疆褐牛适应性强，为其他品种杂种牛所不及，它能在海拔 2500 米高山、坡度 25°的山地草场放牧，可在冬季－40℃、雪深 20 厘米的草场用嘴拱雪觅草采食，也能在低于海面 154 米、最高气温达 47.5℃的吐鲁番盆地——“火洲”环境下生存，宜牧，耐粗的采食增膘、保膘方面与本地黄牛相同。但在冬季缺草少圈饥寒时，由于新疆褐牛个体大，需要营养多，入不敷出，比本地黄牛掉膘快，损失大，在抗病力方面，与本地黄牛同样强。与其他品种比较，新疆褐牛更能适宜于在山区、牧区、半牧区和饲养条件较差的地区。夏南牛适应性强，耐粗饲、性情温顺、易管理，抗逆性较强，既适合农村散养，也适宜集约化饲养，既适应粗放、低水平饲养，也适应高营养水平的饲养条件，特别在高营养水平条件下，更能发挥其生产潜能。

国外引进的肉牛品种如西门塔尔牛、夏洛莱牛、安格斯牛和皮埃蒙特牛等，适应性非常好。西门塔尔牛引进后在我国分布广泛，北至我国东北的森林草原和科尔沁草原，南至中南的南岭山脉和其山区，西到新疆的广大草原和青藏高原等地。各地的自然环境变化极大，绝对最高、最低气温则变化更大。各地的年平均降水量自 200 毫米到 1500 毫米不等。海拔差异大，最高的达 3800 米，最低的仅数百米。因此，土壤、作物、草原草山的植被类型差异悬殊，西门塔尔牛均能很好适应，除西藏彭波农场地处 3800 米以上宜从犊牛阶段引种以外，各地均可自群繁殖种畜。夏洛莱牛有良好的适应能力，耐寒抗热，冬季严寒不夹尾、不弓腰，盛夏不热喘流涎，采食正常。夏季全日放牧时，采食快，觅食能力强，在不额外补饲条件下，也能增重上膘。安格斯牛耐寒、耐热、耐干旱、抗病，在恶劣环境下，也能保持良好的肉用性能，但安格斯母牛稍具神经质。皮埃蒙特牛能适应各种环境，既可以在海拔 1500～2000 米的山地牧场放牧，也可在夏季较炎热的地区舍饲喂养。

也有很多品种在适应性上各有优缺点，表现为某一方面适应性好，而在另一方面却很差；或者只在某一方面适应性特别好，而其他方面适应性一般。如有对低温适应性好，对高温适应能力差的；或者相反，耐高温不耐低温。有适应山地放牧的、有抗病力强的、有抗蚊虫叮吸的、有耐潮湿的、有不耐潮湿的等。鲁西牛对高温适应能力较强，对低温适应能力则较差，山地使役差，从未流行过焦虫病，有较强的抗焦虫病能力。秦川牛对热带和亚热带地区以及山区条件不能很好地适应，在平原和丘陵地区的自然环境和气候条件下均能正常发育。晋南牛适应性能良好，抗病力强、耐苦、耐劳、耐热、耐粗饲。延边牛耐寒，耐粗饲，抗病力强，使役持久力强，不易疲劳，胜任水、旱田耕作，善走山路与在倾斜地区工作，在－26℃时才有不安表现，但保持正常食欲和反刍。闽南牛适应性强、耐热、挽力大等优良特性，但是公牛多有“草腹”现象。湘西黄牛役力较强，突击力和持久性能好，善于登山爬坡，步态稳健，行动灵敏，适合山地放牧。皖南牛有耐粗、耐热、耐湿、抗病力强等特点，不仅能负担旱田耕作，并能耕作水田，行动敏捷，性情温驯，善于爬山觅食。三河牛耐粗饲，耐寒，抗病力强，适合放牧，能够适应寒冷地区粗放饲养管理条件，它既能在冬季饮用冰水，也能在夏季烈日直射之下长时间放牧，且抗蚊虻叮吸的能力比荷斯坦奶牛强，但三河牛对高温、潮湿的亚热带气候不能适应。草原红牛的适应性强，耐粗饲，夏季可完全依靠放牧饲养，冬季不补饲，仅靠采食枯草仍可维持生存，对严寒、酷热干燥气候的耐受力均较强，对多蚊虫也能适应，发病率较低。利木赞牛适应性强，耐粗饲，由于被毛浓厚粗硬，适应严酷的放牧环境。海福特牛适应性能好，耐粗饲，不挑食，放牧时连续采食，耐热性较差，抗寒性强，在干旱高原牧场冬季严寒（－48～－50℃）的条件下，可以放牧饲养和正常生活繁殖，表现出良好的适应性和生产性能，与我国黄牛杂交产出的犊牛生长快，抗病耐寒，适应性好。德国黄牛的繁殖性能好于其他主要欧洲品种，性情温顺，易于管理，耐粗饲，适用范围广，具有一定的耐热性和抗蜱性等。

从以上的品种的适应性分析，我们不难看出，各品种牛适应性特点各有侧重，尤其是我国地方黄牛品种，由于品种形成地区长期的饲养，已经习惯了形成地区的饲养条件，适应性最好的饲养地还是该品种的形成地区，而国外引进品种相对好一些，可以利用国外引进肉牛品种作父本进行品种改良，达到适应性和肉用性都突出的目的。

我们在确定养殖品种的时候要重点考察品种适应性方面，如果养牛场要选择其中某一个品种来饲养，首先就要看当地以及本场的饲养条件能否满足该品种的生长需要，也就是说要看养牛场能否适应肉牛的生长，而不是让肉牛被动地去适应养牛场的饲养管理条件。

经验之二：养殖比较多的肉牛品种

由于我国地域辽阔，黄牛的地方品种比较多，黄牛分布广，东起沿海各省，西起新疆西藏，南到台湾、海南，北至内蒙古、黑龙江等省（区）都有饲养。中国的黄牛大约有25种，排在前五名的有秦川牛、南阳牛、鲁西牛、延边牛和晋南牛，合称为中国五大良种黄牛，还有我国培育的肉牛品种三河牛、新疆褐牛、草原红牛、科尔沁牛、夏南牛和延黄牛等，以及从国外引进的优良肉牛品种西门塔尔牛乳(肉兼用品种)、夏洛莱牛、利木赞牛、安格斯牛等。

由于国家大力提倡黄牛改良，各地逐步建立健全省（区）肉牛育种站、市级贮氮站、县级冷配站、乡镇品改站的品改网络体系；积极进行良种引进、改良与推广，开展我国地方黄牛良种与国外引进肉牛品种的经济杂交，实行肉牛冷冻精液配种，冷配比重逐年提高，肉牛品种得到改善。杂交后代的出生体重大、育肥生长速度快、肉质好、经济效益高。如俗称的夏杂（夏洛莱牛与黄牛杂交后代）、利杂（利木赞牛与黄牛杂交后代）、安杂（安格斯牛与黄牛杂交后代）、西杂(西门塔尔牛与黄牛杂交后代）等受到各地的欢迎，养殖的积极性非常高。

就总体而言，利用国外引进品种与我国地方黄牛品种杂交生产的肉牛和我国培育的三河牛、新疆褐牛、草原红牛、科尔沁牛、夏南牛和延黄牛等是目前养殖数量最多的肉牛品种。

经验之三：符合市场需求是引种的原则

目前国内牛肉市场消费量连年增加，价格连年增长，肉牛养殖形势非常好。作为肉牛养殖场（户），要以市场为导向，紧跟市场需求，根据自身条件，引进适合的肉牛品种饲养，才能取得良好的养殖效益。

目前市场上普通牛肉消费是主流，市场占有率最大。一般牛肉低价位竞争的局面不仅存在，还会维持较长时间。由于我国市场的牛肉90%以上是由不规范的摊点屠宰提供（曹兵海，2013）。这些屠宰点不能像大型肉牛屠宰加工企业进行分类加工，因此对牛肉的分类很粗，甚至无论哪个部位都是一个价，消费者也很少有选择的意识，只能粗略根据是炒着吃还是炖着吃来购买相应的部位。这就决定了，市场牛肉的质量，根据这个加工和消费特点，对于不具备生产高档牛肉条件和技术的广大养殖户，饲养国外引进品种与我国黄牛品种杂交的肉牛品种最合适。

同时，我们也看到，当前牛肉市场“南烤北涮”、高价牛肉供不应求，高价牛肉市场因制作、风味、习惯等的不同，又分为以日本餐饮为代表的较肥牛肉型、以欧洲餐饮为代表的瘦肉型和以美国餐饮为代表的肥瘦适中型。优质牛肉市场以嫩度的要求为最高，以肌肉纤维中有适量脂肪（脂肪含量为18%～22%）为特色。

育肥牛饲养户首先要针对上述牛肉市场有较深入的了解，并对周边的肉牛屠宰户所需要的牛肉质量有更深入的了解，适时满足肉牛屠宰的需求，确定肉牛育肥目标；其次要制定达到育肥目标的技术路线和实施方案，应避免或减少肉牛育肥目标不明确就投资肉牛生产而造成的经济损失。

经验之四：根据不同类型肉牛的生长速度确定饲养的肉牛品种

据有关资料，早熟中小型品种（如安格斯、海福特牛）和晚熟大型品种（如夏洛莱牛），断奶后在同样饲养条件下，饲养到相同的胴体等级（脂肪占30%）时作为衡量标准，安格斯牛需140天，体重可达442千克；海福特牛需155天，体重可达470千克；夏洛莱牛需200天，体重可达522千克。平均日增重安格斯牛为1.28千克，海福特牛为1.33千克，夏洛莱牛为1.38千克。

可见，资金周转比较困难的，饲养中小型早熟品种比较好。相反，资金充裕的，饲养大型晚熟品种比较好，日增重大，饲料报酬高。

经验之五：养牛要充分利用好肉牛体重增长规律

肉牛的增重，一般在12月龄以前生长速度最快，以后明显变慢，近成熟时生长速度很慢。随着年龄的增长，肌纤维变粗，肌肉的嫩度逐渐下降。在胴体中骨骼所占比例逐渐下降，肌肉所占比例是先增加后下降，脂肪比例则持续增加。同时，在饲料利用效率方面，增重快的牛比增重速度慢的要高。如在犊牛期，用于维持需要的饲料，日增重800克的犊牛为47%，而日增重1100克的犊牛只有38%。

牛的增重速度除受遗传、饲养管理、年龄等因素影响之外，还与性别有关，公牛增重最快，其次是阉牛，母牛增重最慢。饲料转化率也以公牛最高。

因此，在饲养肉牛时要充分利用其生长发育速度快的时期，使其达到充分生长。在生长发育快的阶段，体组成中蛋白质含量高，水分含量高，脂肪含量少，因此肉牛对饲料的利用率相应提高。另外，饲养生长期的公、母牛应区别对待，给予公牛以较高水平的营养，使其充分发育。

经验之六：外购架子牛注意哪些事项?

1. 选择牛源

牛源的选择要从牛的质量、适应性、价格、数量等方面综合考虑。

要对牛源地区架子牛的品种、货源数量、免疫及疫病情况进行详细了解，仔细调查好牛源地区情况再购牛。肉牛资源量大，选择架子牛的强度就大，选购到理想架子牛的概率就高。品种不好、未免疫、疫区的和有病的牛坚决不能购买。

注意考察购牛地区气温、饲草饲料品种以及饲养管理方法等问题，以便育肥时参考，避免出现应激反应和不应有的经济损失。从饲草资源量还可以大致分析架子牛的营养状况，架子牛有无补偿生长基础。

选择购牛地点要算好两地路程距离的运输费用、路途风险和损耗。还要对供牛地交易手续和交易费用进行了解。比如1000千米以上，如果架子牛的差价在0.7～0.8元/500克时，就没必要到外地购牛源。

如果饲养规模在50头以下，可在本地择优选购，这样购得的架子牛适应快，不容易生病，育肥效果好。如果存栏规模在100头以上，就要考虑到外地购买架子牛，这样可一次性选择较多数量的架子牛。

没有经验的投资者购架子牛最好采取过磅称重的方式购买，但要注意观察牛有无灌水灌料。灌水牛不便于运输，坚决不能购买。

要注意弄清楚架子牛的真正产地。由于当今市场开放，全国牛源互相流动。在某一个地方上市的牛不一定是当地牛，河南、山东、安徽上市的牛有可能是东北牛，东北某地上市的牛也有可能是草原牛，所以购牛时一定要对牛的产地有所了解。草原牛往往寄生虫较多，购来后应注意适时驱虫。另外，不同产地的牛对气候环境地的适应性也有差异。

2. 选好品种

首先要选购用夏洛莱牛、西门塔尔牛、利木赞、海福特等国外良种肉牛与本地牛杂交的后代架子牛，如我国的优良黄牛品种秦川牛、鲁西牛、南阳牛、晋南牛、延边牛等；其次选购荷斯坦公牛与本地牛的杂交后代。这样的牛肉质好、生长快、饲料报酬高。

属于中型牛的有华北山区、华东、华中、华西牛种；属于小型架子牛品种的有长江以南山地牛和亚热带的小型牛。架子小的牛优点是，在亚热带抗焦虫病、抗蜱能力强，由于体躯小，散热面积相对大，因而耐热，且又耐粗饲。架子小的牛可以通过提高肌肉厚度和丰满度来改进胴体品质。

用于生产高档优质牛肉的牛一般要求是阉牛。因为阉牛的胴体等级高于公牛，而阉牛又比母牛的生长速度快。

国外引进的优良品种牛与我国优良黄牛品种杂交生产的架子牛可以从外貌特征来辨别，具体如下。

① 西门塔尔杂一代：体格高大，肌肉丰满，骨粗，红白花或黄白花，头面部为红白花或黄色花，有角。体躯深宽高大，结构匀称，体质结实，肌肉发达；乳房发育良好，体型向乳肉兼用型方面发展。

② 夏洛莱杂一代：毛色为灰白色，毛色为草白或灰白，有的呈黄色（或奶油白色），有角。体格高大，肌肉丰满，背腰宽平，臀、股、胸肌发达，四肢粗壮，体质结实，呈肉用型。

③ 海福特杂一代：体格较高大，肉肥满，红白花，红色为主，面部为全白，体下部、尾梢有时为白色，角大。

④ 安格斯杂一代：体格不太高大，肉肥满，毛色黑色者居多，无角者居多。

⑤ 利木赞杂一代：毛色多为红色，有时腹下、四肢内侧带点白色，有角。体格较高大，肌肉肥满，体躯较长，背腰平直，后躯发育良好，肌肉发达，四肢稍短，呈肉用型。

⑥ 短角牛杂一代：体躯宽阔多肉，较高，乳房发育好，毛色以红色或红白色最多，黑色及杂色较少，角短。

⑦ 丹麦红杂一代：体格大，毛色为全红色，乳房较大。

⑧ 荷斯坦杂一代：体格高大，肌肉欠丰满，乳房大，毛色为黑色，有时腹下、四蹄上部、尾梢为白色，角尖多为浅色或黑色，纯种为黑色。

⑨ 瑞士褐杂一代：体躯较高而粗，乳房好，毛色多为褐色，角上下一般粗，舌有时为暗色。

3. 选择体貌好的牛

体型外貌是体躯结构的外部表现，在一定程度上反映牛的生产性能。选择的架子牛要符合肉用育肥牛的一般体型外貌特征。外貌的一般要求如下。

（1）从整体上看　体躯深长，体型大，脊背宽，背部宽平，胸部、臀部成一条线；顺肋，生长发育好，健康无病。不论侧望、上望、前望和后望，体躯应呈“长矩形”，体躯低垂，皮薄骨细，紧凑而匀称，皮肤松软、有弹性，被毛密而有光亮。

（2）从局部来看　头部重而方形；嘴巴宽大，前额部宽大；颈短，鼻镜宽，眼明亮。前躯要求头较宽而颈粗短。十字部的高度要超过肩顶，胸宽而丰满，突出于两前肢之间，肋骨弯曲度大而肋间隙较窄；鬐甲宜宽厚，与背腰在一直线上。背腰平直、宽广，臀部丰满且深，肌肉发达，较平坦；四肢端正、粗壮，两腿宽而深厚，坐骨端距离宽。牛蹄子大而结实，管围较粗；尾巴根粗壮。皮肤宽松而有弹性；身体各部位发育良好，匀称，符合品种要求；身体各部位齐全，无伤疤。

应避免选择有如下缺点的肉用牛：头粗而平，颈细长，胸窄，前胸松弛，背线凹，斜尻，后腿不丰满，中腹下垂，后腹上收，四肢弯曲无力，“O”型腿和“X”型腿，站立不正。

4. 健康状况要求

选择时要向原饲养者了解牛的来源、饲养役用历史及生长发育情况等，并通过牵牛走路观察眼睛神采和鼻镜是否潮湿以及粪是否正常等特征，以便对牛健康状况进行初步判断，必要时应请兽医师诊断，重病牛不宜选择，小病牛也要待治好后再育肥。

5. 膘情要求

一般来说，架子牛由于营养状况不同，膘情也不同。可通过肉眼观察和实际触摸来判断，主要应该注意肋骨、脊骨、十字部、腰角和臀部肌肉丰满情况，如果骨骼明显外露，则膘情为中下等；若骨骼外露不明显但手感较明显，为中等；若手感较不明显，表明肌肉较丰满，则为中上等。购买时，可据此确定牛的价格高低和育肥时间长短。

6. 选择年龄合适的

选择架子牛年龄最好在1.2～2.0岁，易育肥、肉质好、长得快、省饲料。根据肉牛生长规律，目前牛的育肥大多选择在牛 2 岁以内，最迟也不超过 36 月龄，即能适合不同的饲养管理，易于生产出高档和优质牛肉，在市场出售时较老年牛有利。

还要结合生产条件、投资能力和产品销售渠道考虑选择合适的架子牛年龄。目前，在我国广大农牧区较粗放的饲养管理条件下，1.5～2 岁肉用杂种牛体重多在 250～300 千克，2～3 岁牛多在 300～400 千克，3～5 岁牛多在 350～400 千克。如果 3 个月短期快速育肥最好选体重 350～400 千克架子牛。而采用 6 个月育肥期，则以选购年龄 1.5～2.5 岁、体重 300 千克左右架子牛为佳。

需要注意的是，能满足高档牛肉生产条件的是 12～24 月龄架子牛，一般牛年龄超过 3 岁，就不能生产出高档牛肉，优质牛肉块的比例也会降低。在秋天收购架子牛育肥，第二年出栏，应选购 1 岁左右牛，而不宜购大牛，因为大牛冬季用于维持饲料多，不经济。

7. 选择适当的体重

一般要体重在 300～400 千克的牛，这样的牛经过三个多月育肥，体重可达到 500 千克以上，符合市场需求和外贸出口的标准。

经验之七：架子牛产地考察哪些内容？

（1）牛源品种和数量　主要到当地的畜牧兽医主管部门或者通过该地政府网站了解该地区饲养肉牛的品种和近两年能繁母牛、犊牛、架子牛的存栏数及交易的数量。

（2）架子牛的价格　了解该地区高峰期价格和低谷期价格以及有无规律性，高峰、低谷价格出现的时间、持续时间，平时价格。

（3）疫病防治重视程度　通过走访养殖户和畜牧兽医部门了解该地区牛疫病的种类、发生和流行情况，免疫的种类、免疫的时间和密度等，以及政府畜牧主管部门对疫病的控制和免疫工作是否认真。

（4）交易时间和地点　全国各地黄牛养殖集中的地区都有一些固定的大型交易市场，也有一些赶集性质的临时交易市场。这些市场都有相对固定的交易时间，通常以农历计算，如有地区每逢农历的初

二、十二、二十二，这三天为交易日。还需要注意，大型交易市场一般在正式交易日期的头一天晚上就要把要出售的牛送到交易市场内，办好入场手续。在正式交易日的天一亮就开始交易，甚至有很多在将牛送到市场时买卖双方就基本达成交易，待第二天开市时办理交易手续。

（5）交易的费用　如通常交易市场收取的费用有工商管理费、经纪人交易费、检疫费、换牛绳费、装车费、卫生费、场地费和牛临时看管费等交易过程中发生的费用，这些要在事先都了解清楚，哪些收、哪些不收，收多少。

（6）交易的方法　交易时是按体重估个计价，还是称重计价。还有的母牛带犊牛一起出售的，也有几头一起出售的，这些既不按照体重、也不按照估个，而是按照头数整体估价交易。

（7）架子牛的运输　买到手的架子牛要运回饲养场，通常用汽车运输，不是常年贩卖架子牛的一般不自己准备运牛车，以租车为主，需要在交易前就要联系好承运的汽车，谈好运输费和运输责任，对运输车辆还要检查一下车况、营运手续、行车证、装牛的必备设施等，以免运输途中出现事故。

经验之八：高产母牛的选择方法

母牛是牛业生产中的基础，母牛的品种资源和生产力水平直接关系到养牛业发展的水平。当今肉牛生产中，由于良种牛冻精的广泛应用，公牛的品种与精液来源已经满足了生产需要。然而，母牛的资源、品种构成、生产力水平却转为影响农村牛业发展的主要矛盾。改善基础母牛群的品种构成，增加高生产性能母牛个体在群体中的比例，是促进养牛业经济效益和正常发展的重要措施。

1. 高产母牛选择的途径和基本要求

高产母牛的选择途径可通过品种的选择、个体外貌选择和亲缘选择三种方法来实现。选择适用于肉牛生产的母系品种，尽可能选用兼用型品种，利用品种优势提高生产效益。母牛个体应有高产母牛的应有特征表现，如产后发情早、世代间隔短、泌乳力高、母性行为强、育犊成绩好、适应性强等都是对高产母牛选择时的基本要求。无论是家庭散养还是规模化养殖，无论是初养还是发展再生产，养殖者对此都要引起十分的注意。

2. 母牛品种的选择

首选西门塔尔牛。西门塔尔牛是世界分布最广、数量最多的大型兼用品种牛，肉牛生产中既可作父本应用，又是较好的母系品种，已引入我国多年，经多年的级进杂交在部分地区已经有四世代的群体形成。西门塔尔牛的最大特点是繁殖力高、世代间隔短、泌乳力高。年产奶量4500千克以上，充沛的泌乳量是养育犊牛的根本保证。另外还具有适应性强、耐粗饲、易管理的特点，是深受我国各地农牧民欢迎的品种。还有夏洛莱牛、利木赞、海福特等国外良种肉牛。

我国拥有五大地方良种，如延边、鲁西、秦川、晋南、南阳。这些牛分布广泛，都具有性成熟早、繁殖力高、繁殖年限长、适应性强的普遍优点。我们要充分利用地方品种的优良特性，有计划地引用外来品种，发展二元化母牛，促进当地牛业的优化生产。

3. 母牛个体的选择

在确认品种的前提下，更要注意母牛单个个体外貌特征的选择。因为高产的母牛具有一定的外貌特点，这就需要我们在选择和选留母牛的过程中，认真观察区别。同时高产母牛具有一定的遗传能力，质量性状在其有亲缘关系的群体中都有相关的显现。所以，我们在母牛个体选择上可以利用体型外貌、体尺体重、生产性能、繁殖性能、生长发育、早熟性与长寿性等种母牛本身性能具体进行选择。

(1) 体型外貌　体型外貌是生产性能的重要表征。肉用种母牛体型外貌必须符合肉牛的外貌特点的基本要求。有经验的相牛者，在挑选母牛时，一是看体躯，二看头型，三看腰荐结合，四看乳房外阴。高产成年母牛品种特征明显，体躯长，整体发育良好；侧视近似三角形或矩形，俯视呈楔形；头清秀而长，角细而光滑，颈部细长；后躯宽而平直或略有倾斜；乳房发育良好，乳头圆而长，排列匀称，乳静脉明显；阴户大而明显，形态正常。

(2) 体尺体重　肉牛的体尺体重与其肉用性能有密切关系。选择肉牛时，要求生长发育快，各期（初生、断奶、周岁、18月龄）体重大、增重快、增重效率高。据资料显示，初生重较大的牛，以后生长发育较快，故成年体重较大。犊牛断奶重决定于母牛产奶量的多少。周岁重和18月龄重对选肉用后备母牛及公牛很重要，它能充分看出其增重的遗传潜力。

（3）产肉性能　对肉牛产肉性能的选择，除外貌、产奶性能、繁殖力之外，重点是生长发育和产肉性能两项指标。

① 生长发育：生长发育性能包括初生重、断奶重、周岁重及18月龄重、日增重。由于肉牛生长发育性状的遗传力属中等遗传力，根据个体本身表型值选择能收到较好的效果，如果再结合家系选择则效果更可靠。

② 产肉性能：主要包括宰前重、胴体重、净肉重、屠宰率、净肉率、肉脂比、眼肌面积、皮下脂肪厚度等。肉牛产肉性能的遗传力都比较高。对于高遗传力产肉性状的选择，主要根据种牛半同胞资料进行选择。

（4）繁殖性能　主要包括受胎率、产犊间隔、发情的规律性、产犊能力以及多胎性。繁殖性状的遗传力均较低（0.15～0.37）。

① 受胎率：受胎率的遗传力很低。在正常情况下，每次怀犊的配种次数愈少愈好。

② 产犊间隔：即连续2次产犊间的天数。

③ 60～90天不返情率：据统计人工授精的不返情率平均为65%～70%。

④ 产犊能力：选择种公牛的母亲时，应选年产一犊、顺产和难产率低的母牛。

⑤ 多胎性：母牛的孪生即多产性，在一定程度上也能遗传给后代。据统计，双生率随母牛年龄上升而增多，8～9岁时最高，并因品种不同而异，其中夏洛莱牛的双胎率为6.55%，西门塔尔牛为5.18%。

（5）早熟性　早熟性指牛的性成熟、体成熟较早，它可较快地完成身体的发育过程，可以提前利用，节省饲料。早熟性受环境影响较大。如秦川牛属晚熟品种，但在较好的饲养管理条件下，可以较大幅度地提高其早熟性，育成母牛平均在（9.3±0.9）月龄（最早7月龄）即开始发情，育成公牛 12 月龄即可射出成熟精子。

4. 亲缘选择

这是一种通过对母牛有亲缘关系的母系群体进行生产性能上的观察、调查和了解进行选择的一种手段。这种方法往往被大多数人所忽视。实践证明，高产母牛的母亲、同胞姐妹、外祖母等在生产性能上都有相近之处，这在肉牛的选种、选择上应用最为广泛，地方优良品种、乳肉兼用品种表现也比较突出。优良的母牛可以将繁殖力、泌乳力、母性行为等性状遗传给后代，所以我们可以在群体中发现、选留和选择母牛。但这需要一个长期的过程。

对母牛的选择是一个长期细致性的工作，要了解母牛更多的相关资料进行综合性的选择。养殖户可以通过市场选购、相互调换、自繁自选的多种形式进行。总的目的是提高基础母牛的群体、个体生产性能水平，在此基础上有计划选择父本品种进行级进杂交和经济杂交，进而提高养牛业生产的效益。

经验之九：架子牛的年龄鉴定方法

架子牛年龄的识别在肉牛育肥中具有十分重要的地位，因为架子牛的年龄和育肥期增重、饲料报酬、饲养成本、资金周转、屠宰成绩、月同体等级、牛肉品质都有密切关系。识别架子牛年龄的方法有下面几个。

1. 查看档案记录

此法准确性最高，将牛的出生年月日记录在案，有的记录在耳标上，清晰明白，目前在我国架子牛生产区具备档案记录的仅为少数。

2. 看角轮鉴定年龄

由于饲料条件的因素，一段时间饲料供应充足，一段时间饲料供应不充足，牛的营养时好时坏，从牛的体膘看，饲料供应充足时牛体膘好，饲料供应不充足时牛体膘不好，反映到牛角上，饲料供应充足时牛角颜色深而且长得快，饲料供应不充足时牛角颜色淡而且长得慢，形成一圈黑、一圈白的角轮，因此可以根据牛的角轮识别牛的年龄，在温差大、冬季时间长的地区更容易看到。

3. 看牙齿鉴定牛的年龄

看牙齿鉴定肉牛的年龄是目前广泛采用也比较准确的方法。肉牛牙齿的生长有一定的规律性。根据八颗门齿的发生、脱换和磨损情况鉴别牛的年龄，准确性好。在肉牛 5 岁前可用牙齿脱换的对数加 1 来计算。即换 1 对牙是 2 岁，也叫“对牙”；换 2 对牙是 3 岁，也叫“四牙”；换 3 对牙是 4 岁，也叫“六牙”；5 岁以后，主要看齿面磨损情况和肉牛齿的结构，也叫“齐口”；钳齿在 6 岁时呈方形。7 岁时呈三角形。8 岁时呈四边形。10 岁时呈圆形。12 岁时圆形变小，岁永久齿全部磨损，呈三角形或圆形齿星，也叫“八珠”。13 岁时呈纵卵形。其他门龄变化规律与钳齿一样。随着肉牛年龄的增长。全部门齿开始缩短。黄牛 14 岁以上，齿间隙增大，牙齿磨损变短，之后开始脱落，俗称“崩牙”。

由于牛所处的环境条件、饲养管理状况、营养水平以及畸形齿等的影响，牙齿常有不规则磨损，在进行年龄鉴别时，必须根据具体情况，结合年龄鉴别的具体方法，综合进行判断。

经验之十：用肉眼鉴定肉牛的方法

通过眼看、手摸可以鉴定肉牛性能的好坏，可以看出肉牛出肉率的高低，来判别肉牛产肉性能高低的鉴定方法。农村家畜交易市场上为购牛双方搭桥作价的“牛把式”就是利用这种方法。该法简便易行，不需任何设备，但要有丰富经验，一般至少要经过 2～3 年的实践训练才能达到较准确的评估。市场上，肉牛肥育场、屠宰场采购肉牛供肥育或屠宰时，就有不少评估人员运用此方法对牛只的出肉率和脂肪量进行评估，而且这种方法也用在对肉用种牛的选择上。

肉眼鉴定的具体做法是：让肉牛站在比较开阔的平地上，鉴定人员距牛 3～5 米，绕牛仔细观察一周，分析牛的整体结构是否平衡，各部位发育程度、结合状况以及相互间的比例大小，以得到一个总的印象。然后用手按摩牛体，注意皮肤厚度、皮下脂肪的厚薄、肌肉弹性及结实程度。接着让牛走动，动态观察，注意身躯的平衡及行走情况，最后对牛做出判断，判定等级。

经验之十一：养牛场要合理确定牛群结构

在牛场中应及时淘汰大龄牛、低产牛和繁殖机能差的成年牛，才能提高牛群的生产性能和产犊头数，为此必须搞好育成牛、犊牛培育组织工作，以便及时补充生产上所需牛只数量。在生产上，应做好阶段饲养工作，按牛的年龄、性别、生产用途进行分组。在养牛场，一般可将牛群分为犊牛组、育成牛组（公母分群）、育肥牛组、成年母牛组等。各组牛在整个牛群中所占比例应根据养牛场生产方向、生产计划任务、使用年限、牛的成熟期等方面来决定。基础母牛群决定着牛场的生产规模和生产能力，犊牛、育成牛对生产规模的扩大提供保证，决定着商品牛和育肥牛的多少。牛群组织是围绕基础母牛群规模进行安排的，在基础母牛群中，由于年龄增大、疾病、低产等原因，每年需进行适当淘汰。对淘汰的基础母牛数能否及时得到补充和扩大，则由后备牛的多少和成熟期决定。所以，牛场生产规模的维持或扩大与成年牛的利用年限和后备母牛的成熟期及其数量相关。

规模化养牛场母牛使用年限一般为10～12年，成年母牛淘汰率可高达20%～25%。这种淘汰率有利于保持牛群较高的产乳量和繁殖性能。考虑后备牛选优去劣，后备母牛的比例比母牛淘汰率高。育成牛应占25%～30%，其中，成熟的后备牛占10%～12%，12月龄以下母牛占15%～18%。成年母牛应占牛群的60%～65%，其中，一二胎母牛占20%～25%，三四胎母牛占25%～30%，6胎以上母牛占15%～20%。为保证牛奶的均衡生产，成年母牛群中产乳牛保持80%左右，干乳牛保持20%左右，母犊牛10%～15%。

经验之十二：后备母牛初配不宜过早

因为母犊牛性成熟早于体成熟，当其开始发情排卵时，身体还处在生长发育中。母牛配种过早，将影响到本身的健康和生长发育，所生犊牛体质弱、出生体重小、不易饲养，母牛产后产奶受影响，因此，正确掌握公、母牛的初配年龄，对改善牛群质量、充分发挥其生产性能和提高繁殖率有重要意义。

犊母牛出生后各个器官生长速度基本一致，但到6月龄前后生殖器官生长速度加快，逐渐进入性成熟期。这时，母犊卵巢内的卵子可以成熟，可以分泌性激素，有了性欲和发情表现，可以排卵，进入初情期。这时的母牛能够交配、受精，且可以完成妊娠和胚胎发育过程。

但是，初情期母牛只是性器官开始成熟，还需要经历脑下垂体、卵巢、子宫等的继续发育才能达到完全成熟，这时母牛整个体躯的发育也随之成熟。一般黄牛20～30月龄达到体成熟，换生第一对永久切齿和体重达到成年体重的70%以上时就可以安排第一次配种，也称初配。生产中确定第一次配种（初配）时期中以体格发育为依据，年龄只作参考。一般当地黄牛体重在180～210千克、改良牛在250～280千克时可以初配。

第三章　饲料与饲喂

经验之一：犊牛饲料应具备的特点

小牛出生后至6个月断奶为犊牛培育期。犊牛的饲养按其生理特点分初生期和哺乳期两个阶段，初生期为犊牛生后1～5天，这一时期主要喂养初乳，因为初乳中比常乳的干物质多，营养丰富，特别是蛋白质比正常奶高4倍，比白蛋白及球蛋白高10倍，所以犊牛出生2小时内必须吃上初乳，而且愈早愈好。

犊牛出生后的前3个月，虽然全靠母乳满足生长发育的营养需要，但由于母乳中缺乏铁质和维生素D，所含能量也仅能满足犊牛需要量的70%。为此，哺乳期除喂常乳外，要进行补饲，特别是植物性饲料的补给可促进胃肠和消化腺发育，尤其是对瘤胃的发育。补饲的营养水平高，犊牛的生长发育快。反之营养水平低，发育延缓。大量补饲高营养饲料，虽增长快，但不利于瘤胃发育，同时培育成本也高。应在1月龄左右就要训练采食固体饲料，开始用青绿多汁饲料和混合精料调拌后饲喂，以后逐渐增加青干料的用量，以促进瘤胃的发育和消化机能的完善，使其在哺乳后期能够较多地采食粗饲料打好基础。实施早期断奶的犊牛，应在10日龄后开始训练采食混合精料，从每头每天10～20克逐渐增加用量；到3周龄之后加喂青绿、多汁饲料和青干草，使其1月龄时可采食犊牛料0.5千克。2月龄以后喂青贮料，当犊牛每天可采食到1千克混合精料时即可断奶。

犊牛3月龄之后，随着母乳的不断减少而对饲料干物质的采食量逐渐增加。但由于犊牛的瘤胃体积小，消化饲料的能力差，配制混合精料时应选择品质优良、易消化的精饲料，如玉米、大麦、麦麸、大豆饼（粕）等。青、粗饲料要选用柔嫩的青草、青干草，任犊牛自由采食。饲喂多汁饲料和青贮饲料时，应由少到多逐渐增加饲喂量。当青饲料不足时，应添加预混料或维生素制剂，尤其是维生素A、维生素D、维生素E制剂，以保证营养的全面性。

经验之二：育肥牛饲料应具备的特点

育肥牛需要较快的生长速度，所以对营养物质的需要量必须高于维持需要和正常生长发育的需要。在不影响牛的瘤胃消化机能的前提下，提高日粮的营养水平，牛的日增重也随之增加，并且每单位增重所消耗的饲料越少，可使肉牛育肥期缩短。

不同饲养阶段的牛，在育肥期间所要求的营养水平不同。犊牛育肥以混合精料和母乳为主；幼牛育肥可采用高精料、高营养水平的日粮；成年牛育肥以提高日粮的能量水平为主。

不同用途的牛，在育肥期间所要求的营养水平也有较大的差异。国外引进的肉用品种牛或地方良种牛与引进良种肉牛的杂交牛，需要高营养水平的日粮饲养；乳用品种牛育肥比肉用品种牛需要多消耗10%～20%的营养；而用耕牛育肥则需要更多的营养物质，所以不适宜用于牛肉生产。

不同的育肥方式所提供的营养需要也有很大差别。放牧育肥的牛，应根据牧草的种类、品质以及牛所采食到的数量（饥饱程度），确定补充饲料的营养水平；半放牧半舍饲的育肥牛，需要补充一定量的混合精料和供给充足的青、粗饲料；而完全舍饲育肥的牛，应根据预计日增重的营养需要配制日粮。

1. 犊牛育肥饲料的配制特点

初生至断奶后5～6月龄的牛为犊牛。犊牛1月龄之前主要是饲喂母乳和人工乳，1月龄之后的日粮是由母乳、混合精料和青、粗饲料组成。混合精料必须含有消化率较高的优质蛋白质饲料，如优质鱼粉和大豆的蛋白质；为满足能量需要可添加5%～10%的油脂。混合精料的饲喂量由少到多，而母乳和人工乳的饲喂量逐渐减少，从4周龄后按体重的10%～12%确定饲喂量。优质的青草或青干草任犊牛自由采食，经180～200天的育肥期，体重达到250千克时出栏。

2. 幼牛育肥饲料的配制特点

5～6 月龄至 2.5 岁的生长牛为育成牛，根据月龄和对其增重速度的要求，分为幼牛直线育肥和架子牛育肥。

（1）幼牛直线育肥饲料的配制特点　幼牛直线育肥是指犊牛断奶后立即进行育肥的一种饲养方法。整个育肥期采用高营养水平的日粮，使其日增重达到 1.2 千克以上。日粮组成以品质好、消化利用率高的精饲料和青草、青干草或青贮饲料为主。育肥期 6 个月，结束体重达到 400 千克以上。

（2）架子牛育肥饲料的配制特点　实施“吊架子”，育肥的肉牛，断奶后先采用放牧；或配制的日粮以青、粗饲料为主，适量搭配糟渣、糠麸等农副产品，并满足钙、磷、食盐等矿物质需要，以促进瘤胃容积的增大和骨骼的生长。当体重达到 250 千克以上时，再按育肥期的营养需要配制日粮，实施强度育肥。

经验之三：成年牛育肥饲料应具备的特点

用于育肥的成年牛，一般是役用、奶牛和肉用种牛中年龄较大的被淘汰牛。成年牛育肥主要是通过增加脂肪沉积提高增重，其营养需要主要是满足维持牛的基本生命活动和沉积大量体脂，所以日粮的能量水平较高，而其他营养物质的水平较低。成年役用牛和乳用牛育肥要比肉用牛增加 10％的能量需要，消耗的饲料也多。

淘汰牛应实行强度育肥，即在 3 个月左右达到育肥目的。育肥前要先驱虫，日粮中多增加能量饲料，粗纤维含量可以占到全部饲粮干物质的 13％以上，并且提高饲料的适口性。每 100 千克体重消耗日粮的干物质不低于 2.5 千克。

经验之四：青年母牛饲料应具备的特点

青年牛是指性成熟到第一胎产犊（或 3 周岁）之间的母牛。青年牛以采食青、粗饲料为主，补给所需的食盐和矿物质元素。当青、粗饲料品质较差或采食量不足时，只要补给一定量的糠麸、糟渣类饲料，即可满足营养需要。所以，为青年母牛配制饲料比较简单。

经验之五：成年母牛饲料应具备的特点

成年母牛是指 2.5 周岁以上进入繁殖期的母牛，对营养的需要可分为两个阶段供给。2.5～5 周岁为生长发育阶段，日粮的饲料组成必须满足母牛生长发育和胎儿生长、犊牛哺乳的营养需要；5 周岁之后为体成熟阶段，日粮应满足的是维持母牛的基本生命活动和胎儿生长、犊牛哺乳的营养需要。同时还要根据不同的情况及时调整日粮，例如，已体成熟的空怀母牛和母牛怀孕前 6 个月可供给青、粗饲料组成的日粮；母牛哺乳期的日粮应根据泌乳量调整营养水平。

经验之六：母牛不同饲养阶段的饲料组成

母牛不同生长阶段所需营养物质不同，饲料组成也就各有千秋，但总的原则是满足机体营养需要，既不能过多也不能过少。过多机体吸收不了，造成浪费和经济损失；过少达不到机体需求，影响生长发育。现将不同阶段的饲料组成简单叙述如下。

1. 犊牛的饲料组成

犊牛是指出生后到断乳的小牛，犊牛的月龄主要取决于哺乳时间的长短，哺乳期一般为 3～6 个月，犊牛生后最初几天，由于各种组织器官尚未发育完全，对外界不良环境抵抗力低，适应力较弱，消化道黏膜容易被细菌穿过，皮肤保护能力差，神经系统反应不足。犊牛的饲养按其生理特点分初生期和哺乳期两个阶段，初生期为犊牛生后 1～5 天，这一时期主要喂养初乳，因为初乳比常乳的干物质多，营养丰富，特别是蛋白质比正常奶高 4 倍，白蛋白及球蛋白高 10 倍，所以犊牛出生 2 小时内必须吃上初乳，而且愈早愈好。

哺乳期除喂常乳外，开始进行补饲，特别是植物性饲料的补给可促进胃肠和消化腺发育，尤其是对瘤胃的发育。补饲的营养水平高，犊牛的生长发育快。反之营养水平低，发育延缓。大量补饲高营养饲料，虽增长快，但不利于瘤胃发育，同时培育成本也高。补饲前10天喂优质干草，让其自由采食，从20天后开始补喂多汁饲料，2月龄以后喂青贮料，同时为预防下痢补饲抗生素。

犊牛混合精料的参考配方如下：玉米35%，豆饼35%，麦麸27%，骨粉1%，食盐1%，添加剂1%。

2. 育成牛的饲料组成

犊牛6月龄断奶后就进入育成期。刚断奶的牛由于消化机能比较差，要求粗饲料的质量要好。育成牛是小牛生长快的时期，要保证日增重0.4千克以上，否则会使预留的繁殖用小母牛初次发情期和适宜配种年龄推迟。

育成牛日粮以青粗饲料为主，可不搭配或少搭配混合精料；在枯草季节应补喂优质青干草、青贮料，并适当搭配混合精料。育成牛矿物质非常重要。钙、磷的含量和比例必须搭配合理，同时也要注意适当加微量元素。育成牛舍饲的基础饲料是干草、青草、秸秆等青贮饲料，饲喂量为体重的1.2%～2.5%，视其质量和大小而定，以优质干草为最好，在此时期，以适量的青贮之类的多汁饲料替换干草是完全可以的。替换比例应视青贮料的水分含量而定。水分在80%以上的青贮料替换干草的比例为4.5∶1，水分在70%替换比例可以为3∶1，在早期过多使用青贮饲料，则牛胃容量不足，有可能影响生长，特别是低质青贮料更不宜多喂。

12月龄以后，育成牛的消化器官发育已接近成熟，同时母牛又无妊娠或产乳的负担，因此，此时期如能吃到足够的优质粗料就基本上可满足营养需要，如果粗饲料质量差时要适当补喂少量精料，以满足营养需要。一般根据青贮料质量补1～3千克精料。

育成牛参考饲料配方如下：玉米62%，糠麸15%，饼粕20%，骨粉2%，食盐1%，另外每千克混合精料添加维生素A 3000国际单位。

3. 空怀母牛的饲料组成

空怀母牛饲养的主要目的是保持牛有中上等膘情，提高受胎率。

繁殖母牛在配种前过瘦或过肥常常影响繁殖性能。如果精料过多而又运动不足，会造成母牛过肥，不发情。但在营养缺乏、母牛瘦弱的情况下，也会造成母牛不发情。因此在舍饲条件下饲喂低质粗饲料，在冬春枯草季节，应进行补饲。对瘦弱母牛配种前1～2个月要加强营养，增加补饲精料以提高受胎率。

参考配方如下：玉米65%，麦麸15%，糠麸18%，食盐1%，添加剂1%。

4. 哺乳期母牛的饲料组成

哺乳期母牛的主要任务是多产奶，满足犊牛生长发育所需的营养需要，哺乳母牛根据泌乳规律可以分为泌乳初期、泌乳盛期、泌乳中期和泌乳末期4个阶段。

（1）泌乳初期　通常指母牛产犊后10～15天的阶段。此期母牛身体处于恢复阶段，产后要及时补充水分，促进代谢物排出。产后2～3天喂给易消化的优质干草，适当补饲以麦麸、玉米为主的混合精料，控制喂催乳效果好的青饲料、蛋白质饲料等。产犊3～4天后可喂多汁料和精饲料，精料喂量每天不超过0.5～1千克，增加量不宜过多，对于体质较弱的母牛在产后3天喂给优质干草。如果体质健康，产犊后第1天就可喂给少量多汁料，6～7天精料喂量可恢复正常水平。

（2）泌乳盛期　是指母牛产奶量最多的阶段，大致在产犊后16天～3个月。这个时期母牛食欲逐步恢复正常并达到最大采食量，对日粮营养浓度要求高，适口性要好，应限制能量浓度低的粗饲料，增加精料的喂量，精粗比例在50%∶50%，如果日粮能量浓度较低，则可添加植物性脂肪，并适当延长采食时间。

（3）泌乳中期　是指母牛产后4个月至乳前2个月的时期。此期母牛泌乳盛期已过，泌乳量每月下降5%～7%。这一阶段母牛采食良好，采食量达到高峰，能从正常饲料中摄取足够的营养满足自身需要，增加粗料的用量，适当减少精料的用量，将精粗比例控制在40%∶60%左右。

（4）泌乳末期　是母牛干乳前1个月的时期。此期应尽可能供应优质粗饲料，适当补给精料，做好干乳前准备，精粗料比例控制在30∶70左右。

母牛哺乳期粗料的参与配方为：玉米面50%，麦麸12%，豆饼类30%，酵母饲料5%，磷酸钙0.4%，食盐0.9%，微量元素和维生素0.1%。

5. 妊娠母牛的饲料组成

母牛妊娠后，不仅本身生长发育需要营养，而且还要满足胎儿生长发育的营养需要和为产后泌乳进行营养蓄积。母牛怀孕前几个月，由于胎儿生长发育较慢，其营养需求较少，可以和空怀母牛一样，以粗饲料为主，适当搭配少量精料。如果有足够的青草供应，可不喂精料。母牛妊娠中后期应加强营养，尤其是妊娠的最后2～3个月，应按照饲养标准配合日粮，以青饲料为主，适当搭配精料，重点满足蛋白质、矿物质和维生素的营养需要，蛋白质以豆饼质量最好，棉籽饼、菜籽饼含有毒成分，不宜喂妊娠母牛；矿物质要满足钙、磷的需要；维生素不足可使母牛发生流产、早产、弱产，犊牛生后易发病，再配少量的玉米、小麦麸等谷物饲料便可，同时应注意防止妊娠母牛过肥，尤其是青年头胎母牛，以免发生难产。

经验之七：牛消化饲料特点的利用

1. 牛消化饲料的过程

牛属于反刍家畜，它有四个胃，分别是瘤胃、网胃、瓣胃和皱胃。其中瘤胃最大，占整个胃体积的75%～80%。瘤胃是牛消化利用饲料最关键的部位，在瘤胃内有大量的微生物（纤毛虫和细菌），这些微生物可分解饲料中的纤维素，合成菌体蛋白质和B族维生素及维生素K。这些微生物在瘤胃中发挥的作用如何，在很大程度上影响着饲料的利用。

牛食入的草料在瘤胃发酵形成食糜，通过其余三个胃进入小肠，经过盲肠、结肠然后到大肠，最后排出体外。整个消化过程大约需72小时。

2. 饲喂时的注意事项

① 喂牛的饲料要相对稳定，不要随便经常变换饲料，需要变换

饲料时要有个过渡期（15天），以便使微生物适应这一变化。

② 喂牛的精料最多不要超过全部饲料（按干物质计算）的70%，否则瘤胃过酸，会影响牛消化利用饲料。

③ 给牛饲喂原来没喂过的饲料时，要由少到多，逐渐让牛适应，不可一开始就大量饲喂，并且其最大用量不能超过一定限度。青贮不超过25千克/天，甜菜丝和酒糟不超5千克/天。

④ 春季开始放牧时，要逐渐增加放牧时间，不可一开始就全天放牧，要有15天气适应期。否则不仅肉牛跑青，消耗过多体力，而且还会因突然采食大量青草引起瘤胃微生物不适应，导致各种消化疾病，春季肉牛消化疾病多，主要原因是放牧过急。

⑤ 用水泡料时水量不可过大，否则会使唾液的分泌量减少，使胃内酸度升高，影响消化。

⑥ 牛采食后会将食入的饲料返回口腔再咀嚼，这个过程叫反刍，老百姓称之为“倒嚼”。因此肉牛采食后，要让其有充分的时间进行反刍。

⑦ 喂牛的饲料要营养全面，不能过于单一，以减少代谢性疾病的发生。

经验之八：夏季肉牛饲料营养方面需要注意的问题

1. 增加营养摄入量

炎热夏季要适量增加日粮养分含量，减少粗纤维的采食量，提高蛋白质和净能量的摄取。日粮中蛋白质含量可增加1%～2%，能量饲料应相对减少，尽可能多饲喂青绿多汁饲料，以减少热量的消耗。高温环境下哺乳母牛料应保持较高的营养水平，可添加2%～5%脂肪粉、0.1%～0.2%赖氨酸，母牛产前4周的日采食量应达到2.5～3.2千克，哺乳高峰期应达到6千克以上。

适当增加日粮中蛋白质和脂肪含量，在高温条件下，肉牛通过增加新陈代谢，加速向体外散热，以保持正常体温。据测定，室温每升高1℃，肉牛需要消耗3%的维持能量。因此，夏季要增加营养，而夏季高温又严重影响肉牛食欲，造成采食量下降，所以饲料中能量、粗蛋白质等营养物质浓度应适当提高，而且要有一定数量的粗纤维(17%)。可在配合饲料中适当增加玉米、豆饼含量，使日粮中蛋白质浓度比正常水平提高4%左右，过瘤胃蛋白质占粗蛋白质比例达到35%～38%。试验证实，在肉牛日粮中添加日粮总干物质3%的脂肪酸钙盐，使日粮中脂肪水平达到5%～6%时，其利用率最佳。

2. 适当补充电解质和维生素

肉牛发生热应激时，由于呼吸和排汗的增加，常常会引起矿物质不足，对钙、磷、钠、镁等元素及氯化钾、维生素C、维生素E的需求量明显增加，在饲喂时需适量添加。在日粮中添加氯化钾，添加量为每天每头肉牛60～80克。碳酸氢钠的用量一般占精料的3.84%，或者每天每头肉牛用340克。在肉牛饲料中添加0.04%～0.06%的维生素C、添加正常量3～5倍的维生素E。维生素C可以抑制体温上升，促进食欲，提高抗病力；维生素E可防止肉牛体内脂肪氧化和被破坏，阻止体内氧化物的生成，促进维生素A与维生素D在肠道的吸收。

3. 饲喂青绿多汁饲料

青绿多汁饲料富含碳水化合物和水分，不但适口性好，而且能解渴，对防暑降温和缓解肉牛热应激十分有利。在保证食入足量干物质的前提下，适量喂些优质青草、胡萝卜等对提高肉牛生产性能有好处。在精饲料可适当增加麸皮、豆粕2%～3%的用量，以提高饲料的适口性。在饲喂时不能只给牛喂青草，由于青饲料鲜嫩多汁、适口性好，牛只常因进食过饱而胃肠不适或负荷过重，导致水泻病。因此，牛日粮中的青饲料数量应逐渐增加，待牛的胃肠道慢慢适应后再以青饲料饲喂为主，而不能突然给牛全部改喂青饲料。牛是反刍动物，即使是在青饲料充足的时候也要在其日粮中适当饲喂质量较好的干草。

经验之九：冬季饲料营养方面需要注意的问题

1. 日粮选择要多样化

科学配料、精心饲喂是育肥牛增膘长肉的物质基础。目前，除少数牧区以外，我国肉牛的主要养殖方式可定型为“秸秆＋精料”模式。为让牛吃饱吃好，必须合理搭配饲料。一般原则为秸秆种类多样化，短草配长草、优质草配次草。如麦草、稻草配青干草、花生秧、苜蓿草等。除了以秸秆作为主要粗饲料，还可以利用酒糟、糖渣、粉渣、醋（酱）糟等工业副产品。冬、春育肥时，加少许胡萝卜、马铃薯和甘薯等块根饲料，可以提高育肥效果。同时，秸秆饲料中添加适量尿素是补充牛体蛋白质的重要措施。

2. 补充矿物质和维生素

冬季青料缺乏，而大量饲喂粗料的牛常出现钙不足。因此，对喂粗料的牛，每天需补喂钙 10 克、磷 5 克、食盐 30～50 克、适量的复合微量元素如多维预混料产品。

3. 饲喂采取少喂多餐

牛有反刍习性，喜欢嘴里有东西可嚼，少喂多餐不仅避免牛一次性吃得过饱损伤肠胃，也能给营养充分吸收的时间，同时可满足牛的采食欲望，大大提高饲料利用率和肉牛育肥效果。

经验之十：配制肉牛饲料的基本原则

牛饲料成本占肉牛饲养成本的60%以上，因此，日（饲）粮配合的合理与否不仅关系到牛健康和生产性能的发挥、饲料资源的利用，而且直接影响养肉牛的经济效益。

1. 满足营养需要

日粮配合必须以肉牛饲养标准为基础，处于不同生理阶段和不同生产性能的肉牛对营养物质的需要也不同，所配制的日粮既要满足肉牛的各种营养需要，又要注意各营养物质之间的合理比例。在生产实践中，牛所处环境千变万化，应针对各具体条件（如环境温度、饲养方式、饲料品质、加工条件等）对饲料配方加以调整，并在饲养实践中进行验证。

2. 营养平衡

配合牛日粮时，除应注意保持能量与蛋白质以及矿物质和维生素等营养平衡外，还应注意非结构性碳水化合物与中性膳食纤维的平衡，以保证瘤胃的正常生理功能和代谢。

3. 多样化

在满足营养需要的前提下，配合日粮所使用的饲料种类应尽可能多样化，以提高营养的互补性和适口性，降低单一饲料中可能存在的有害物质的影响，提高饲料的利用率。饲草一定要有两种或两种以上，精料种类3～5种以上，使营养成分全面，且改善日粮的适口性和保持肉牛旺盛的食欲。

4. 优化饲料组合

在配合日粮时，应尽可能选用具有正组合效应的饲料搭配，减少或避免负组合效应，以提高饲料的可利用性。在满足营养需要的前提下尽量提高粗饲料在日粮中的比例。一般情况下日粮的精粗比不能低于60∶40，日粮的粗纤维含量不低于18%。牛常用饲料在精料中的最大用量一般为：米糠、麸皮25%，谷实类75%，饼、粕类35%，甜菜渣25%，尿素1.5%～2%。

5. 体积适当

日粮的体积要符合肉牛消化道的容量。体积过大，牛因不能按定量食尽全部日粮而影响营养的摄入；体积过小，牛虽按定量食尽全部日粮，但因不能饱腹而经常处于不安状态，从而影响生长发育和生产性能的发挥。

6. 适口性

饲料的适口性直接影响采食量。日粮所选用的原料要有较好的适口性，肉牛爱吃，采食量大，才能生长快。通常影响混合饲料适口性的因素有：味道（例如甜味、某些芳香物质、谷氨酸钠等可提高饲料的适口性），粒度（过细不好），矿物质或粗纤维的多少。应选择适口性好、无异味的饲料。若采用营养价值虽高但适口性差的饲料须限制其用量，如菜粕（饼）、棉粕（饼）、芝麻饼、葵花粕（饼）等，特别是为幼龄动物和妊娠动物设计饲料配方时更应注意。对味差的饲料也可采用适当搭配适口性好的饲料或加入调味剂以提高其适口性，促使动物增加采食量。饲料搭配必须有利于适口性的改善和消化率的提高。如酸性饲料

（青贮、糟渣等）与碱性饲料（碱化或氨化秸秆等）搭配。

7. 对产品无不良影响

有些饲料对牛奶的味道、品质有不良影响，如葱、蒜类等应禁止配合到日粮中去。

8. 经济性

原料的选择必须考虑经济原则，即尽量因地制宜和因时制宜地选用原料，充分利用当地饲料资源。并注意同样的饲料原料比价值，同样的价格条件比原料的质量，以便最大限度地控制饲用原料的成本，提高经济效益。

9. 要保证安全

配合饲料所用的原料及添加剂必须安全、卫生，其品质等级要符合国家标准，绝对不能应用发霉变质饲料，也不能使用含有大量有毒有害物质的饲料，对于那些对牛有一定不良影响的饲料应限制用量。饲料原料具有该品种应有的色、嗅、味和形态特征，无发霉、变质、结块及异嗅、异味。有毒有害物质及微生物允许量应符合 GB 13078 的规定。不应在肉牛饲料中使用动物源性饲料和各种抗生素滤渣。棉籽饼、菜籽饼必须经过脱毒处理后才可以饲喂，且要限制饲喂量；保证饲料中无铁钉、铁丝等金属杂物，作物秸秆上的地膜要摘除干净，秸秆下部粗硬的部分和根须要尽量切掉不用；阴雨天气尽量将粗料切细。

10. 日粮成分应保持相对稳定

饲料的组成应相对稳定，如果必须改变饲料种类时，应逐步更换，突然改变日粮构成会导致肉牛的消化系统疾病，影响瘤胃发酵，降低饲料消化率，引起消化不良或下痢等疾病，甚至影响肉牛的生产性能。

经验之十一：配制配合饲料时应注意的事项

① 饲料配合不能仅根据饲养标准将饲料简单地按算术方式凑合，而应该是最基本的营养物质的组合，并要考虑这些饲料的生物学价值与其饲养特性。当饲料的营养物质组成接近于动物体组织或产品的组

成时，其营养价值也就越高。在配合饲料时要考虑各种饲料的合理搭配，使其在营养上发挥生物学的互补作用。从本地实际出发，尽可能选用适口性好的饲料，并要考虑饲料的调养性，即饲料在肉牛的消化道内易于拌合、推进和消化，并使粪便畅通等特性。另外，配合饲料的容积要适当，利于肉牛采食和消化。

② 饲料的含水量：同一种饲料，由于含水量不同，其营养价值相差很多。因此，在配制日粮时要特别注意各种饲料含水量的变化。

③ 选择原料时一定要严把质量关，尽量选用新鲜、无毒、无霉变、无怪味、适口性好、含水量适宜、效价高、价格低的饲料，严防饲料原料掺杂使假，以劣充优；原料要贮藏在通风、干燥的地方，时间也不能过长，防止霉变。

④ 按配方配制饲料时，各种原料要称量准确，搅拌均匀，应采取逐级混合搅拌的办法。先加入复合微量元素添加剂，维生素次之，氯化胆碱应现拌现喂，各种微量成分要进行预扩散，即先少量拌匀，再扩散到全部饲料中去。

⑤ 要注意各种饲料之间的相互关系。饲料之间除在营养上的互补作用外，还有相互制约的作用。在肉牛日粮中必须高度重视精粗比例，在适当搭配精料的同时还应供给较大量的青粗料才能满足其消化机能的需要。

⑥ 饲料配合时还应考虑室温、室内相对湿度、光照、通风，室内有害气体及饲料本身所遭受到的环境影响和有害因素的污染。这些均会直接影响饲料的质量与肉牛对饲料的采食量，从而影响饲料的利用效率。在环境因素中特别要考虑的是温度，因为高温影响肉牛的采食量，故高温时应提高饲料营养物质浓度及适口性和调养性。

经验之十二：稻草喂牛需加工

我国稻草资源丰富。长期以来，稻草一直是养牛的主要粗饲料，但是，在使用稻草饲喂时很多养牛场（户）不经过加工而直接饲喂，这种做法不科学。因为稻草粗糙，适口性差，不利于牛采食，也不利于牛的消化和吸收。如果进行适当处理，可把稻草变成适口性好、营养丰富、有利于消化吸收的优良饲料。所以，要对稻草进行加工处理后喂牛。稻草加工的方法主要有以下几种。

（1）切碎　切碎是最简单也是最容易的一种加工方法。俗话说“寸草切三刀，无料也上膘”。将稻草铡成3～5厘米的长段，有利于牛咀嚼，可减少牛咀嚼时的能量消耗；可增加稻草与消化酶的接触，提高消化率；使稻草易与谷物精饲料混合；增加胃肠蠕动。

（2）氨化处理　将切短的稻草放入干燥的缸内压实，每80千克稻草浇25%的氨水12千克或6.5千克的尿素水溶液，填满后封严缸口。5～7天后打开，通风，待氨味消失后即可用于喂牛。稻草经氨化处理后，粗纤维消化率可提高6%～8%，蛋白质消化率提高11%～12%，有机物消化率提高5%～8%，弥补了稻草饲料的蛋白质缺乏，营养价值接近了青干草水平。

（3）碱化处理　每80千克切短的稻草用生石灰或熟石灰3千克、食盐1～1.5千克加水200～500千克搅拌均匀，浸泡2～3小时后，捞出放在地面压实，2～3小时后即可用于喂牛。

稻草喂牛还需要注意以下问题。

① 在加工使用前，要对稻草进行挑选，要挑选优质、洁净的稻草，不要使用被水或农药污染过的稻草喂牛，更不要用霉烂变质的稻草喂牛。水稻收获应选择晴天收割，脱去谷粒后，平铺在干爽的稻田中晾晒，尽量摊薄些，每日翻动2～3次，在2～3天内晒干、捆起。贮藏在干燥地方，防止潮湿、雨淋，保持新鲜青绿色彩。若暴晒时间过长，由于阳光破坏和雨露的浸润和流失，品质老化，其营养物质消耗和损失，若遇雨天，常引起发霉，而丧失饲喂价值。

② 不能长期单纯喂稻草，必须要与玉米、麦麸、米糠、块根茎类饲料（尤以含胡萝卜素较多的甘薯为优）、豆饼、青贮料、青绿饲料等配合饲喂。

③ 牛吃稻草后容易口渴，所以要定时给牛饮水。

经验之十三：外购饲料要注意的问题有哪些？

市场上出售用于肉牛的全价配合饲料比较少，我国现有的饲料产品中只有少量的蛋白质浓缩饲料、矿物质饲料添加剂、预混料和盐砖等产品。自行配合的肉牛饲料要根据当地的饲料资源状况选择市售饲料来进行配合。为了选择到理想的饲料，可以从下面三个方面考察。

1. 到饲料生产企业现场考察

（1）工厂的规模　看其是否有雄厚的经济实力，良好的企业管理、生产设施和生产环境。企业的各个职能部门是否设置齐全，这是企业是否正规的一个指标，尤其是质检、采购、配方师等，一个完整的队伍是完成任务的保证。小饲料厂往往没有这些部门，所有的工作都由老板自己承担，既要管原料的采购，又要管配方，还要管生产加工和销售，一个人的精力毕竟有限，顾此失彼，不可能全部照顾得到。还有的饲料厂临时外请技术人员负责配方或购买别人的现成配方，不能够根据客户反馈适时调整配方，原料改变了，但为了节省购买配方的钱不能够及时调整配方，这些情况下，饲料的质量很难保证。

（2）生产原料　原料的好坏直接影响饲料成品的好坏，看生产原料要到仓库实际查看，不能听信厂家的介绍，因为原料的价格、含量、成分、产地等差别很大，厂家往往都会说他们使用的进口蒸汽鱼粉、维生素是包被的、豆粕是高蛋白的等，只要到仓库一看便知，即使你对原料不是十分懂，但你可以从实物上看，是否有产品质量检验合格证和产品质量标准；是否有产品批准文号、生产许可证号、产品执行标准以及标签认可号；标签应以中文或适用符号标明产品名称、原料组成、产品成分分析、净重、生产日期、保质期、厂名、厂址、产品标准代号、使用方法和注意事项；进口饲料添加剂应有国务院农业行政主管部门登记的进口登记许可证号，有效期为5年，产品必须用中文标明原产国名和地区名。不明白的可以抄录或拍照回去查资料了解。而没有合格证和质量标准的，没有标签或标签不完整的，没有中文标识的，均为不合格产品。

（3）原料和成品的保管　主要看仓储设施。主要原料如玉米是否有大型的仓库或者贮料塔。看其他原料的质量主要看贮存的条件和生产厂家。原料贮存和供应是否充足，质量是否可靠。大型饲料企业每天的生产量都在几百吨甚至上千吨以上，如果原料供应不上，原料现进现加工，很难保证饲料的稳定供应，不能因为原料供应不及时而时断时续，贮存条件要好，没有露天风吹日晒、虫害、鼠害、鸟害等，原料要保证卫生和不发霉变质。

（4）生产设备 好的生产设备是生产合格产品的保证，而简陋的设备不可能生产出质量稳定的产品。时好时坏、加工不好的饲料会导致粒度变化、成分混合不充分、肉牛挑食、饲料利用率降低、生产性能下降，极端情况下会引起严重的健康问题。

2. 到饲料用户咨询

金杯银杯不如百姓的口碑，到附近的养牛场走访了解，走访的养牛场既要多去养殖比较好的肉牛场，也要去养得不好的肉牛场了解，看人家长期使用什么牌子的饲料，多走访几家，从市场反馈情况来看哪个厂家的饲料质量稳定、上市时间长、饲料销售的地区覆盖面大。一般生产饲料的时间越早、在市场上反映好的饲料是较好的饲料。有的饲料厂在创立初期或新品种刚上市时，用好的原料生产，以占领市场，一旦用户反馈好、销量上来以后，就偷工减料，用一些质量差、廉价的原料替代质优、价格贵的原料，因为用户不能马上使用就出现问题，这样一段时间后，等用户又反馈说饲料有问题时，他们一面派技术人员去找肉牛场在管理方面的毛病，让养肉牛场相信是自己饲养管理方面的问题而不是饲料的质量问题，因为没有几个肉牛场能做到完善的科学管理，都或多或少的在饲养管理上存在问题，一面又改用好的原料生产，这样时好时坏的生产。要坚决不与这样的奸商合作。

还要了解是否有高素质的专家作技术保证，是否有技术信誉。售后是否周到、及时、完善，技术服务能力能否为用户解决技术疑难，如根据具体情况设计可行的饲方；指导养殖场防疫、饲养管理；诊断肉牛的疾病，介绍市场与原料信息等。小的饲料厂家往往舍不得花钱聘请专业的售后技术服务人员，养牛场出现饲料质量或牛病问题能应付就应付，实在应付不了就临时到外面请一位技术员去看一下，根本没有长期打算，只要能卖出饲料什么都不管。

3. 通过实际饲喂检验

百闻不如一见，实践是检验真理的唯一标准。第一次使用某一厂家生产的饲料时，最好进行饲养试验，根据食欲及健康状况、增重和饲料消耗情况对配合饲料质量作出科学判断。通过小规模的对比试喂一段时间，看适口性、增重、粪便、发病率高低等，也可以检验一个饲料的好坏，为决策作参考。

经验之十四：犊牛早期断奶优点多

有些养殖户的母牛产犊后，让小牛犊随母牛自由吮乳，而且断奶时间拖得很长，有的甚至拖延到下胎产犊前才断奶，这样对母牛和小牛都不利。因为我国的地方黄牛产奶量都不太高，其产的牛犊又是杂交一代肉牛犊。由于其体重大，增重速度快，所需奶量大，母牛所泌出的奶量不能满足肉牛犊的需要。如果延期断奶，一方面影响犊牛采食饲草和精饲料的数量，对犊牛的生长发育很不利。研究表明，精饲料在瘤胃发酵产生的挥发性脂肪酸（特别是丁酸）是犊牛瘤胃发育的重要刺激物，只喂牛奶缺乏固体食物刺激，不利于犊牛瘤胃发育；另一方面还会影响母牛的身体健康和其下一胎的泌乳量。而实行早期断奶使犊牛快速进入肥育场，缩短母牛的配种间隔，母牛容易恢复并且可以确保母牛每 12 个月繁殖 1 头犊牛，可以减少母牛的营养需要量，使母牛利用更多的粗饲料，延长纯种母牛的使用寿命，犊牛的肉料比最高。因此，给肉犊牛早期断奶好。

犊牛早期断奶的时间要在 60 日龄内断奶。喂给犊牛蛋白质、能量、维生素和微量元素含量平衡、适口性好的日粮。在断奶前 2～3 周给犊牛试喂开食料。可补饲优质干草和精饲料，使犊牛尽快适应吃料。同时要给犊牛注射黑腿病疫苗和败血症疫苗，注射维生素 A 和维生素 D。

经验之十五：使用稻草颗粒饲料效果好

稻草颗粒是根据秸秆利用的营养工程技术原理，将稻草粉碎后，针对稻草可发酵氮源、可发酵碳水化合物和过瘤胃蛋白水平以及生葡萄糖物质水平低，粗灰分中硅酸盐含量较高但又缺乏某些必需的矿物质元素，且其所含的矿物质元素利用率又低等缺陷，补充氮源、能量饲料以及矿物质元素、维生素等养分。采用科学配方，用特定颗粒机制成的颗粒饲料。

1. 颗粒的好处

① 克服了稻草产生的季节性，制成颗粒饲料后可常年均衡供应。饲草的生长和利用受季节影响很大。冬季饲草枯黄，含营养素少，家畜缺草吃；暖季饲草生长旺盛，营养丰富，草多家畜吃不了。因此，为了扬长避短充分利用暖季饲草，经刈割、晒制、粉碎、加工成草颗粒保存起来，可以冬季饲喂畜禽。

② 饲料转化率高。稻草饲料颗粒化的过程中，稻草在复合化学物质的综合作用下，令其所含的纤维物质降解为动物容易消化吸收的单糖、双糖、氨基酸等小分子物质，从而提高饲料的消化吸收率，其有机物消化率比原稻草提高了18.7%～25.5%。冬季用稻草颗粒补喂家畜家禽，可用较少的饲草获得较多的肉、蛋、乳。

③ 体积小。稻草颗粒饲料只为其原料干草体积的15%，产品密度高，便于贮存和运输。而且无粉尘，易于定量投放。粉尘少，有益于人畜健康；饲喂方便，可以简化饲养手续，为实现集约化、机械化畜牧业生产创造条件。便于贮存和运输。

④ 增加适口性，改善饲草品质。干稻草粗糙，适口性差，不利于牛采食，也不利于牛的消化和吸收。但制成稻草颗粒后，则成适口性强、营养价值高的饲草。

⑤ 稻草颗粒饲料安全。稻草颗粒饲料在加工过程中，经复合化学处理和高温制粒后，杀灭了沙门菌，不易霉变，是名副其实的绿色动物饲料。

⑥ 牛的采食量增加，增重快。稻草颗粒饲料可使稻草的采食量净增60%. 饲喂稻草颗粒饲料的肉牛平均日增重比用养殖户自配饲料喂养时增加1倍，出栏期缩短，饲料成本降低。

2. 饲喂技术要点及注意事项

① 饲喂前要驯饲6～7天，使其逐渐习惯采食颗粒饲料。饲喂期间每日投料2次，任其自由采食。傍晚，补以少量青干草，提高消化率。颗粒饲料的日给量以每天饲槽中有少量剩余为准。

② 采食颗粒饲料比放牧时需水量多，缺水时畜禽拒食。所以要

定时饮水，日饮水不少于 2 次。有条件装以自动饮水器更为理想。

③ 颗粒饲料遇水会膨胀破碎，影响采食率和饲料利用率。所以雨季不宜在敞圈中饲养。一般在枯草期进行，以避开雨季。

④ 饲喂开始前，必须进行驱虫和药浴。对患有其他疾病的畜禽要对症治疗，使其较好地利用饲料。适当延长饲喂时间将获得较大的补偿增重，达到预想的饲喂效果。

经验之十六：谷物发芽喂牛效果好

谷物饲料经发芽后，发芽谷物含有充足的水分和一定量的糖分以及各种维生素等营养物质。1 厘米内的发芽饲料含有丰富的维生素 E，7 厘米左右的发芽饲料含有较多的胡萝卜素、维生素 B_2 及维生素 C，可为肉牛补充维生素。牛特别喜食，且消化率高、育肥效果显著，每头牛每天喂 100～120 克即可满足需要。

制作方法是把籽实用 18～20℃的温水浸泡 15 小时后，捞出摊放在木盘或细筛内，厚 5 厘米左右，上盖麻袋或草席等物，经常喷洒清水，使其保持湿润，室内温度保持在 25℃左右，经 7 天左右的时间即可发芽。发芽饲料不但是肉牛的优质补充饲料，而且也是种公牛和其他畜禽的优质补充饲料。

经验之十七：给育肥牛添加多少蛋白质饲料最适宜

豆饼、花生饼、大豆等优质蛋白质饲料在饲养肉牛的生产过程中起到关键作用，影响着肉牛的生长和增重，使用量比能量饲料少，一般占日粮的 10%～20%。由于肉牛在一生的生长过程中对营养物质特别是对蛋白质的需要量是有区别的，所以，蛋白质的添加量要与肉牛的生长需要相一致。蛋白质饲料添加多了，肉牛消化吸收不了，不但造成饲料浪费，增加饲料成本，而且会给牛的胃肠增加负担，还能引起疾病；添加少了，不能满足肉牛生长发育对蛋白质的需要，影响育肥效果和牛肉的质量。因此，蛋白质饲料在肉牛的日粮添加中要按肉牛的具体情况和需要量喂给。

实践证明，育肥肉牛按五种情况来添加蛋白质饲料最科学。

① 架子牛：在牛舍内进行育肥的、体重300千克左右的架子牛，蛋白质饲料在日粮中的比例可占10%～13%。以后体重逐渐增加，蛋白质饲料在日粮中的含量还可有所减少。到育肥末期，蛋白质饲料的含量占日粮的10%即可。

② 3月龄以前的犊牛：在饲养时，由于其瘤胃发育和瘤胃微生物区系还很不完善，因此，犊牛的蛋白质营养与单胃畜禽相似，其体内不能合成某些必需的氨基酸。所以，在饲养3月龄以前的犊牛时，饲料中应注意采用多种蛋白质饲料（如豆饼、棉籽饼等）进行搭配。多种蛋白质饲料搭配起来，它们所含的氨基酸就可以取长补短，相互弥补，达到平衡的要求。如果豆饼与棉籽饼按1∶1配合，作为犊牛的蛋白质补充饲料，就比单喂豆饼好，因为豆饼含赖氨酸和色氨酸较多，蛋氨酸缺乏。把这两种搭配起来，氨基酸就可以互相补充。如果再配合一些麸皮和苜蓿草粉等含蛋白质较多的饲料，则饲喂效果会更好。犊牛在生长过程中，体蛋白质增加很快，蛋白质需要量很大，年龄越小，需要蛋白质的量越大，其日粮中蛋白质饲料的比例可占20%。

③ 6～12个月的犊牛：体重150～200千克育肥时，日粮中的蛋白质饲料的含量可降至15%左右。以后随着犊牛体重的增加，日粮中的蛋白质饲料的含量还可逐步降至12%左右。

④ 用老龄牛育肥：用老龄牛育肥，日粮中的蛋白质饲料的含量只需要10%，但必须多喂玉米、高粱、甘薯干等能量饲料。

⑤ 育肥高档肉牛：在生产高档牛肉进行强度育肥时，日粮中的蛋白质饲料的含量应比普通牛育肥增加2%～3%。

在肉牛的饲养和育肥过程中，按上述比例添加蛋白质饲料，既可避免饲料浪费，又可充分发挥饲料的作用和肉牛的生产性能。可获得最高的饲料报酬和最佳的经济效益。

经验之十八：舔砖的作用大

舔砖是将牛、羊所需的营养物质经科学配方加工成块状，供牛、羊舔食的一种饲料，其形状不一，有的呈圆柱形，有的呈长方形、方形不等，也称块状复合添加剂，通常简称“舔块”或“舔砖”。理论与实践均表明，补饲舔砖能明显改善牛、羊健康状况，提高采食量和饲料利用率，加快生长速度，提高经济效益。20世纪80年代以来，舔砖已广泛应用于60多个国家和地区，被农民亲切地称为“牛羊的巧克力”。

舔砖完全是根据反刍动物喜爱舔食的习性而设计生产的，并在其中添加了反刍动物日常所需的矿物质元素、维生素、非蛋白氮、可溶性糖等易缺乏养分，能够对人工饲养的牛、羊等经济动物补充日粮中各种微量元素的不足，从而预防反刍动物异食癖、母牛乳房炎、蹄病、胎衣不下、山羊产后奶水少、羔羊体弱生长慢等现象发生。随着我国养殖业的发展，舔砖也成为了大多数集约化养殖场中必备的高效添加剂，享有牛、羊“保健品”的美誉。

在我国，由于舔砖的生产处于初始阶段，技术落后，没有统一的标准。舔砖的种类很多，叫法各异，一般根据舔砖所含成分占其比例的多少来命名。舔砖以矿物质元素为主的叫复合矿物舔砖；以尿素为主的叫尿素营养舔砖；以糖蜜为主的叫糖蜜营养舔砖；以糖蜜和尿素为主的叫糖蜜尿素营养舔砖。在我国现有的营养舔砖中，大多含有尿素、糖蜜、矿物质元素等成分，一般叫复合营养舔砖。

舔盐砖的生产方法是：配料、搅拌、压制成型、自然晾干后，包装为成品。配料由食盐、天然矿物质舔砖添加剂和水组成，天然矿物质舔盐砖含有钙、磷、钠和氯等常量元素以及铁、铜、锰、锌、硒等微量元素，能维持牛、羊等反刍家畜机体的电解质平衡，防治家畜矿物质营养缺乏症，如异嗜癖、白肌病、高产牛产后瘫痪、幼畜佝偻病、营养性贫血等，提高采食量和饲料利用率，可吊挂或放置在牛、羊等反刍家畜的食槽、水槽上方或休息的地方，供其自由舔食。

需注意的有以下几个问题。

① 舔砖的硬度必须适中，使牛舔食量一定要在安全有效范围之内。若舔食量过大，就需增大黏合剂（水泥）比例；若舔食量过小，就需增加填充物（糠麸类）并减少黏合剂的用量。

② 每日舔食量的标准要根据原料配方比例和原料的不同有差异，主要以牛、羊舔食入尿素量为标准，如成年牛每日进食尿素量为80～

110 克，青年牛 70～90 克。

③ 使用舔砖初期，要在砖上撒施少量食盐粉、玉米面或糠麸类，诱其舔食，一般要经过 5 天左右的训练，牛就会习惯自由舔食了。个别牛开始时可能不舔，不要误认为牛不需要，一般这种牛 3 天后即开始舔食。

④ 注意舔砖清洁，防止沾污粪便。下雪后扫除积雪，防止舔砖破碎成小块，避免牛一次食用量过多。

经验之十九：肉牛喜欢吃糖化饲料

肉牛糖化饲料是利用谷类籽实中的淀粉酶把部分淀粉转化为麦芽糖，这种饲料味道酸甜、清香，提高谷类饲料的适口性。糖化饲料制作简单，而且育肥效果显著。

制作方法是在磨碎的籽实如玉米面中加 2.5 倍的热水，搅拌均匀，置于 50～55℃的温度下，使淀粉酶发生作用，6 小时后，饲料含糖量可增加到 10%左右。如果每 100 千克籽实中加入 2 千克麦芽，其糖化作用会更好更快。

也可以玉米面、麦麸、麦秸、玉米秸、高粱秸、地瓜等粉按 100 千克玉米加 70 千克草粉的比例拌匀，并加适量的水，上锅加温到 20℃时再加入 30 千克曲子，发酵 3 天，便可制出糖化饲料。

糖化饲料按 10%的比例添加到肉牛的日粮里，肉牛特别喜欢采食。

经验之二十：酒糟发酵技术要点

酒糟就是酿酒副产品，资源丰富，价格低廉，有啤酒糟、谷酒糟、米酒糟、白酒糟、酒糟粉等。各种酒糟中以啤酒糟的营养价值最高，其实啤酒糟是麦芽糖化工艺后的麦糟，没有经过酿酒发酵工序，所以其中的营养保留得最好，粗蛋白含量可达到 25%左右，将其当做鹅饲料是一个很好的选择。但是，直接用酒糟喂牛不但营养价值得不到充分利用，而且口感还差。所以，最好用专业的饲料发酵剂发酵后再喂牛，这样的饲料营养才更全，口感才更佳，牛更爱吃，生长速度快。

酒糟发酵的操作方法及注意事项如下。

（1）准备物料　酒糟、玉米粉、麸皮或米糠，饲料发酵剂（市场上有多种）。

（2）稀释菌种　先将饲料发酵剂与米糠、玉米粉或麸皮按1∶(5～10）的比例，先不加水混合均匀后备用。

（3）混合物料　将备好的酒糟、玉米粉、麸皮及预先混合好的饲料发酵剂混合在一起，一定要搅拌均匀。如果发酵的物料比较多，可以先将混合好的饲料发酵剂与部分物料混匀，然后再撒入到发酵的物料中，目的是为了物料和发酵剂混合更均匀。

（4）水分要求　配好的物料含水量控制在65%左右，判断办法：手抓一把物料能成团，指缝见水不滴水，落地即散为宜，水多不易升温，水少难发酵；加水时，注意先少加，如水分不够，再补加到合适为止。

（5）密封要求　发酵物料可装入筒、缸、池子、塑料袋等发酵容器中，物料发酵过程中应完全密封，但不能将物料压得太紧；当使用密封性不严的容器发酵时，外面应加套一层塑料薄膜或袋子，再用橡皮筋扎紧，确保密封。

（6）发酵完全　在自然气温（启动温度最好是在15℃以上为好）下密封发酵3天左右，有酒香气时说明发酵完成。

（7）保存方法　发酵后的酒糟物料，如果要长期保存，则要密封严格，并压紧压实处理，尽量排出包装袋中的空气，这样不仅可以长期保存，而且在保存的过程中，降解还要进行，时间较长后，消化吸收率更好，营养更佳。其他固体发酵的糟渣也是这个原理。

发酵好的饲料也可以直接造粒，晾干、成品检验、装袋，成品入库。

（8）注意事项

① 确保密封严格，不漏一点空气进入料中，则时间越长，质量更好，营养更佳。发酵过程中不能拆开翻倒，发酵后的成品在每次取料饲喂后应注意立即密封；成品可另行采用小袋密封保存或晾干脱

水、低温烘干、造粒等方式保存。

② 发酵各种原料的添加比例按照饲料发酵剂的使用说明执行，不可随意增减，否则将影响发酵效果和饲喂效果。不能使用霉烂、变质的酒糟。

③ 如果添加农作物秸秆粉、树叶杂草粉、瓜藤粉、水果渣、甘蔗渣、谷壳粉、统糠、食用菌渣、鸡粪等，其合计不超过发酵原料总量的30%。

④ 多种发酵原料混合发酵优于单一发酵原料发酵，能量饲料（玉米粉、麦麸、米糠）可以将一种物料单独发酵，也可将两三种物料按任意比例混合发酵。

（9）饲喂方法

① 喂养的时候要添加4%的预混料或者自己添加微量元素。

② 饲喂比例要采取先少量再慢慢增加的原则，开始饲喂时可以先采用5%，慢慢递增到30%；因为发酵酒糟为湿料，因此在实际配制饲料时的重量要乘以2倍，如配制比例为30%时，实际使用重量为60%。将其他饲料混合，添加适量的水混合拌匀后直接饲喂。如果进行打堆覆盖1小时以上，利用发酵饲料中的微生物和酶对其他饲料再降解一下饲喂效果更好。

经验之二十一：大豆渣发酵技术要点

大豆渣是大豆制作豆腐时的副产品，资源非常丰富。大豆渣具有丰富的营养价值，其中的营养成分与大豆类似，含粗纤维8%左右、蛋白质28%左右、脂肪12.40%左右，其营养高于众多糟渣。但是大豆渣不宜直接生喂，直接作为饲料其营养和能量的利用率很低，不到20%，失去了它潜在的营养价值和经济价值。因为大豆渣含有多种抗营养因子，还影响肉牛的生长和健康等。生大豆渣容易发霉变质，不易保存。所以大豆渣喂牛需要事先进行加工处理，简单的处理方法是加热，最好的办法是使用饲料发酵菌液进行发酵处理。

1. 大豆渣发酵的好处

① 便于较长时间保存：不发酵的大豆渣最多能存放3天，经过发酵后的豆渣一般可存放1个月以上，如果能做到严格密封，压紧压实或烘干，则可以保存半年以上甚至1年。

② 增加饲料的适口性：降低了粗纤维三分之一以上，动物更爱吃食，促进了食欲并增加了消化液的分泌。

③ 丰富了营养成分：烘干后干物质中消化能提高13.17%，代谢能提高16%，可消化蛋白提高29.59%，粗纤维降低30%左右。同时是一种益生菌的载体，含有大量的有益微生物和乳酸等酸化剂，维生素也大幅度增加，尤其是B族维生素往往是成几倍地增加。

④ 大大降解了抗营养因子，提高抗病力：发酵后能显著增加其消化吸收率和降解抗营养因子，并含大量有益因子，提高了抗病性能。

⑤ 节省了饲料成本，提高经济效益：发酵以后可以代替很大一部分饲料，节省了饲料成本，并且少得病、出栏提前，总之经济效益提高了。

2. 发酵豆渣的方法

原料主要有大豆渣、发酵菌液（市场出售的饲料发酵菌液均可，如EM菌液）、麦麸（或者玉米粉统糠等均可）、红糖、水等。

操作步骤如下。

① 首先将饲料发酵菌液用水稀释，然后和麦麸搅拌均匀，湿度在50%左右，判断标准是用手抓一把，用力握成坨，指缝间感觉是湿的，但是没有水滴下来为合适。

② 用水融化红糖，具体用水量多少要看大豆渣的干湿度而定。

③ 然后把拌好的麦麸均匀撒在大豆渣中，一边撒一边喷洒已经融化好的红糖水。如果有条件的话，可以用人工搅拌或者搅拌机搅拌均匀。

④ 搅拌均匀以后放在密封容器里（大塑料袋、缸里、桶里、发酵池等），压实密封发酵3～5天即可。

注意：以上各原料的具体稀释比例和用量要按照发酵菌液的说明要求，不可随意增减。

3. 饲喂方法

① 饲喂比例要采取先少量再慢慢增加的原则，开始饲喂时可以先采用10%，慢慢递增到30%；因为发酵豆渣为湿料，因此在实际配制饲料时的重量要乘以2倍，如配制比例为30%时，实际使用重量为60%。将其他饲料混合，添加适量的水混合拌匀直接饲喂。如果进行打堆覆盖1小时以上，利用发酵饲料中的微生物和酶对其他饲料降解一下饲喂效果更好。

② 将发酵大豆渣混合后至少要等30分钟后再饲喂，主要是让发酵大豆渣的一些气体挥发。

经验之二十二：全混合日粮是肉牛最合理的日粮

全混合日粮（total mixed ration，TMR）是根据牛在不同生长发育和泌乳阶段的营养需要，按营养专家设计的日粮配方，用特制的搅拌机对日粮各成分进行搅拌、切割、混合和饲喂的一种先进的饲养工艺。全混合日粮（TMR）保证了肉牛所采食每一口饲料都具有均衡性的营养。

1. TMR饲喂工艺的优点

① 精粗饲料均匀混合，避免牛挑食，维持瘤胃pH值稳定，防止瘤胃酸中毒。牛单独采食精料后，瘤胃内产生大量的酸；而采食有效纤维能够刺激唾液的分泌，降低瘤胃酸度。TMR使牛均匀地采食精粗饲料，维持相对稳定的瘤胃pH值，有利于瘤胃健康。

② TMR日粮为瘤胃微生物同时提供蛋白、能量、纤维等均衡的营养物质，加速瘤胃微生物的繁殖，提高菌体蛋白的合成效率。

③ 增加牛干物质采食量，提高饲料转化效率。

④ 充分利用农副产品和一些适口性差的饲料原料，减少饲料浪费，降低饲料成本。

⑤ 根据饲料品质、价格灵活调整日粮，有效利用非粗饲料的NDF。

⑥ 简化饲喂程序，减少饲养的随意性，使管理精准程度大大提高。

⑦ 实行分群管理，便于机械饲喂，提高劳产率，降低劳动力成本。

⑧ 实现一定区域内小规模牛场的日粮集中统一配送，从而提高奶业生产的专业化程度。

2. TMR加工过程中原料添加顺序和搅拌时间

① 基本原则：遵循先干后湿、先精后粗、先轻后重的原则。

② 添加顺序：精料、干草、副饲料、全棉籽、青贮、湿糟类等。

③ 如果是立式饲料搅拌车，应将精料和干草添加顺序颠倒。

一般情况下，最后一种饲料加入后搅拌5～8分钟即可，一个工作循环总用时在25～40分钟。掌握适宜搅拌时间的原则是确保搅拌后TMR中至少有20％的粗饲料长度大于3.5厘米。

3. TMR的水分要求

牛对TMR的干湿度非常敏感，只要超出适宜的干物质水平，牛就会出现挑食、厌食及不食的现象。另外，若TMR太干，会造成精粗料混合不均匀，导致挑食及影响采食进度，进而使产奶量受到影响；若TMR太湿，会出现日粮抱团现象，导致营养不均衡及干物质采食量（DMI）降低。由于水分较多，还会造成肉牛唾液分泌减少（因为唾液中含有一定量弱碱性的碳酸氢钠，通过吞咽进入瘤胃，起到调节瘤胃酸碱平衡的作用），持续一段时间会使牛瘤胃酸度升高，增加了瘤胃酸中毒发生的概率，从而给牛自身健康带来风险。

4. 使用TMR饲料搅拌车应注意的事项

① 根据搅拌车的说明，掌握适宜的搅拌量，避免过多装载，影响搅拌效果。通常以装载量占总容积的70％～80％为宜。

② 严格按日粮配方，保证各组分精确给量，定期校正计量控制器。

③ 根据青贮及副饲料等的含水量掌握控制TMR日粮水分。

④ 添加过程中，防止铁器、石块、包装绳等杂质混入搅拌车，

造成车辆损伤。

5. TMR搅拌效果的好坏判断

从感官上，搅拌效果好的TMR日粮表现在：精粗饲料混合均匀，松散不分离，色泽均匀，新鲜不发热，无异味，不结块。

6. TMR的质量检测

要对每批次新进的原料予以现场检查，感官评估其质量，然后要采取适当样品送往化验室检测营养成分，重点检测干物质、蛋白质、能量、中性洗涤纤维（NDF）与酸性洗涤纤维（ADF）等常规指标，对霉菌指标也要予以检测，以确保原料无霉变。检测常可以通过以下三种方法：直接检查日粮、宾州过滤筛和观察肉牛反刍。运用以上方法，坚持估测日粮中饲料粒度大小，保证日粮制作的稳定性，对改进饲养管理、提高肉牛健康状况、促进高产十分重要。

（1）直接检查日粮　随机地从牛全混日粮（TMR）中取出一些，用手捧起，用眼观察，估测其总重量及不同粒度的比例。一般推荐以可测得3.5厘米以上的粗饲料部分超过日粮总重量的15%为宜。有经验的牛场管理者通常采用该评定方法，同时结合牛只反刍及粪便观察，从而达到调控日粮适宜粒度的目的。

（2）宾州筛过滤法　美国宾夕法尼亚州立大学的研究者发明了一种简便的、可在牛场用来估计日粮组分粒度大小的专用筛。这一专用筛由两个叠加式的筛子和底盘组成。上面的筛子的孔径是1.9厘米，下面的筛子的孔径是0.79厘米，最下面是底盘。这两层筛子不是用细铁丝而是用粗糙的塑料做成的，这样，使长的颗粒不至于斜着滑过筛孔。具体使用步骤：肉牛未采食前从日粮中随机取样，放在上部的筛子上，然后水平摇动2分钟，直到只有长的颗粒留在上面的筛子上，再也没有颗粒通过筛子。这样，日粮被筛分成粗、中、细三部分，分别对这三部分称重，计算它们在日粮中所占的比例。

另外，这种专用筛可用来检查搅拌设备运转是否正常，搅拌时间、上料次序等操作是否科学等问题，从而制定正确的全混日粮调制程序。

宾州筛过滤是一种数量化的评价法，但是到底各层应该保持什么比例比较适宜，与日粮组分、精饲料种类、加工方法、饲养管理条件等有直接关系。

（3）观察肉牛反刍　牛每天累计反刍7～9个小时，充足的反刍保证牛瘤胃健康。粗饲料的品质与适宜切割长度对牛瘤胃健康至关重要，劣质粗饲料是牛干物质采食量的第一限制因素。同时，青贮或干草如果过长，会影响肉牛采食，造成饲喂过程中的浪费；切割过短、过细又会影响牛的正常反刍，使瘤胃pH值降低，出现一系列代谢疾病。观察肉牛反刍是间接评价日粮制作粒度的有效方法。记住有一点非常重要，那就是随时观察牛群时至少应有50%～60%的牛正在反刍。

（4）粪便筛检测　TMR制作的好坏最主要的是被牛采食后的原料消化情况及对瘤胃功能的影响，换句话说，是TMR的可利用程度。可以用专用的检测粪便工具粪便分级筛来检测TMR消化情况及肉牛瘤胃功能。

经验之二十三：饲料的饲喂顺序有规矩

对于没有采用全混合日粮饲喂的肉牛场，应确定合理的精粗饲料的饲喂顺序。饲喂次序不同会影响饲料采食量和饲料利用率，应根据不同肉牛场的实际情况和饲料种类以及季节确定精粗饲料的饲喂顺序。

从营养生理的角度考虑，较理想的饲喂顺序是粗饲料—精饲料—块根类多汁饲料—粗饲料。采用这种饲喂顺序有助于促进牛的唾液分泌，使精粗饲料充分混匀，增大饲料与瘤胃微生物的接触面，保持瘤胃内环境稳定，增加饲料的采食量，提高饲料利用率。

在大量使用青绿饲料的夏天，因牛食欲较差，为了保证足量的养分摄入，应采用先精后粗的饲喂方法。

在大量使用青贮饲料的牛场，多采用先饲喂青贮饲料，然后饲喂精饲料，最后饲喂优质牧草的方法。

但不管哪种饲喂顺序，一旦确定后要尽量保持稳定，否则会打乱肉牛采食饲料的正常生理反应。

经验之二十四：犊牛补饲要及时

犊牛初生时，瘤胃极不发达，瘤胃容积很小，瘤胃和蜂巢胃仅占胃总容积的1/3；10～12周龄时占67%；4月龄时占80%；1.5岁时占85%，基本完成了反刍胃的发育。犊牛在1～2周龄时，几乎不进行反刍，至3～4周龄反刍才开始。在前三个胃功能没有建立之前，食物主要靠真胃消化，真胃没有淀粉酶，这时只能摄取少量精料和干草。要使牛的生产性能得到充分的发挥，必须使其瘤胃尽早充分地发育，固体饲料对瘤胃发育有显著促进作用。固体饲料在瘤胃内的发酵产物中，最主要的低级脂肪酸是醋酸、丙酸、酪酸，这些脂肪酸的产生是刺激瘤胃发育的主要因素。因此，犊牛除喂适量全乳外，还应尽早补饲精料及干草，以促进犊牛的瘤胃发育和机能健全，从而提高犊牛的培育质量，提高犊牛的成活率，减少死亡损失。

同时，犊牛出生后对营养物质的需要量不断增加，而母牛的产奶量2个月以后就开始下降，为了使犊牛达到正常生长量，也必须进行补饲。因此，犊牛补饲必须而且要尽早进行。

犊牛出生4天后就可以开始训练采食精饲料。刚开始饲喂时，可将精饲料磨成细粉并混以食盐等矿物质饲料，涂于犊牛口鼻处，教其舔食，使犊牛形成采食精饲料的习惯，3～4天后即可将精饲料放在食槽内，让其自由采食。最初几天的喂量为10～20克，几天后增加至100克左右，一段时间后，同时饲喂混合好的湿拌料，最好饲喂犊牛颗粒饲料，2月龄后喂量可增至每日0.5千克左右。

犊牛出生后1周即可开始训练采食干草，方法是在饲槽或草架上放置优质干草任其自由采食。及时哺喂干草可促进犊牛瘤胃发育和防止舔食异物。

犊牛初生后20天就可以在精料中加入切碎的胡萝卜、马铃薯或幼嫩的青草，最初几天每日加10～20克，到60天喂量可达1～1.5千克。

犊牛补饲青贮饲料可以从出生后2个月开始，最初每日供给100克，到犊牛3月龄时可以供给1.5～2千克。

犊牛在出生后1周内可在每日喂奶间隔内供给36℃左右的温开水，15天后改饮常温水，30天以后可以让犊牛自由饮水。

为了保证饲喂效果，人们总结了给犊牛喂料要四看。

（1）看食槽　犊牛没吃净食槽内的饲料就抬头慢慢走开，这说明给犊牛喂料过多（4周龄内的犊牛还没有养成吃饲料的习惯，每次喂食后食槽内都会剩下一些饲料）；如果食槽底和壁上只留下像地图一样的料渣舔迹，说明喂料量适中；如果食槽内被舔得干干净净，说明喂料量不足。

（2）看粪便　犊牛所排粪便日渐增多，粪便比纯吃奶时稍稠，说明喂料量正常。随着喂料量的增加，犊牛排粪时间形成新的规律，多在每天早晚喂料前后排粪。粪便呈无数团块融在一起，像成年牛粪便一样油光发亮且发软。如果犊牛排出的粪便形状如粥，说明喂料量过多；如果排出的粪便像泔水一样稀，并且臀部沾有湿粪，说明喂料量太大或水太凉。这时，只要停喂两次，然后在饲料中添加粉状玉米、麸皮等，牛拉稀即可停止。

（3）看食相　固定饲喂时间，十多天后犊牛就可形成条件反射，以后每天一到饲喂时间，犊牛就跑过来寻食，这说明喂料量正常；如果犊牛吃净食料后，在饲喂室门前徘徊，向饲养员张望，不肯离去，说明喂料量不足；如果喂料时，犊牛不愿到食槽前，饲养员呼唤也不理会，说明上次喂料过多或牛可能患有疾病。

（4）看肚腹　喂食时，如果犊牛腹陷很明显，不肯到食槽前吃食，说明犊牛可能受凉感冒，或是患了伤食症；如果犊牛腹陷很明显，食欲反应也很强烈，但到食槽前只是闻闻，一会儿就走开，说明饲料变换太大不适口，或料水湿度过高或过低；如果犊牛肚腹膨大，不吃食，说明上次吃食过多，停喂一次即可好转。

经验之二十五：如何给带犊母牛补饲？

带犊母牛饲料以青粗饲料为主，有条件时尽量饲喂些青干草或青绿饲草。母牛每天需喂给体重8%～10%的青草、体重0.8%～1.0%的秸秆或干草，同时每天要补充矿物质和食盐，即每天要喂钙粉50～

70克、食盐40～50克，可以利用营养舔砖，保证充足饮水。补喂精料量根据母牛大小、怀孕、哺乳、膘情等情况确定。空怀母牛如果膘情差、粗饲料质量不好或饲料单一，应当适当补喂精料，以利于尽快发情受配怀孕，在母牛空怀期每头每天补饲1～2千克精料补充料。从怀孕第9个月到产犊，每头每天补饲2千克精料补充料。产犊后至犊牛4月龄每头母牛每天补饲3～4千克精料补充料。

舍饲母牛，先喂青草、干草或秸秆，再喂精料；放牧母牛，收牧后投喂干草或秸秆和补喂精料。甜菜、胡萝卜等块茎饲料是母牛、犊牛冬季补饲的较好饲料，可以室内堆藏或窖藏，喂前应洗净泥土，切碎后单独补饲或与精料拌匀后饲喂。

经验之二十六：夏季养牛防贪青

夏季的高温高湿天气对牛的正常生活影响很大，使牛呼吸加快、体温上升、食欲减退，常出现“瘦夏”现象。有的养牛户就充分利用此时青饲料多的优势，只给牛喂青草，不喂干草，试图加快牛的生长速度，并降低成本。由于青饲料鲜嫩多汁、适口性好，牛常因进食过饱而胃肠不适或负荷过重，导致水泻病。因此，牛日粮中的青饲料数量应逐渐增加，待牛的胃肠道慢慢适应后再以青饲料饲喂为主，而不能突然给牛全部改喂青饲料。值得注意的是，牛是反刍动物，即使是在青饲料特别多的时候也要在其日粮中适当掺些质量较好的干草。

经验之二十七：牛不宜多喂精饲料

牛的精饲料是指粗纤维含量低于18%、无氮浸出物含量高的饲料。为了满足牛、羊对蛋白、能量、氨基酸等营养物质的需要，饲喂玉米、高粱、大麦、鲜红薯和红薯干等精料补充料是必要的。肥育牛日粮的精饲料含量可高一些，母牛和架子牛仅喂少量精饲料，以保证维持需要。但它们不应是牛的主食。牛过多地采食精饲料不仅长得慢，而且容易生病。

牛是反刍动物，具有瘤胃、巢胃、瓣胃和真胃，其中前三个胃统称前胃。在其前胃特别是瘤胃中有大量的细菌和原生虫类，它们可以消化和分解饲料中的粗纤维，这是牛能够大量利用粗饲料的主要原因之一。同时，牛具有反刍（俗称“倒嚼”）的特点，能在休息时把吃进瘤胃的大量粗饲料吐回口腔内再细细咀嚼，所以在实际饲养中，必须使牛有充分的反刍时间，以保证它们正常的消化机能，而过多地饲喂精饲料不利于牛的反刍。另外，牛胃的容积约占其整个消化道容积的70%，其中瘤胃的容积占其整个胃容积的80%左右。因此，在饲养牛的过程中，为了让它们有饱感，必须喂大容积的粗饲料，而不是原粮。

正确的方法是把含粗纤维多、体积大的青草、秸秆类饲料当成主食，原粮可适当搭配。

经验之二十八：犊牛一定要吃好初乳

母牛产犊后开始分泌的乳叫初乳。牛的初乳中含有较多的干物质，黏度大，能覆盖在消化道表面，起到黏膜的作用，可阻止细菌侵入血液；初乳中含有较高的酸度，可是胃液变成酸性，从而刺激消化道分泌消化液，而且有助于抑制有害细菌的繁殖；初乳中含有丰富而易消化的养分，其中蛋白质含量较常乳高4～7倍，乳脂肪多1倍左右，维生素A、维生素D多10倍左右，各种矿物质含量也很丰富；初乳中含有溶菌酶和免疫球蛋白，能消灭进入血液的多种病菌，防止系统感染，保护各种器官黏膜，特别是小肠黏膜免受感染，防止腹泻，同时阻止微生物进入血液。初乳中还含有较多的镁盐，有利于胎粪的排出。由此可见，给新生犊牛饲喂初乳是增强犊牛健康和提高新生犊牛成活率的最重要措施之一。

动物血液中的抗体或免疫球蛋白是构成动物免疫系统的重要组成部分，通常动物就是依靠这些抗体鉴别和消灭有害细菌和其他外来物质入侵来保护自身健康的。由于母牛的胎盘的特殊结构，母牛血液中的免疫球蛋白不能透过胎盘传给胎儿，致使新生犊牛血液中不含抗体，所以，新生犊牛没有任何抗病力，患病率和死亡率极高。

实践证明，犊牛只有依靠从初乳中得到免疫球蛋白而获得被动性免疫。犊牛出生后，最初几小时对初乳的免疫球蛋白的吸收率最高，平均为20%，变化范围在6%～45%，而后急速下降，生后24小时的犊牛就无法吸收完整的免疫球蛋白抗体。若犊牛在出生后12小时内没能吃上初乳，就很难获得足够的抗体。生后24小时才饲喂初乳的犊牛，其中会有50%的犊牛因不能吸收抗体，缺乏免疫力而难以成活。因此，初生犊牛饲养管理的重点是及时饲喂初乳，保证犊牛健康。

经验之二十九：犊牛使用代乳料效果好

代乳料是犊牛由吃奶转向植物性固体饲料之间的过渡性混合精饲料，其中谷物精饲料最好经过压片加工或粉成细粒，不应成面粉状，也可加工成颗粒。开始喂时每份料加水5倍煮成粥，训练犊牛采食，也可加入少量牛奶，谷物等含淀粉的饲料经过加热糊化，有利于犊牛消化吸收，也可促进瘤网胃和瓣胃的发育，犊牛适应后即可直接喂干料。每千克代乳料加维生素A 10000国际单位、维生素D 1000国际单位，如能晒到阳光，维生素D可以省去，另加土霉素22毫克。由第8日龄开始学会采食直到60日龄，喂量占体重的2.5%～3%。代乳料参考配方如下。

配方1：玉米48%，燕麦20%，熟豆粕20%，鱼粉8%，糖蜜2%，磷酸氢钙1%，食盐0.5%，微量元素添加剂0.5%。

配方2：玉米32%，燕麦20%，熟豆粕15%，苜蓿草粉20%，糖蜜10%，磷酸氢钙1.5%，食盐1%，微量元素添加剂0.5%。

经验之三十：犊牛饲喂常乳要坚持“五定”原则

母牛产后1周所分泌的乳汁称为常乳。常乳饲喂是指从第4天至第45天断奶这段时间。为了确保犊牛食道沟反射正常，消化良好，食欲旺盛，促进犊牛生长发育，犊牛饲喂应坚持做到“五定”原则，即“定时、定量、定温、定质、定人”。

① 定时：定时喂奶，使犊牛消化器官能有一定的规律性活动，形成条件反射，从而能提高食欲，增进采食量，更利于消化吸收。通常每天饲喂 3 次，每次的时间要固定在同一时间。

② 定量：按犊牛生长发育需要喂给，既不能过量，也不能不足。一般哺乳期间犊牛的日喂奶量应控制在其体重的 8%～10%（10～12 千克体重喂奶 1 千克），一直可延续到断奶之前。也可以按照每头犊牛 2 周龄内每天饲喂 7 千克，3 周龄时 9 千克，以后喂奶量逐周递减，到 7～9 周龄时降至 3.5 千克。

③ 定温：奶温直接关系到犊牛的健康，奶温过高或过低都会引起疾病。研究表明，牛奶在犊牛胃中接近 37℃时，才能完全凝固并被吸收。若低于 37℃时，就不能立即凝固，而引起犊牛消化不良，发生下痢；奶温过高会损伤胃肠黏膜，同样会引起消化道疾病。

④ 定质：要保证常乳的质量，不给犊牛饲喂患乳房炎的母牛的乳汁、注射抗生素的母牛的乳汁或者不洁净卫生的乳汁。

⑤ 定人：要安排专人饲喂，可减少应激。

经验之三十一：高档肉牛高效饲喂技术

此法把牛按体重分成 4 个阶段，用各自不同的配料及采食量饲喂，饲喂时先喂粗料后喂精料，每次喂给酒糟量为日给量的 1/4，余下的部分用于补充日粮采食的不足。日粮中粗料可用部分氨化微贮料代替，以提高日粮的营养和适口性。

1. 饲料配方

① 适合于 150～200 千克体重的牛使用的饲料配方：每日精料玉米 0.1 千克、豆饼 1 千克、粗料玉米秸 3 千克或酒糟 15 千克，添加剂有尿素 50 克、食盐 40 克、磷酸钠 20 克、芒硝 15 克、瘤胃素 60 毫克。

② 适合于 200～250 千克体重的牛使用的饲料配方：每日精料玉

米2.6千克、豆饼1千克、粗料稻草2.9千克或酒糟20千克，添加剂有尿素60克、食盐40克、碳酸钙20克、芒硝18克、瘤胃素90毫克。

③ 适合于250～300千克体重的牛使用的饲料配方：每日精料玉米2.6千克、豆饼1千克、粗料玉米秸2.9千克或酒糟25千克，添加剂有尿素100克、食盐65克、碳酸钙10克、芒硝30克、瘤胃素160毫克。

④ 适合于300～400千克体重的牛使用的饲料配方：每日精料玉米5.7千克、豆饼1千克、粗料玉米秸2.3千克或酒糟30千克，添加剂有尿素150克、食盐100克、芒硝45克、瘤胃素360毫克。

2. 饲料加工方法

（1）氨化和微贮料的加工方法　粗饲料的氨化处理：将无霉变的农作物秸秆或稻草铡成5～7厘米长，每100千克用尿素4～5千克、水9.3～11.7千克拌匀后均匀地洒在秸秆草料上，装入池中踏实后密封；也可装入丝袋中垛起并用塑料布密封，温度控制在10～15℃，1周后即可使用，随用随取，用后封好即可。

（2）粗饲料的微生物处理　目前市场上有很多用于秸秆发酵的制剂。先将秸秆或稻草铡成5～8厘米长，加微生物发酵制剂，并按说明发酵即可。

经验之三十二：酒糟饲喂肉牛技术要点

酒糟中含有丰富的蛋白质、粗脂肪和丰富的B族维生素、能量、亚油酸和许多未知的生长因子，是饲喂肉牛的一种廉价、优质饲料。但酒糟的营养价值高低还要看原料的种类，种类不同营养价值也不同，通常以玉米、高粱、水稻为主要原料的酒糟营养价值较高。

1. 酒糟的质量要求

酒糟主要原料是玉米、高粱、水稻。酒糟加工过程中的辅料（松散料）是稻壳，占总料量的50%左右。酒糟一定要新鲜，有霉烂的凝结块要及时捡出，石块、煤渣等杂物要清理干净。首先从颜色和味道上分辨，好的酒糟看到的残粮多，味道正，香色浓。反之发黑灰色的质量较差。高粱酒糟因含有大量的揉味苦，酸度大，牛的适口性差。

需要注意的是，由于肉牛对稻壳的利用率只有8%左右，而有的酒厂为了多卖酒糟，在糟出锅后再兑入一部分生稻壳，这样大大降低了酒糟的有效养分和品质，这些生稻壳对牛胃的刺激性很大，易造成牛胃疾病，所以要限制这种酒糟的用量。

2. 酒糟的饲喂方法

（1）育成牛育肥　6个月左右断奶的健康犊牛就可开始喂酒糟。具体方法是：酒糟5～10千克，切短的干草15～20千克，食盐30～35克，酒曲25克。此配料还可预防肉牛粪便干燥和消化不良等。饲喂1个月后，日粮可采用酒糟10～20千克，切短的干草5～10千克，麸皮、玉米粗粉、棉籽饼粉各0.5～1千克，尿素50～70克，食盐40～50克，酒曲50克。喂4个月后，日粮可采用酒糟20～25千克，切短的干草2.5～5千克，麸皮0.75～1千克，玉米粗粉2～3千克，棉籽饼粉1～1.25千克，尿素100～125克，酒曲100克，食盐50～60克。喂5个月后，日粮可采用酒糟25～30千克，切短的干草1.5～2千克，麸皮1～1.5千克，玉米粗粉3～3.5千克，棉籽饼粉1.25～1.5千克，尿素150～170克，食盐70～80克，酒曲100克。

（2）架子牛育肥　选择改良杂种牛和淘汰的肉牛中有育肥价值的架子牛。育肥前驱除体内外寄生虫。然后采用酒糟育肥。酒糟快速育肥架子牛一般为3个月，分4个阶段。

① 第一阶段为半个月。以干草为主，给少量的酒糟。日粮配方：干草12千克，酒糟5千克，玉米面1.5千克，豆饼1千克。

② 第二阶段是半月后的半个月，转为以酒糟为主，干草为辅。日粮配方：酒糟15千克，干草6千克，玉米面1.5千克，豆饼1千克。

③ 第三阶段是1个月后到最后1个月之前。日粮配方：酒糟20千克，干草4千克，玉米面2千克，豆饼1千克。

④ 第四阶段是最后的1个月。日粮配方：酒糟25千克，干草2千克，玉米面2.5千克，豆饼1千克。

饲喂时，把干草铡短，拌入酒糟，喂七八分饱时再拌入精料，促其多采食饲料。1天喂2次，饮水3次，每天给盐60克。由于反刍动物能利用非蛋白氮合成菌体蛋白，所以可以用工业尿素解决一部分蛋白质来源。

3. 注意事项

① 喂酒糟开始要有适应期，添加量要由少到多。适应期内极个别牛对酒糟敏感，可单独饲养，限制酒糟用量，防止中毒。酒糟不喂6个月以下的犊牛和患病的牛。

② 不要把糟渣作为日粮的唯一组分，应和其他饲料搭配使用。不能同时使用生大豆或加热不充分的大豆饼粕。肉牛长期饲喂酒糟，其氮磷比例失调，维生素A、维生素D和微量元素缺乏。还会出现代谢障碍使肉牛生长速度降低。所以应及时补充微量元素和维生素，最简单的办法是在日粮中加入肉牛专用预混料，或者在基础日粮中添加矿物质添加剂（钙、食盐、镁、微量元素）和维生素A、维生素D。

③ 冬季使用酒糟，应先将酒糟冻块拿进暖舍化开，严禁将冻酒糟直接喂牛，这会造成肉牛严重的瘤胃疾病，如前胃迟缓、便血等。

④ 酒糟的保管要得当。夏秋季节，酒糟运回后，应立即装入窖中、青贮或用大塑料袋密封保存。夏季外放三天酒糟就会变质。这种变质的酒糟对肉牛的损害很大，坚决废弃，不能使用。

⑤ 用酒糟加尿素喂后至少30分钟内不得饮水，更不能图方便而直接把尿素溶解在水里供给。

⑥ 饲喂酒糟如牛出现少食或停食，可在日粮中加少量的蜜糖，并把玉米炒香后粉碎成粒状料后与其他饲料混合饲喂，这样可使其恢复正常采食；如出现牛轻度拉稀，应在日粮中添加瘤胃素，拉稀严重时要调整日粮中酒糟的比例；如果喂后发现瘤胃蠕动迟缓，反刍减少或停止，唾液分泌过多，表现不安，肌肉颤抖，则应立即灌服2%醋酸液2～3升或食用醋2～3升或食用醋2瓶便可解毒。

经验之三十三：啤酒糟饲喂肉牛技术要点

啤酒糟是啤酒工业的主要副产品，是以大麦为原料，经发酵提取籽实中可溶性碳水化合物后的残渣。每生产1吨啤酒大约产生1/4吨的啤酒糟，我国啤酒糟年产量已达1000多万吨，并且还在不断增加。啤酒糟含有丰富的蛋白质、氨基酸及微量元素，目前多用于养殖方面，在其他方面也有所利用。

啤酒糟主要由麦芽的皮壳、叶芽、不溶性蛋白质、半纤维素、脂肪、灰分及少量未分解的淀粉和未洗出的可溶性浸出物组成。啤酒生产所采用原料的差别以及发酵工艺的不同使得啤酒糟的成分不同，因此在利用时要对其组成进行必要的分析。总的来说，啤酒糟含有丰富的粗蛋白和微量元素，具有较高的营养价值。谢幼梅等（1995）分析指出，啤酒糟干物质中含粗蛋白25.13%、粗脂肪7.13%、粗纤维13.81%、灰分3.64%、钙0.4%、磷0.57%；在氨基酸组成上，赖氨酸占0.95%、蛋氨酸0.51%、胱氨酸0.30%、精氨酸1.52%、异亮氨酸1.40%、亮氨酸1.67%、苯丙氨酸1.31%、酪氨酸1.15%；还含有丰富的锰、铁、铜等微量元素。

啤酒糟适口性好，过瘤胃蛋白质含量高，适用于反刍动物。可加大饲喂量，达到混合精料的30%～35%。在肉牛饲料中可取代全部大豆饼粕作为蛋白源使用，还可改善胴体品质。在犊牛饲料中使用20%的啤酒糟不影响生长。肉牛饲料中使用20%的啤酒糟，产奶量和乳脂率一般不受影响。

尽量喂新鲜啤酒糟。啤酒糟含水量大，变质快，因此饲喂时一定要保证新鲜，对一时喂不完的要合理保存，如需要贮藏，则以窖贮效果好于晒干贮藏。夏季啤酒糟应当日喂完，同时每日每头可添加150～200克小苏打。注意保持营养平衡。啤酒糟粗蛋白质含量虽然丰富，但钙磷含量低且比例不合适，因此饲喂时应提高日粮精料的营养浓度，同时注意补钙。骨粉占日粮精料的2%，这样有利于牛身体健康，若饲喂母牛，则有利于产奶。不宜把糟渣类饲料作为日粮的唯一粗料，应和干粗料、青贮饲料掺配；与青贮料搭配时应在日粮中添加碳酸氢钠。

注意饲喂时期。对产后1个月内的泌乳牛应尽量不喂或喂少量啤酒糟以免加剧营养负平衡状态和延迟生殖系统的恢复，对发情配种产生不利影响。

中毒后及时处理。饲喂啤酒糟出现慢性中毒时，要立即减少喂量并及时对症治疗，尤其对蹄叶炎，必须作为急症处理，否则预后不良。

经验之三十四：秋季莫让牛采食五种草料

秋季是气温不稳定和变化较大的季节，对动植物的影响都很大。在此期间，要特别注意莫让牛采食五种草料。

(1) 露水草　秋季天气开始变凉，清晨和傍晚草的叶面上常挂满露水珠。牛吃了这种草会引起瘤胃鼓胀病。所以，秋季放牧牛早晨要等太阳升高、露水消失后出牧，傍晚要在露水出现前回牧。

(2) 玉米棒上的软皮　它是玉米棒收获后剥下来的软皮。玉米棒软皮质软味甜，牛很喜欢吃，特别是饥饿时，常大口整片地吞咽。还有的农户因农活忙，为节约时间，不铡短，不掺草，直接用整片的玉米棒软皮喂牛，这样做是非常危险的。因为玉米棒软皮虽然味甜，但其含有大量粗纤维，韧性特别强，不易咀嚼和消化，在瓣胃中聚集引起阻塞，时间长了会发酵、腐败、产气，并产生大量的有毒物质，导致机体酸中毒死亡。

(3) 收割后的高粱、玉米二茬苗　秋季收割后的高粱、玉米二茬苗中，含有大量的氢氰酸。氢氰酸是一种剧毒物质，牛吃后很容易发生中毒。不能用这种二茬苗作为牛的饲草，也不能到长有二茬苗的地里去放牧。

(4) 霜打的蓖麻叶及茎　深秋季节，被霜打的蓖麻叶及茎中含有一种叫蓖麻碱的毒素，牛吃后很容易发生中毒。

(5) 半干半湿的地瓜秧被牛大量采食后，很容易患肠道阻塞病（也叫便秘、结症）。因为地瓜收获时，其秧就已经老化了，秧内粗纤维增多，再经几天太阳光的照射，其粗纤维变得更加柔软，而且具有韧性，牛采食后，这些柔韧且不易断裂的粗纤维在肠道中缠结成团，有的阻塞在大肠，有的阻塞在小肠。此病如果诊治不及时很容易造成死亡。

经验之三十五：给肉牛吃夜宵育肥快

随着科学技术的普及和提高，大多数养牛户都采用了科学养肉牛的方法，做到了饲喂氨化麦秸、青贮饲料、配合饲料、添加尿素等，但在肉牛平时的饲养过程中，一般都是白天添草加料饲喂，不注意在夜间喂牛。只知道马不吃夜草不肥，却不知道牛也是这样。实践表明，除了白天采用上述科学的饲喂方法外，在夜间还要注意喂草加料，让牛吃顿夜餐。

其方法是：每天早上 7 时、中午 12 时、下午 6 时各饲喂一次，夜间 0 时再加喂一次。特别是在春天，这种饲喂方法对肉牛更好。中午的时间尽量让牛在户外晒太阳，以便充分采光采热，肉牛浑身晒得暖洋洋的，非常舒服自在，有利于其身体健康和长肉。半夜 0 时加喂一次的好处：一是肉牛肠胃中有了食物，体内增加了能量；二是夜间安静，牛吃草料后有利于休息、反刍、消化和吸收。

采用了这一方法饲养的肉牛得病少，精神好，生长发育快，出栏时间缩短。建议养肉牛的农户和专业场户不妨一试。

经验之三十六：红薯面拌料喂牛要慎重

在农村养牛户中，一旦麸子、豆粕、豌豆等粗饲料不足时，有的养牛户就把红薯粉碎成面，拌入饲草中来喂牛。这种方法看似省事，但对牛的消化吸收却极为有害。

牛是草食性动物，牛胃内表面有密密的一层像尖山软刺一样的乳头（人们习惯称之为牛百叶），牛就靠牛胃蠕动和牛百叶分泌的胃液进行消化。那些含纤维素较多的麸皮、豆粕之类的粗饲料会有助于牛胃活动，但红薯面这些含淀粉高的饲料，一旦拌在饲草中被牛长期食用，到了牛胃中就会粘在牛百叶间的各个空隙里，影响牛胃收缩蠕动，抑制牛百叶对胃液的分泌，牛就会慢慢地食欲不振、消瘦掉膘。一旦用红薯面喂牛出现了消化不良的症状时，可用茶叶 200 克、白萝卜 1000 克煮水灌服，或让牛自饮，一日 2 次，3 天见效。也可用酵母 200 片、小苏打 50 粒掺茶叶包后塞喂或化水灌服，一日 1 次，3 天见效。

经验之三十七：利用草地放牧肥育肉牛的方法

草地放牧肥育肉牛可降低饲料成本 30%，劳动力消耗少，无需处理粪便污染，更无需牛舍建筑，可以充分利用土地资源，降低饲养成本。但草地放牧肥育是有季节限制的，只能在春季和秋季之间肥育，冬季无草地供肥育牛采食，并且牧草质量难以控制，易造成营养不平衡。夏季肥育受气温影响大，牛容易缺水，而缺水的牛会降低生长速度。

根据上述特点以及各处草地的实际情况，可把草地肥育肉牛分为：一是单纯牧草肥育不补充精料；二是补充有限的精料；三是完全补充精料；四是在放牧期结束后将肉牛转移到肥育场用精料肥育60～120 天。

草地肥育肉牛的原则如下。

① 冬季要限量饲喂，一般冬季架子牛的日增重不应超过 0.4 千克，使肉牛夏季在草地上放牧能达到最大生长量。

② 春季不要放牧过早，因为初春牧草含水量高、含能量低。

③ 在放牧季节结束后补饲效果最好，不要在一开始放牧时就给肉牛补充精料。

④ 补饲时整粒玉米比粉碎的玉米效果好。

⑤ 补饲配方为每 7 千克能量饲料加 1 千克蛋白质类饲料。

经验之三十八：肉牛促长剂的种类及使用办法

① 抗生素：常用的有金霉素和杆菌肽锌等，主要用于促进犊牛生长。用法：金霉素用量为 3～6 月龄犊牛每日每头 30～70 毫克，添

加于饲料中喂给；杆菌肽锌在每千克混合料中的添加量为3月龄犊牛10～100毫克、4～6月龄为4～40毫克。

② 碳酸氢钠：调节瘤胃酸碱度，增进食欲，促牛健康，提高生产性能。育肥肉牛添加量为占精料混合料的1.5%。

③ 莫能菌素：能促进瘤胃内纤毛虫和有益微生物的繁殖，抑制甲烷形成，提高饲料转化率和蛋白质的利用率。用法：按规定量增加并与精料均匀混合。每日投喂一次，1周内每日每头纯品60毫克，1周后逐渐加大到标准规定量100～360毫克。

④ 稀土：为肉牛的一种饲料添加剂，具有良好的饲养效果和较高的经济效益。用法：每头育肥肉牛每日添加8～10克，分3次喂给，喂前先混入少量精料，然后再逐渐扩大混合，以保证均匀。

⑤ 沸石：能吸附牛胃肠道有害气体，并将吸附的铵离子缓慢释放，供牛瘤胃微生物合成菌体蛋白，提高牛对饲料养分的消化率，为牛体提供多种微量元素。用法：常用量为肉牛精料混合料4%～6%或占日粮的1.5%～2.5%。

经验之三十九：合理饲喂青贮饲料的方法

青贮饲料具有营养价值高、适口性好、牛爱吃、生长快的特点，但养殖户在饲喂过程中，若方法不当，会对牛造成影响，所以正确掌握饲喂方法非常重要。

1. 饲喂方法

饲喂时，初期应少喂一些，以后逐渐增加到足量，让牛有一个适应过程。切不可一次性足量饲喂，造成牛瘤胃内的青贮饲料过多，酸度过高，以致影响牛的正常采食。应及时给牛添加小苏打，喂青贮饲料时牛瘤胃内的pH值降低，容易引起酸中毒。可在精饲料中添加1.5%的小苏打，这样可促进胃的蠕动，中和瘤胃内的酸性物质，增加采食量，提高消化率，促进生长。每次饲喂的青贮饲料应和干草搅拌均匀后，再饲喂给牛，避免牛挑食。有条件的养牛户，可将精饲料、青贮饲料和干草进行充分搅拌，制成全混合日粮饲喂，效果会更好。青贮饲料或其他粗饲料，每天最好饲喂 3 次或 4 次，增加牛反刍的次数，促进微生物对饲料的消化利用。农村有很多养牛户，每天只饲喂 2 次，这是极不科学的。其后果有：①增加了牛瘤胃的负担，影响牛正常反刍的次数和时间，降低了饲料的转化率，长期下去易引起牛前胃的疾病。②影响牛的消化率，若是奶牛会造成产奶量的乳脂率下降。冰冻青贮饲料不能饲喂牛，否则易引起孕牛流产。

2. 取用方法

每天上午、下午各取 1 次为宜，每次取用青贮饲料的厚度应不少于 10 厘米，保证青贮饲料新鲜，适口性好，营养损失降到最低，达到饲喂青贮饲料的最佳效果。取出的青贮饲料不能暴露在日光下，也不要散堆、散放，最好用袋装，放置在牛舍内阴凉处。每次取料后，要将窖内的青贮饲料重新踩实，然后用塑料布盖严。

3. 注意事项

在饲喂过程中如发现牛有拉稀现象，应立即减量或停喂，检查青贮饲料中是否混进霉变物质或因其他疾病原因造成牛拉稀，待牛恢复正常后再继续饲喂。每天要及时清理饲槽，尤其是死角部位，把已变质的青贮饲料清理干净，再添加新鲜的青贮饲料。

喂给青贮饲料后，应视牛的采食量和膘情，酌情减少精饲料投放量，但不宜减量过多、过急。青贮窖应严防鼠害，避免把一些疾病传染给牛。

第四章　饲养与管理

经验之一：养肉牛就要懂得肉牛的行为特性

牛的行为特性主要有以下一些。

1. 群居行为

牛是群居家畜，具有合群行为，牛喜群居。牛群在长期共处过程中，通过相互交锋，可以形成群体等级制度和优势序列。这种优势序列在规定牛群的放牧游走路线、按时归牧、有条不紊进入挤奶厅以及防御敌害等方面都有重要意义。

放牧时常以3～5头结群活动；舍饲时仅有2%单独散窝，40%以上3～5头结群卧地。根据此特性，在牛群转移时，常以小群驱赶为宜。

牛群过大则会影响牛的辨识能力，增加争斗次数，影响采食。因此，牛群规模应控制在70头以下，每头牛的适宜活动面积为15～30平方米。

2. 排泄行为

牛一天一般排尿约9次、排粪12～18次。牛排泄的次数和排泄量随采食饲料的性质和数量、环境温度以及牛个体不同而异。

虽然牛的排泄行为不能在发生次数上进行特殊的调节，又不能使其自觉地在某一区域排泄。但是，在夜晚和坏天气情况下，散放牛群倾向于聚集一处，于是所排粪便大量淤积一处。

牛对粪便毫不在意，经常行走和躺卧在排泄物上。有证据表明，乳牛可形成模仿性行为，当一头牛排粪或排尿时，其他的牛只可能跟着排泄。公牛和母牛正常的排粪姿势是尾巴从尾根处弯曲向上拱起，背拱起，后腿向前撇开。摆出这种姿势可避免排泄物污染自身的可能性。

3. 交流行为

牛的个体都可以通过传递姿势、声音、气味等不同信号来进行与同类之间的交流，但大多数行为模式都需要一定的学习和训练过程才能准确无误地掌握，通常，这种学习过程只发生在一生中的某个阶段，如果错过这个阶段，则无法建立这种相似的行为。如将初生牛只隔离 2～3 个月，会发现它们将很难与其他犊牛相处。

4. 仿效行为

仿效行为就是相互模仿行为。当一头牛开始从牛舍或牧场走向挤奶厅时，其他牛会跟着走；而其他牛跟着走，第一头牛就会继续走下去。在饲养管理中利用牛的这一行为特点，使牛统一行动，大大节约了劳动力成本。但仿效行为有时也会带来不良后果，如一头牛翻越围栏，其他牛会跟着跳出去。

5. 寻求庇护

牛在恶劣的环境条件下会寻找庇护场所，或聚集在一起共同抵御恶劣条件。放牧牛在遇大风、暴雨时会背对风雨并随时准备逃离。夏季中午炎热时，牛会寻找阴凉或有水的地方休息，而在清晨或傍晚天气凉爽时采食。舍饲肉牛运动场应设凉棚，供遮阳、避雨或挡风雪；夏季中午炎热或冬季严寒时，可让牛在舍内休息。

6. 探究行为

探究或探索是牛对环境刺激的本能反应，它通过看（视）、听、闻（嗅）、尝（味）、触等感觉器官完成。当牛进入新的环境（如新圈舍、新牛群）或牛群中引入新个体时，牛的第一表现就是探究，逐步认识、熟悉新环境，并尽量与之适应或加以利用。在近距离内探察初次见到的物体时，如果牛感到没有危险，便会走向前去，仔细查看一番，通过五官了解该物体的性状，如果口味尚可，它还会嚼一嚼，甚至吞下去。在舍饲条件下，当舍门打开或运动场围栏出现缺口，牛会跑出去探究，有时，在“头牛”的带领下，甚至成群牛都会跑出去“溜达”。犊牛比成年牛更具好奇心，其探究行为也更为强烈。

7. 性行为

性行为包括求爱和交配。母牛发情时体内雌激素增多，并在少量孕酮的协同作用下刺激性中枢，使之发生性兴奋，表现精神不安，食欲减退，产奶量下降，不停走动、哞叫，爬跨其他牛，接受其他牛爬跨，尾根屡屡抬起或摇摆，频频排尿，外阴充血、肿胀，分泌黏液等。公牛靠视觉和嗅觉发现发情母牛，通常能在适合配种前24～48小时“检测”到发情母牛。其求爱方式包括跟随母牛，头颈水平伸展，嘴唇翻卷，嗅舔母牛外阴部，下颚和喉咙放在母牛臀腰部等。干奶期母牛和青年牛发情时乳房增大，而泌乳母牛经常会发生产奶量急剧下降的情况。

8. 母性行为

包括哺乳、保护（护犊）和带领牛犊等。牛出生后，母牛即表现出强烈的护犊行为，即通常所说的母性，它会站起来，舔干犊牛身上的黏液，并发出亲昵的呼叫声。当犊牛试图站立、踉跄学步时，母牛会表现出十分担心、紧张不安；最后，犊牛在母牛不断地舔护和呼叫声鼓励下，终于站立起来并寻到乳头，开始吮乳。新生犊牛视觉尚不完善，但可依靠听、嗅、触、味觉辨识其母亲。母牛对犊牛十分护恋，在牧场上母牛会把犊牛藏到隐蔽的地方；犊牛睡觉时，母牛就在附近吃草，还要不时回到藏身处去喂犊牛。若在犊牛出生后不久（1～2小时内）就把它从母牛身边移走，过一段时间再将它抱回，则常被母牛拒绝。因此，及时将初生犊牛和母牛分开，对消除母-子互恋的纽带关系，提高母牛的产奶量，具有重要意义。

9. 牛鼻唇腺的分泌

成年牛的分泌率为0.8毫克/(平方米·分钟)，当给予适口性好的饲料时，其分泌量可加倍。这种分泌物可蒸发冷却鼻镜。

当鼻唇线分泌停止，鼻镜干燥结痂、发热时，说明牛发病了。

10. 攻击性行为

牛间的攻击行为和身体相互接触主要发生在建立优势序列（排定位次）阶段。正面（头对头）的打斗是最具攻击性的，而以头部撞击肩与腰窝等部位也非常激烈。一旦这种位次关系排定之后，示威性行为将成为主导。向对方表现出顶撞和摆头行为可能会导致示威行为的升级，从而演变成相互攻击。如果诸如食物、饮水和躺卧位置等资源条件受到限制，可能会激发牛间大量的、剧烈的攻击性行为。

11. 躺卧行为

牛有明显的生理节律，其休息、采食和反刍等主要行为会按照一个固定模式交替进行。同时，牛又是群居动物，因此一群成牛有时会在同一时间段进行相同的行为活动。这种生理节律是很难改变的，因此在舍饲饲养过程中就可能会引起问题，例如在肉牛场设计时，自动挤奶设施或者饲料通道等都是以个体行为模式为依据来进行设计的，而没有充分考虑肉牛群居的习性和行为的统一性，从而导致数量和面积等指标相对较小，限制了肉牛的部分行为和活动。

经验之二：肉牛的应激你知道多少？

所谓应激是机体在各种内外环境因素刺激下所出现的全身性非特异性适应反应，又称为应激反应。这些刺激因素称为应激原。应激是在出乎意料的紧迫与危险情况下引起的高速而高度紧张的情绪状态。对养肉牛来说，肉牛原有的生活环境突然改变或受到其他因素的刺激和干扰时，产生应对作出的反应。通俗地说，使肉牛感到不适的刺激统归为应激。

1. 肉牛应激反应的特征

① 牛发生应激时精神紧张、四处张望、烦躁不安、试图脱离现实环境。

② 活动增加，呼吸加快。

③ 排尿、排粪次数增加。

④ 浑身哆嗦、颤抖，淌口水。

⑤ 少吃少饮。

⑥ 对管理人员的反应迟钝。

2. 产生肉牛应激反应的原因

① 缺乏饲料供应或饮水不足。

② 混群，将不是同一栏的牛混在同一群。

③ 育肥牛场内或周边环境噪声、异响、异味刺激。

④ 气候环境恶劣，过分寒冷、过分炎热、过分潮湿。

⑤ 改变饲养环境条件，从这一栋牛舍换到另一栋牛舍。

⑥ 牛受伤、生病。

⑦ 育肥牛被出售运输时。

⑧ 过度密集饲养时。

3. 管理措施

为了减少肉牛的应激，要从肉牛日常管理的细节入手，做到日常管理有规律，建立肉牛的条件反射，要规律化、制度化，程序一旦定下来不可随意改动。进行条件转换时要有过渡期，饲养管理人员多接触牛，温和善待育肥牛。为此，应给肉牛创造如下的生长环境。

（1）气候气温环境　牛舍牛场空气新鲜，牛舍温度7～27℃，牛舍地面干燥，湿度小。

（2）卫生环境　牛舍牛场清洁卫生，无蚊蝇干扰，无有毒有害气体侵袭。

（3）音响环境　牛舍牛场幽雅清静，无噪声干扰，音响小于65分贝。

（4）亮度　牛舍豁亮，但无强烈刺激光。

（5）风力　牛舍内有微风、和风，冬季无贼风侵犯。

（6）粉尘　牛舍内无烟囱粉尘、饲料粉碎灰尘。

（7）牛舍地面　牛舍地面平坦不滑，地面结实但不很硬，冬季铺垫垫草。

（8）牛舍面积　围栏育肥时，每头牛应占4～6平方米，拴系饲养时每头牛占2～2.5平方米，有足够的采食和休息面积。

（9）饲料和饮水　随时能够采食到满足育肥牛需求的饲料，饮水充足。

（10）管理环境　温和的管理环境，管理者不粗暴对待牛，不打牛、不骂牛，应经常接触牛，管理有理、有节、有序。

经验之三：影响肉牛生长的主要环境因素有哪些？

1. 温度

温度对肉牛的影响较大，可直接影响肉牛的生存、生长、增重与生产性能。肉牛的适宜温度范围为5～21℃。具体根据不同品种和不同时期有所区别，成母牛舍温度最好保持在9～7℃，犊牛舍保持在10～18℃，产房保持在18℃，哺乳犊牛舍最好控制在12～15℃，在此温度范围内肉牛生长最快。低于这个温度，肉牛通过增加产热来维持自身体温，此时肉牛的散热量由于低温也相应增加，饲料中用于沉积的能量降低，饲料报酬因而降低，不利于生产。在一定低温下可以提高代谢功能，促进生长，但是在低温下育肥时一定要增加日粮的营养浓度，否则不仅增重降低，肉牛还会动用体组织，使体重降低。当日均气温低于5℃时，单纯依靠放牧饲养的肉牛增重效果不明显。天气寒冷还会使饮水和饲料温度降低，会使一些体弱的妊娠母牛在饮水或采食后引起子宫强烈收缩而造成流产。因此，寒冷天气要特别注意保持妊娠母牛的体质，同时注意饮水和饲料的温度，可采用电水槽加热或人工加热的方式。

当外界温度高于肉牛的最适温度时，肉牛通过体表向外散热受到限制，并且外界热量可传到肉牛体表，使其出现采食量降低、代谢强度减弱，引起生产性能下降。育肥牛会因此而停止增重，严重时发生中暑。有研究表明，但环境温度高于27℃时，会影响肉牛的消化活动，食欲下降，采食量减少，饲料消化率降低，甚至停食。在育肥后期，由于肉牛比较肥，高温的危害更严重，所以，肉牛育肥后期一定不能安排在一年中天气最热的时候。

炎热天气，肉牛同样抗病力下降，蚊蝇及病原微生物活动活跃，传染性疾病或寄生虫病容易传播，抵抗力低的肉牛就容易感染发病。

2. 湿度

湿度升高将加剧高温或低温对牛生产性能的不良影响。空气湿度对牛机能的影响主要通过水分蒸发影响牛体热的散发。一般是湿度愈大，体温调节范围愈小。高温高湿的环境会影响牛体表水分的蒸发，从而使体热不易散发，导致体温迅速升高；低温高湿的环境又会使机体散发热量过多，引起体温下降。空气湿度在55％～85％时，对牛体的直接影响不太显著，但高于90％则对牛危害甚大。因此，牛舍内的空气相对湿度一般为55％～80％为宜。

3. 气流

气流（又称风）通过对流作用，使牛体散发热量。牛体周围的冷热空气不断对流，带走牛体所散发的热量，起到降温作用。一般来说，风速越大，降温效果越明显。有资料表明，风速增加1倍，肉牛散热可增加4倍。寒冷季节，若受大风侵袭，会加重低温效应，使肉牛的抗病力减弱，尤其对于犊牛，易患呼吸道、消化道疾病，如肺炎、肠炎等，因而对肉牛的生长发育有不利影响。炎热季节，加强通风换气，有助于防暑降温，并排出牛舍中的有害气体，改善牛舍环境卫生状况，有利于肉牛增重和提高饲料转化率。

要对舍内气体实行有效控制，主要途径就是通过通风换气排放水分和有害气体，引进新鲜空气，使牛舍内的空气质量得到改善。牛舍可设地脚窗、屋顶天窗、通风管等方法来加强通风。在舍外有风时，地脚窗可加强对流通风，可对牛起到有效的防暑作用。为了适应季节和气候的不同，在屋顶风管中应设翻板调节阀，可调节其开启大小或完全关闭，而地脚窗则应做成保温窗，在寒冷季节时可以把它关闭。此外，必要时还可以在屋顶风管中或山墙上加设风机排风，可使空气流通，加快热量排放。

4. 有害气体

新鲜的空气是促进肉牛新陈代谢的必需条件，并可减少疾病的传播。在敞棚、开放式或半开放式牛舍中，空气流动性大，所以牛舍中的空气成分与大气差异很小。而封闭式牛舍，如设计不当或使用管理不善，会由于牛的呼吸、排泄物的腐败分解，使空气中的氨气、硫化氢、二氧化碳等增多，影响肉牛生产力。牛舍内的湿度过高和有害气体超标是构成牛舍环境危害的重要因素。因此，牛舍应加强通风换气，减少牛舍内氨气、二氧化硫和硫化氢的浓度。

5. 微生物

每天清扫圈舍，清洗用具，严格消毒，尽量减少室内微生物含量，减少疾病发生与传播。

6. 粉尘

保持牛舍良好的通风，减少粉尘，以减少呼吸道病发生。空气中浮游的灰尘和水滴是微生物附着和生存的好地方。为防止疾病的传播，牛舍一定要避免粉尘飞扬，保持圈舍通风换气良好，尽量减少空气中的灰尘。

7. 光照

光照包括日照和光辐射，阳光中的紫外线在太阳辐射总能量中占50%，其对动物起的作用是热效应，即照射部位因受热而温度升高。冬季牛体受日光照射有利于防寒，对牛的健康有好处；夏季高温下受日光照射会使牛体体温升高，导致日射病（中暑）。因此，夏季应采取遮阴措施，加强防护。阳光紫外线中1%～2%在太阳辐射中没有热效应，但它具有强大的生物学效应。照射紫外线可使牛体皮肤中的7-脱氢胆固醇转化为维生素D_3促进牛体对钙的吸收。紫外线还具有强力杀菌作用，从而具有消毒效应。紫外线还使畜体血液中的红细胞、白细胞数量增加，可提高机体的抗病能力。可见光约占太阳辐射能总量的50%，除具有一定的热效应外，还为人畜活动提供了方便。但紫外线照射过强也有害于牛的健康，会导致日射病（也称中暑）。一般条件下，牛舍常采用自然光照，为了生产需要也采用人工光照。光照不仅对肉牛繁殖有显著作用，对肉牛生长发育也有一定影响。在舍饲和集体化生产条件下，可采用16小时日照、8小时黑暗的光照制度。

8. 噪声

肉牛在较强噪声环境中生长发育缓慢，繁殖性能不良。一般要求牛舍的噪声水平白天不超过90分贝，夜间不超过50分贝。

经验之四：犊牛适宜的环境温度是多少？

犊牛温度适宜区系指在一定环境温度范围内，其身体所产生的热量与身体所损失的热量达到平衡。犊牛温度适宜范围为10～20℃。外界环境温度高出或低于这个范围会影响犊牛维持自身体温恒定的调节。高温会造成饮水增多和食欲下降。

犊牛能调整自身体温并将其维持在正常水平，但当环境温度达到

26.67℃以上时，犊牛可失去对自身体温的调节。此时体温开始升高，犊牛则通过气喘以降低体温，但这需要消耗更多的能量。随着湿度增加，又会造成呼吸蒸发散热率降低，这进而又加剧体温急速升高。

高温，尤其还伴随着高湿，会提高犊牛所需能量，但却使食欲降低。在高热环境下会导致犊牛生长减缓甚至失重。

由于环境温度较高，犊牛对能量的需要随之增加，此时应通过提干物质含量来增加饲喂能量，或通过提高饲喂量来增加能量摄取。同时还需一直保证新鲜、清凉的饮水，这可帮助犊牛通过蒸发散热。

当外界温度低于10℃，犊牛需产生更多的能量以维持体温。寒冷会降低犊牛对干物质的消化能力。与成年动物相比，犊牛每千克体重具有更多的表面积，这会导致犊牛在外界温度下降时可迅速产生热量，另外也会使其对低温应激更敏感。

经验之五：新生犊牛管理要做到“三勤”、“三净”

“三勤”即勤打扫圈舍，勤换垫草，勤观察犊牛的食欲、精神和粪便情况。

“三净”即饲料净、畜体净和工具净。犊牛饲料不能含有铁丝、铁钉、牛毛、粪便等杂质。坚持每天1～2次刷拭牛体，促进牛体健康和皮肤发育，减少体内外寄生虫病。刷拭时可用软毛刷，必要时辅以硬质刷子。每次用完的奶具、补料槽、饮水槽等一定要洗刷干净，保持清洁。

经验之六：养牛常犯的错误及改进方法

目前在养牛上，还有相当一部分养殖者在饲养管理上存在不少错误的做法，这些做法如果不引起重视，就会影响到养牛效益的进一步提高。农业部农民科技教育培训中心的曹娅晶老师对这些目前养牛中存在的错误做法和改进方法做了总结。

1. 父本品种单一

目前很多养牛户大都从传统养牛的毛色和习惯来挑选父本，所以较普遍喜欢养夏洛莱牛，而其他品种不愿被农户所接受。但由于多年使用夏洛莱牛搞级进杂交，品种单一，致使其杂交优势有所减弱。结果造成增重慢，饲料报酬低，养牛收入少。要提高养牛效益，就必须要改变多年来实行的单一父本品种搞级进杂交的做法，积极引进利木赞、西门塔尔等优良品种牛进行杂交。

2. 使用杂种公牛配种

由于缺乏科学养牛知识，使用杂种公牛进行本交配种。而少数养杂种公牛户，则受经济利益的驱动，以盈利为目的进行对外配种，这不但损害了养牛户的利益，同时也干扰了冷冻精液配种新技术的推广应用。

3. 轻培育

犊牛出生后补饲不足，尤其是生后第一、二个冬春舍饲期间很少补料或不补料，导致改良牛生长发育严重受阻，使出栏期延长，经济效益不高。因此，要想提高养牛效益，就必须从培育犊牛抓起，特别是要搞好第一、二个冬春舍饲期的补饲，使其在18～24个月龄体重达300千克以上时出栏，同时也可采取短期强度育肥后体重达500千克以上出栏。

4. 粗饲料不经加工处理来喂牛

不少农户在养牛舍饲期间，利用整株玉米秸来喂牛，使秸秆的利用率只达30%左右，多数育肥户也只能做到将秸秆切短，而采取用青贮、氨化和微生物发酵等处理秸秆新技术的普及面小、数量少。因此，要提高养牛效益，就必须将喂牛的各种粗饲料进行科学的加工处理，积极推广应用秸秆青贮、氨化和微贮等秸秆加工处理新技术。

5. 管理粗放

目前农户养牛的牛舍多数较简陋，不少育肥牛舍温度偏低，牛每日排出的粪尿清理不及时，大都舍内阴暗潮湿，养牛户常年对牛体不刷拭，常年拴在舍内不运动，不晒太阳。为此，要想使牛增重快，出栏率高，效益好，农户养牛就必须重视牛舍建设，使牛舍能做到冬暖夏凉，冬季使舍内的温度保持在5℃以上。牛舍必须做到每日定时清理粪尿，舍内要注意通风换气，对牛体要每日进行刷拭，每日要将牛赶到舍外进行晒太阳和运动，以增强牛的体质和抗病力，以达到增膘增重快的目的。

经验之七：肉牛饮水要做到清洁、充足、达标

水是动物机体的重要组成部分，生物没有水是绝对不行的。肉牛体含水量一般占其体重的55%～65%，牛肉含水量约占64%，奶牛含水量为86%。此外，各种物质在牛体内的溶解、吸收、运输以及代谢过程所产生的废物和排泄，体温的调节等均需要水。所以，水是生命活动不可缺少的物质。缺水会引起牛代谢紊乱，消化吸收产生障碍，蛋白质和非蛋白质含氮物的代谢产物排泄困难，血液受阻，体温上升，结果导致发病，甚至死亡。

肉牛所需要的水来自饮水、饲料中的水分及代谢水（即动物新陈代谢过程所产生的水），但主要靠饮水。肉牛的代谢水只能满足其需要的5%～10%。肉牛需要的水量因牛的个体、年龄、饲料性质、生产力、气候等因素不同而不一样，受增重速度、活动情况、日粮类型、进食量和外部环境等多方面影响。一般来说，在平常气温下，每100千克体重要求每天供应10升，在热天可增加到12升。如250～450千克的育肥牛在环境温度10℃时的饮水量在25～35千克。粗略地讲，肉牛日需水26～66升。每天上午、下午各喂水一次，夏天宜增加饮水次数。

目前在许多养牛人的思想中，认为牛是一种爱喝脏水的动物，这种看法是极其错误的。其实牛并不愿意喝脏水，只因为牛在生活中不但需要营养物质，而且还需要一些矿物质如磷、钙、食盐等。目前由于许多农民对于农畜饲养不够周到，饲料中的矿物质往往不够，不能满足牛的需要，因此引起许多牛爱饮水沟里的不清洁水。如今环境污染日益严峻，江河湖泊受到不同程度的污染，尤其是牛放牧所经过的水渠、小河及沟岔受到农药、生活垃圾、汽车尾气等污染更严重，甚至很多地表水也受到不同程度的污染，已经不适合牛饮用。根据《无

公害食品　肉牛饲养管理准则》要求，肉牛的饮用水必须符合《无公害食品　畜禽饮用水水质》的规定。所以说，肉牛饮水要做到清洁、充足、达标。

经验之八：母牛产犊时接产的技巧

母牛临产期要安排专人值班、看守，做好接产工作，要给临产母牛以清洁、干燥垫草和安静的环境。在安静的环境里，大脑皮质容易接受来自子宫的刺激。因此也能发生强烈的冲动传达到子宫，使子宫强烈收缩而使胎儿迅速排出。一般胎膜水泡露出后10～20分钟，母牛多卧下，要使它向左侧卧，以免胎儿受瘤胃压迫难以产出，胎儿的前蹄将胎膜顶破，羊水（胎水）要用桶接住，用其给产后母牛灌服3.5～4千克，可预防胎衣不下。

一般正常产是两前肢夹着头先出来，倘若发生难产，是姿势不正，应先将胎牛顺势推回子宫矫正胎位，不可硬拉。倒生时，当后腿产出后，应提早拉出胎儿，防止胎儿腹部进入产道后脐带可能被压在骨盆底上，会使胎儿窒息死亡。母牛阵缩、努责微弱，应进行助产，用消毒过的绳缚住胎儿两前肢系部，交助手拉住，助产者双手伸入产道，大拇指插入胎儿口角，然后捏住下颌，乘母牛努责时一起用力拉，用力方向应稍向母牛臀部后下方。当胎头通过阴门时，一人用双手捂住阴唇及会阴，避免撑破。胎头拉出后，再拉的动作要缓慢，以免发生子宫内翻或脱出，当胎儿腹部通过阴门时，用手捂住胎儿脐孔部，防止脐带断在脐孔内，并延长断脐时间，使胎儿获得更多血液。

经验之九：每天刷拭牛体促进牛健康

一部分养殖者对牛体刷拭工作的重要作用不够理解。往往对此项工作表现疏忽和不认真。俗话说“挠一挠等于上货（遍）料”，这里所说的挠一挠是指牛体刷拭（图4-1）。可见牛体刷拭很重要。科学养牛中刷拭牛体是很一项重要的、不可缺少的环节。

图 4-1 刷拭牛体

牛的皮肤新陈代谢快，对外界尘土敏感，当皮毛粘有干粪便时，牛感到不舒服，常会用舌舔，用身体蹭墙、蹭牛槽等方式解除身上的奇痒，这样会影响牛身体健康。

牛因皮肤新陈代谢旺盛，分泌物较多，特别是在夏秋季节，牛主要通过毛孔、皮肤来散发热量，刷拭牛体既能保证牛皮肤毛孔不受堵塞，又能增加皮肤的血液循环，有利于牛的健康。同时，刷拭牛体还能清除牛的体表寄生虫。

日常管理中，牛体表很容易发生创伤，每天刷拭时就能更快地发现创伤，以便快速处理。刷拭牛体还可促进饲养者与牛的亲和度，便于对牛的日常管理。

牛饲养员要在每天早、晚两次刷拭牛体，每次 3～5 分钟，刷拭要周密到全身每个部位，不可疏漏，刷下的毛应收集起来，不能让牛舔食，刷下的灰尘不能落入饲料内。母牛的刷拭工作应在挤奶前完成，以防尘屑污染牛奶，影响奶的品质。

经验之十：提高配种成功率的绝招

主要做好调控好母牛的膘情控制、做好发情鉴定、掌握发情母牛最佳配种时间、实施人工冷配和加强配种后的饲养管理等关键环节。

1. 抓好膘情调控

在母牛配种期到来之前，可繁殖母牛应具备中等膘情体况，过肥或偏瘦的母牛体况均不利于配种。过肥的牛应该调整配方，减少精料的供应量。对于瘦弱母牛，要调整日粮，增加营养，尤其是青绿饲料。

可用玉米40%、大麦30%、小麦20%、豆粕10%，拌匀后用水浸泡4小时以上打浆。然后添加以上饲料总量的10%，5%糠麸、1%食盐、3%～5%骨粉，每天按早晚两次给母牛补喂，喂量（连汤带水）7～10千克。这样母牛增膘复壮快，达到适时发情配种的目的。

2. 催情

对不发情的经产母牛，可用以下3种催情方法：一是每头注射二酚乙烷40～50毫克，注射后母牛即可发情。二是用怀孕6个月以上的健康孕牛清晨第一次排出的尿液100毫升，加入0.5%的碳酸液3毫升，混合煮沸过滤，制成催情剂，对空怀母牛进行皮下注射，每次每头35～40毫升，隔日1次，连用3次，母牛即可发情。三是用益母草30克、南瓜叶25克、红花15克混合煎水给牛内服；也可用老枣树皮内层0.5千克、红糖1千克，加水3千克煎水给牛早、晚两次内服，连服2～3天，母牛即可发情。

3. 做好发情鉴定

判断母牛是否发情，主要有外部观察和直肠检查等方法。

(1) 外部观察法　简单易行，应用最广，其要点是做好“神情、爬跨、外阴、黏液”观察八字诀。

① 神情：发情母牛较敏感、兴奋不安、哞叫、不喜躺卧，弓腰举尾，频繁排尿。神色异常，有人靠近时，回头看望。寻找其他发情母牛，活动量、步行数比平常多几倍。嗅闻其他母牛的外阴，下巴依托其他牛的臀部并进行摩擦。

② 爬跨：在散放的牛群中，发情母牛常追爬其他母牛或接受其他牛爬跨。开始发情时，对其他牛的爬跨往往半推半就，不太接受。以后随着发情的进展，有较多的母牛跟随、嗅闻其外阴部（但发情牛却不嗅闻其他牛的外阴），由不接受其他牛爬跨转为开始接受爬跨或强烈追爬其他牛。“静立”是重要的发情标志。牛的爬跨姿势多种多样，有时出现两个发情牛互相爬跨。母牛发情有时在夜间出现，白天

不易被发觉（漏情），等到次日早晨发现，该牛已处于安静状态（发情后期不接受其他牛爬跨，尾部有干燥的黏液），但从牛体表上可发现其臀部、尾根有接受爬跨造成的痕迹，有时有蒸腾状，体表潮湿。所以，清晨是观察母牛发情的最好时间。

③ 外阴：母牛发情开始时，阴门稍显肿胀，表皮的细小皱纹消失展平；随着发情的进展，进一步表现肿胀潮红，原有的大皱纹也消失展平；发情高潮过后，阴门肿胀及潮红现象出现退行性变化；发情的精神表现结束后，外阴部的红肿现象仍未消失，直至排卵后才恢复正常。

④ 黏液：母牛发情开始时，黏液量少、稀薄、透明，此后发情牛分泌黏液增多，黏性增强，潴留在阴道和子宫颈口周围；发情中期即发情旺盛期，由子宫排出的黏液牵缕性强，粗如拇指；发情后期流出的透明黏液中混有乳白丝状物，黏性减退，牵之可以成丝；发情末期黏液变为半透明，其中夹有不均匀的乳白色黏液，最后黏液变为乳白色。

（2）直肠检查法　就是用手通过母牛直肠壁触摸卵巢及卵泡的大小、形状、变化状态等，以判定母牛发情的阶段，确定其是真发情还是假发情。因为操作麻烦，技术要求高，一般情况下不用。只有当母牛发情征候不明显时或长时间发情（3～5 天）时才使用直肠检查法。

4. 掌握发情母牛最佳配种时间

母牛发情时，食欲减退，兴奋不安，喜欢接近公牛，互相爬跨，尿量少，阴部渐红、充血肿胀，常伴有白色半透明的黏液流出，个别母牛阴道还流出少量血液。此时能摸牛的臀部，牛尾高翘，安静不动，两后腿叉开做交配动作。以后食欲逐渐恢复，性欲减退，外阴肿胀逐渐消失，黏液少而稠（直肠检查，正处于卵泡成熟期或排卵期），这时最适宜给母牛输精配种。

配种实践证明，母牛发情初期进行配种，受胎率仅为 5%左右；发情盛期配种，受胎率为 50%左右；发情末期配种，受胎率为 70%～80%。由此可见，母牛发情末期为配种适期。黄牛的发情周期 18～21 天，持续期为 1～2 天。黄牛在发情开始后 8～12 小时，水牛在发情开始后第二天下午或第三天上午配种比较适宜。为了准确掌握配种时间，可采用鉴别方法，如上午发现母牛安定不动，不要立即配种，要推迟到晚上或第二天清晨进行配种；如果受爬跨安定不动，应推迟到第二天清晨或傍晚配种。早、晚环境安静，大多数生理机能处于抑制状态，而生殖系统的兴奋性相对增强，排卵快，受孕率高。为了更好保证授精成功，可间隔 10 小时后再重复配种一次。

5. 实施人工授精

（1）正确解冻，保证精子活力

① 从液氮罐中取贮存冻精的技术要求：液氮罐应放在阴凉处，室内要通风，注意不要用不卫生工具污染液氮罐内，及时补充液氮，保证液氮面的高度应高于贮存的冻精，最好将精液沉至罐底。冷冻精液取出后应及时盖好罐塞，为减少液氮消耗，罐口可用毛巾围住。取冻精的金属镊子用前需插入液氮罐颈口内先预冷 1 分钟。从液氮罐中取冷冻精液时，提筒不能高于液氮罐口，应在液氮罐口水平线下，停留时间不应超过 5 秒，需继续操作时，可将提筒浸入液氮后再提起。

② 冻精的解冻方法：牛的冷冻精液贮存在－196℃的液氮罐中，当从贮存冷冻精液的液氮中取出冷冻精液时，应将冷冻精液迅速解冻。其解冻方法如下。

a. 热水解冻法：一般用水温为（38±2)℃的热水来解冻，先将杯中或盒内的水温调节在 38℃，然后用镊子（要先预冷）夹出细管冻精，迅速竖放或平放埋入热水中，并轻微摇荡几下，待冻精溶解（30 秒）取出，用灭菌的棉花或卫生纸擦干细管外壁，用消毒剪刀剪去封口端，进行活力镜检，合格后（0.35 以上）方可用于输精。

b. 自然水温解冻法：用自来水或河水作为解冻源来解冻冻精，先用杯子或盒子装自来水或河水（23℃），然后用镊子（要先预冷）夹出细管冻精，迅速竖放或平放埋入水中，并轻微摇荡几下，待冻精溶解（一般 30 秒）取出，用灭菌的棉花球或卫生纸擦干细管外壁，用消毒剪刀剪去封口端，镜检活力合格后（0.4 以上）方可用于输精。

（2）冻精活力检查　无论哪种剂型的冻精解冻后都要进行镜检，活力（直线前进的精子数）在 35%（0.35）以上，且还要看几个视野和不同层次（上、中、下）的精子活力，合格的精子才能用于输精。

(3) 装入输精枪的要求　装细管精液的封口端朝上，金属输精枪的钢芯插入细管棉花塞端口内，将金属枪连同塑料细管推至套管的头部，若塑料外套管较长，应将其后端剪去一段，以免造成塑料细管内精液存留在外套管内。

(4) 应用直肠把握输精技术　在牛的人工授精技术应用中，采用直肠固定子宫颈输精法，效果较好，受胎率比用其他输精方法可提高15%～20%。

输精操作步骤：输精前先将双手的指甲剪短磨平，卷起袖子，消毒（用0.1%高锰酸钾溶液）手臂和母牛的后躯部，然后涂上肥皂沫，右手（或左手）五指并拢，握成锥形，慢慢插入母牛肛门里掏尽直肠内粪便，然后用拇指探明子宫颈口的位置，隔肠壁握住子宫颈，固定好。用另一只手将准备好的输精枪，在不接触外阴部的条件下插入阴道前庭的裂缝内，插入时动作要轻巧谨慎，先斜向上（与水平线成45°角）插入10～15厘米，即通过阴道前庭之后，再稍往下依水平方向插入阴道内，直到子宫颈外缘为止，插入后输精枪应与直肠内的手取得一致，枪端对准子宫颈外口，右手（或左手）将子宫下左右轻轻摆动，以便输精枪导入子宫内。

判断输精枪是否已插入子宫有两种方法：一是摸子宫颈，如果输精枪在宫颈的中间，表明已经插入；二是摆动输精枪，如果子宫颈同时跟着移动，说明已经插入。

确定输精枪已经插入5～6厘米，就可将精液慢慢注射入内，压射时，可用直肠内的手将子宫稍往下压，使输精枪前低后高，使精液容易流入，避免倒流。对很快要排卵或卵子已排出的母牛，为了保证将精液输得更深一些，缩短精子到达输卵管上1/3处的时间，增加受精机会，可将输精枪直接插入到排卵一侧子宫角进行深部输精（对刚排卵不久的母牛尤其适用）。输精完毕，先将输精枪取出，直肠里的手按压子宫颈片刻后再取出。

(5) 输精过程中遇到的问题及解决方法

① 术者手伸入母牛，直肠遇到困难时采取以下方法：a. 性情暴躁的母牛，固定于配种架上，后肢加以固定，以防踢伤人。如在野外输精，则将牛固定在树干上。b. 拒绝人手伸入直肠的母牛可由助手

持输精枪，右手提起母牛尾根，左手伸入直肠。c. 当母牛努责时，让努责波过去肠壁松弛，再向前伸手。

② 输精枪不能顺利插入母牛阴道时可采取以下方法：a. 遇阴门闭合时，可在直肠内用左肘部下压阴部，即可压开阴门。b. 老母牛阴道多向腹腔下沉，应先向下方插入10厘米左右，再平插下插。c. 肥胖母牛阴道壁肥厚，易造成阻碍输精枪插入，这时手握输精枪轻轻左右、上下滑动，切勿硬插，以免伤及阴道黏膜。d. 误插入尿道时，可将输精枪拉出后，再沿阴道上壁前进。

③ 找不到子宫颈口时，可采取如下方法：a. 育成母牛子宫颈细小如指，多在近处找；b. 老母牛的子宫颈大，往往垂下，须提子宫颈管；c. 有的母牛，子宫颈常闭缩在阴门最近处，须用手按压使其伸展。

④ 如果输精枪对不上子宫颈口时则采取如下方法：a. 手把握子宫颈过前，使颈口游离下垂，因而输精枪对不上子宫颈口，这时将手后移，把握子宫颈口处；b. 输精枪偏入子宫外围的，应退出输精枪，用手指定位引导；c. 被子宫颈口内挡住的，手将子宫颈管向前拉，使其伸展；d. 子宫颈管过粗难以握住的，把它压在骨盆腔侧壁或下壁；e. 输不出精液的，可将输精枪稍向前插，再在向后拉的同时注出精液。

6. 加强配种后的饲养管理

人工冷配后的管理：母牛配种后1～2小时内不要让母牛有剧烈的运动，尽量避免牛饮水或吃食过饱。人工冷配后15天内夜间应补料，同时加喂麸皮或酒糟等1～1.5千克，并给予加有少量食盐的清洁饮水，以利于受精卵着床。每天食盐供给量为25～28克。母牛怀孕期间，本身及胎儿都需大量的营养物质，所以对孕母牛应供给含蛋白质、维生素和矿物质丰富的饲料。如果饲料单一或饲料供应不足，将造成母牛及胎儿营养不良，影响母牛及胎儿的正常发育，严重时胎儿会死亡。要特别注意防止母牛流产，不喂给发毒、变质、有毒和酸度过大的饲料。不喂冰冻、有强烈刺激性的饲料，以防患肠炎病、流产或产弱胎、死胎。不要让孕牛受惊吓，以免引起子宫收缩流产，还要防止孕牛挤撞、滑倒、鞭打或顶架而发生机械性流产。

经验之十一：春季养肉牛需要注意哪些问题?

1. 加强保暖工作

春季天气时冷时热，昼夜温差较大，饲养户容易忽视对肉牛的防寒工作，特别是倒春寒时更要注意保暖工作。封堵牛舍的塑料布和草帘等不要过早撤除。要定期消毒，及时清理肉牛的排泄粪便，保持舍内干燥清洁，并及时更换地上被粪便浸湿污染的褥草，给肉牛创造一个较好的生活环境。

2. 牛舍通风换气

春季要防止有毒有害气体对牛的侵害。有毒有害气体源自牛粪尿，主要为二氧化碳、氨、硫化氢、一氧化碳。有条件的牛场在牛舍内安装排风扇，不定时地强制排风。没有安装排风扇的牛舍，可在天气好的上下午定时打开门排风，以排出有毒有害气体。但要及时关闭门窗和调节好通风孔，防止贼风和穿堂风。

3. 饮水加温

春季应让牛饮温水，保证饮水充足。将水加热到10℃以上即可，不宜空腹饮水，切忌冬季给牛饮带冰碴的水。饮太凉的水容易导致牛的瘤胃痉挛，致使消化不良，食欲减退。

4. 适当运动

适当运动有利于肉牛的新陈代谢，促进消化，防止牛体质衰退和肢蹄病的发生。初春气温回升，天气转暖，肉牛习惯吃饱就躺着，不愿运动。每天应增加肉牛2～3小时的运动时间，不但可以促进肉牛健康，也可以促进肉牛的泌奶量。在春光明媚、风和日丽的时候，将牛赶到舍外运动场或空旷的草地里，呼吸大自然的新鲜空气，让牛群自由活动，对肉牛的健康至关重要。

5. 多晒太阳

常晒太阳对肉牛有保健作用，可增强肉牛的免疫力，预防各种感染，因为阳光中的紫外线有杀灭病原微生物的作用。且紫外线可增加钙的吸收，肉牛由于冬季抗寒消耗了体内大量的热能和营养元素，钙的摄入量相对流失较大，而钙的摄入要借助肉牛体内血液中的维生素D。天然的维生素D只有在紫外线照射后变成维生素D_2和维生素D_3才能被肉牛机体吸收入血液中。

6. 加强饲料营养

春季应供给母牛足够数量的优质干草和青贮、酒糟或微贮饲料。同时应每日补喂1～2千克精料和适量食盐，能搭配多汁块根类饲料拌喂则效果会更好，对青年牛、怀孕母牛和瘦弱牛应适当增加精料喂量。由于青贮有轻泻作用，故怀孕牛喂量不宜过多。喂料要做到少给勤添，冻冰草、霉变料坚决不能喂牛。

7. 坚持刷拭牛体

每天保证早晚两次8～10分钟的牛体保健刷拭，保健刷拭要遍及肉牛全身，对于肉牛乳房要用手适当进行轻轻地抓捏和按摩，这样有利于预防肉牛的乳房炎症。

8. 做好保健

春季气温逐步回升，但牛的代谢功能仍然处于低谷时期，抵抗能力还较差，既容易感染传染性疾病，也容易发生消化系统疾病，因此，一是给肉牛驱虫，使用伊维菌素或者内服敌百虫；二是肉牛健胃，可用中药香附75克、陈皮50克、莱菔子75克、枳壳75克、茯苓5克、山楂100克、神曲100克、麦芽100克、槟榔50克、青皮50克、乌药50克、甘草50克，水煎一次服，每头牛每天1剂，连用2天，可增强牛的食欲。

9. 做好消毒

春季是传染病的高发期，要定期对牛舍和牛体进行消毒，保持饲养环境的清洁卫生。

经验之十二：夏季肉牛饲养管理应注意哪些问题？

牛是恒温动物，体温调节能力差，生性怕热。夏季高温高湿的环境容易给肉牛生产造成诸多的不良影响，如热应激、采食量减少、增重减慢等。尤其是母牛和犊牛，由于夏季天气炎热，母牛的发情持续时间比其他季节短，发情表现不十分明显，所以容易出现母牛漏配现象。夏季由于母牛泌乳不足，犊牛通过母乳中获得的免疫抗体数量不足，抵抗力弱。另一方面是夏季天热，各种病原微生物，特别是大肠杆菌的繁殖速度快，易引起犊牛腹泻。为了确保肉牛安全度夏，应注意在以下几个方面采取措施。

1. 加强通风

牛舍没有安装通风设备或不足的，要安装通风设备，加装电扇、排风机加强舍内空气流动，经常清除牛舍周围的杂草、灌木，尽可能打开所有门窗和透气孔通风，可以降低室温，使禽畜凉快，减少喘气，如果预算足够，安装空调则更为理想。

2. 采取降温措施

牛场地面减少水泥地等硬覆盖所占比例，尽可能增加绿化树木和绿地的面积，以降低地面温度。四周种植高大乔木，以利通风及遮阴；勿让肉牛直接暴晒在太阳下，否则易引起日射病，并影响生长及繁殖。可在运动场用遮阳网搭设遮阳棚，供牛在底下休息。

舍饲牛舍温度过高，可采取机械通风和用水降温等措施。有条件的可在运动场上建水池，让牛自由洗浴降温，立即缓解热的感觉。

也可用清水冲洗和刷拭牛体、后躯等，减少热应激，冲洗牛体时，应安排在饲喂前，喂后30分钟内不能洗，更不能用水突然冲牛头部，以防牛头部血管强烈收缩而休克。

3. 增加饮水器数量及增加供水量

天气愈热，水需求愈高，充足的饮水可促进食欲；饮水中添加0.1%～0.2%的盐或电解质亦可，给牛饮刚抽上来的深井水效果更佳。

4. 减少对肉牛的骚扰

合理安排牛群调动、出售、去势、疫苗注射时间宜在早晚天气凉爽时进行，避免高温季节牛长途调运。人员移位及器材移动均要谨慎小心，天热加上驱扰将会对肉牛造成更大的应激。

5. 降低饲养密度

降低比例为1/4～1/3，可避免拥挤，拥挤是紧迫及生热最大的因素，改善空气质量，减少热应激，尤其是妊娠母牛，若密度过大，会因炎热烦躁打架引起流产，所以最好单栏饲养。

6. 控制配种和分娩时间

适当避开最炎热的7～8月份配种，合理安排生产；同时，配种、采精在早晚凉爽时进行。

尽量避免高产牛在夏季分娩，分娩和高温的双重应激会影响母牛和犊牛的健康。高温条件下常出现母牛分娩时间较长，使胎儿停留产道时间过长而窒息死亡。可在预产期前两天清晨注射氯前列烯醇0.2毫克/头，24～28小时分娩，这样既可诱导母牛在清晨分娩，又可缩短产程，减少死胎。

对于产后无食欲的母牛，应即隔开犊牛，洗净牛栏，使母牛保持凉爽，必要时施以灌肠及清洗子宫，以降低体温。

7. 保持栏舍卫生和坚持消毒，消除蚊蝇

要经常打扫冲刷牛舍，清除粪便，通风换气，定期用清水冲洗牛床，牛舍四周加纱门、纱窗，以防蚊蝇叮咬牛体，也可以采用1%的敌百虫药液喷洒牛舍及周围环境，杀灭蚊蝇等害虫，以阻断传染病通过蚊虫传播的途径。

每天刷洗食槽和水槽，牛舍内外环境及料（水）槽、工具等每隔3～5天应消毒一次；产房每次产犊都要消毒，门口设消毒池，禁止车辆、行人随便进入场内，严格执行消毒制度。

8. 调整饲喂时间

在清晨和傍晚凉爽时喂料，尽量避开正午高温时段饲喂，此时给饲最能增进饲料采食量，做到早上早喂，晚上多喂，夜间不断料。牛在采食后的2～3小时为热能生产的高峰期，因此在饲喂时间上要尽量避免热量生产的高峰期与气温高峰期重叠，应当选择一天中温度相对较低的时间段进行饲喂。可以把60%～70%的日粮在晚上8时到第二天晨8时期间饲喂，尤其粗饲料宜安排在晚8时、晨5时前进行。同时由3次饲喂改为4次饲喂，夜间可进行一次补饲。多次饮水

时添加0.5%食盐。喂料时间应循序渐进，随着温度的变化逐渐调整，不能突然改变。

湿饲是增加食量最有效的方法，但一定要马上吃完，否则极易变质。

9. 加强疾病防治

伏天适于各种病原微生物生长繁殖，极易受病菌、病毒的侵害而发病。所以在搞好环境卫生的基础上，必须结合地区气候特点，加强疾病防治工作。严防乳房炎、子宫炎、腐蹄病和食物中毒等伏天多见病，每月2次洗刷牛蹄，涂以10%～12%硫酸铜溶液；不喂发霉变质和农药残留污染严重的饲料。严格饲料质量检查，青储草出窖，干草进槽，均应严格质量检查，以确保安全第一。

经验之十三：秋季养肉牛需要注意哪些问题？

秋季牧草充足，天高气爽，饲料品种全，牛的体况、膘情好，公牛精力旺盛，母牛发情周期准，持续期较长，是牛人工冷配的最佳时期，所以饲养母牛农户、牛场应加强对可繁殖母牛的饲养饲养与管理，适时配种。

1. 整修栏舍防寒保暖

圈舍的窗户要用塑料薄膜封闭，堵塞漏洞，防止贼风；窗户的玻璃应擦干净，以利采光；加盖避风板。犊牛、羊羔及分娩牛羊可在圈舍内生火取暖，有条件的农户可以安装红外取暖灯。初秋养牛忌忽冷忽热。

围栏养牛的要搭好棚，应选四周通风的高地搭一个简易棚，供牛安全度秋，待气温下降，棚内不适宜牛生活时，再进栏舍饲养。

2. 贮存充足草料

一般每头成年黄牛应备越冬草料1800千克左右，成年水牛为2500千克左右。贮存饲料力求多样化，稻草、地瓜藤、花生藤、玉米秸、苜蓿草等均是牛越冬的好饲料。

3. 驱虫

入冬前要对牛及时进行驱虫，常用的驱虫药有左旋咪唑、阿维菌素、敌百虫、虫克星和苯硫咪唑等，最佳选择是虫克星配合苯硫咪唑，该组药可同时驱除牛体内外寄生虫，保膘、增膘效果显著。

4. 适当增加饲料能量

在恶劣气候条件下，孕畜饲养不当，易导致怀孕母畜流产，甚至母仔双亡。要提高精饲料的供给量，母牛每日要补喂1～2千克精料，同时可多喂青贮料、胡萝卜等多汁饲料，也可喂给混合精料，并适当添加一些骨粉和食盐。尤其要增加对瘦、弱、老、孕、幼牛的饲料营养，加喂麸皮、米糠、稻谷粉、玉米粉等，以补充营养。

5. 秋季是黄牛繁殖的最佳时期

秋季是母牛发情的旺季，这个时期做好母牛的配种工作至关重要，因此，要充分利用好这段时间，做好母牛膘情的调控，实施人工冷配，并加强配种后的管理。采取多种措施，确保配种成功。

6. 做好防疫

秋季要做好口蹄疫免疫。白天牛虻喜在阳光下活动，叮咬牛体，应把牛拴在牛棚内或阴凉处。晚上蚊虫叮咬，应在傍晚看准风向，在拴牛处的上风头，用辣蓼草、黄荆子、艾蒿等加干草、锯木屑点火熏烟。熏烟的地方要与牛体保持一定距离，以免牛体感到烫热。

经验之十四：冬季肉牛饲养管理应注意哪些问题?

在寒冷的冬季，如不加强饲养管理，牛容易出现消瘦失重现象。为确保肉牛安全过冬，保证肉牛冬不掉膘，正常生长发育，取得良好的效益，应注意以下几个方面的问题。

1. 防寒保温

肉牛生长适宜的温度为15～23℃，我国长江以北大部分地区冬季室外气温一般在0℃以下，所以肉牛采取在保温舍内育肥十分必要，且保温牛舍保温性能要好，越冬前要对耕牛舍进行彻底维修，做到上不漏雨，侧不透风，地不潮湿，以起到防寒保暖的作用。牛舍无直吹风口，还要防止贼风侵入。牛舍内温度控制在10～18℃为宜。

2. 牛舍通风

由于冬季暖棚牛舍封闭严密，舍内外温差大，加之牛呼吸散热、排泄粪尿等原因造成舍内湿度大，氨、二氧化碳、硫化氢等有害气体含量过高，影响牛的正常生长发育。因此，牛舍必须及时进行通风换气。

3. 饮水加温和加盐

饮水量对肉牛生长育肥也很重要，冬季水温低，导致牛饮水量下降，同时增加了牛体维持体温的代谢能消耗，如饮水加温至25℃左右，牛爱饮。如果不能达到，至少要10℃以上为宜。另外，冬季肉牛的粗饲料主要是秸秆、干草等，这些饲料水分、盐分流失严重，长时间饲喂会导致肉牛体内盐分下降，导致营养不良和肉牛的健康问题，主要表现为毛色干燥、无光泽、无食欲，此时，饮水中可适量添加食盐，另外在水中加点豆末，还可降火、消炎。

4. 保持卫生

保持牛舍内外环境清洁卫生，为牛营造一个舒适、温暖、干燥、卫生的生活环境。才能保障肉牛的正常生长发育。及时清除牛粪，每天在喂牛时要清除牛粪。打扫牛舍及饲槽，每天喂完牛之后要扫净拌料，及时扫净饲槽。要勤加、勤换垫草，保持栏舍干燥。

5. 做好消毒

定期消毒牛舍、用具，防止与病原携带物接触，禁止牛到疫区去，从外因上减少患病的机会。每月必须进行一次牛舍消毒，用1%的氢氧化钠溶液进行牛舍地面和墙壁喷雾消毒，氨味浓时用过氧乙酸消毒，牛舍门口可用生石灰消毒。

6. 坚持运动或放牧

应充分利用晴暖天气，让牛进行适量户外运动，可以除潮气、散火气，促进新陈代谢，增强御寒能力，有放牧条件时，坚持照常放牧。户外运动或放牧时间的长短要视天气情况而定。放牧时应选择背风向阳的地方，让耕牛边采食边晒太阳。

7. 做好疾病防治

要重视冬季疾病防治，及时切断病源。给每头牛接种牛口蹄疫O型-亚洲Ⅰ型二价灭活疫苗3毫升，对口蹄疫病进行预防，提高耕牛机体抵抗力，从内因上减少各种疾病发生。

8. 刷拭牛体

经常刷拭牛体，既可预防皮肤病和体外寄生虫病的发生，还可以促进牛的血液循环，改善牛的皮肤状况，使其舒适、健壮，提高抗寒御冷的能力。

经验之十五：养牛防止难产应该从配种开始

在各种家畜中，牛的难产比较多。这是因为牛的骨盆轴比较弯曲，不像马和驴那样直短，所以分娩时不利于胎儿通过。此外，胎儿过大，胎儿姿势、位置、方向不正，都会导致母牛难产。难产一旦发生，极易引起犊牛死亡，也常危及母牛生命。生产实践证明，预防牛难产的发生，必须从配种时就开始。

预防难产的措施：一是不要给青年母牛配种过早，配种过早在分娩时容易发生骨盆狭窄等情况；二是在妊娠期间，要保证供应胎儿和母牛的营养需要；三是对妊娠母牛，要安排适当的运动，以利分娩时胎儿的转位，适当运动还可防止胎衣不下以及子宫复位不全等疾病；四是临产时对分娩正常与否要做出早期诊断。从开始努责到胎膜露出或排出胎水这段时间进行检查。羊膜未破时，隔着羊膜检查。羊膜已破时，伸入羊膜腔触诊胎儿。如果发现胎儿反常的话，就应进行矫正，避免难产。

经验之十六：后备母牛什么时间配种最合适？

母牛初次发情的早晚主要取决于合适的体况与体重，而月龄并不是决定因素。营养状况好的肉牛性成熟早。在正常饲养条件下，肉牛在10～12月龄开始发情。但是，此时母牛开始发情只能证明其性成熟，并不代表体成熟，因为母犊牛性成熟早于体成熟，当其开始发情排卵时，身体还处在生长发育中。牛体必须发育到体成熟阶段才能配种。如果在后备母牛第一次发情时就急于给其配种，会影响其终生的生产性能，这样做是不科学的。

母牛的初次配种年龄应根据母牛的生长发育速度、饲养管理水平、生理状况和营养等因素综合开率，其中最重要的是根据体重确定。在一般情况下，母牛开始配种适宜时期是牛体发育匀称，体重达到成年母牛体重70%以上为最合适。此时配种，一是有利于母牛的健康；二是其产的牛犊强壮。

黄牛的配种年龄为2～2.5岁，水牛为2.5岁，改良牛和纯种乳牛是18～22个月。近几年来由于饲养管理条件改善，初配时间也相应提前，15～16月龄育成母牛即可配种。放牧牛发育可能稍慢，应加强补饲，使之尽快接近正常配种体况。

也可根据牛的牙齿换生情况来确定，即后备母牛换生第一对永久切齿后，证明后备母牛已具备配种条件。

经验之十七：提高犊牛成活率的方法

1. 尽早吃足初乳

据测定，母牛分娩后2小时内分泌的初乳中含干物质24.7%，灰分1.17%，脂肪6%，蛋白质含量11.35%，免疫球蛋白每毫升含38.23毫克。随着其分娩时间的延长，上述营养物质逐渐降低。初乳中的球蛋白含有凝集素，具有抵抗病菌、病毒作用。初乳中维生素A比常乳高10～30倍，灰分中的镁盐有助于犊牛胎粪的排出。刚出生的犊牛吃初乳越早、越多则越容易成活，特别是在夏秋高温潮湿，病菌、病毒极易生长繁殖的季节更为重要。

2. 做好喂奶工作

犊牛每天保持喂奶4～6次。如果母牛无乳，可配制人工初乳喂初生牛犊。配方是：常乳750毫升，食盐10克，新鲜鱼肝油15克，加入鸡蛋2～3个，经过充分混匀后加热至37℃喂给。

3. 加强牛舍消毒卫生

犊牛的抵抗力较弱，忽视消毒将给病菌创造入侵之机。因此，犊牛出生后，应用氢氧化钠、石灰水对地面、墙壁、栏杆、食槽等进行全面消毒。冬季每月一次，夏季每月2～3次。如果发现传染病，则应对病牛、死牛接触过的环境和用具进行彻底消毒。

牛舍要平坦、干燥、清洁，垫草要勤换，粪便要及时清除，奶具每天要用开水消毒。每天刷拭牛体1～2次，保证犊牛不被污水和粪便污染，以减少疾病的发生。

4. 充足清洁饮水

犊牛出生后，母牛的奶水不能满足犊牛的正常代谢需求。所以，犊牛出生后要供给母牛充足清洁的饮水。哪怕是哺乳期，也要给母牛供给充足的饮水。

5. 防止乱舔

犊牛每次喂奶完毕，应将口鼻擦拭干净，以免引起自行舔鼻，造成舔癖。犊牛吃奶后如果相互吸吮，常使被吮部位发炎或变形，并可能会将牛毛等杂质咽到胃肠中缠成毛团，堵塞肠管，危及生命。对于已形成舔癖的犊牛，可在鼻梁前套一个小木板来纠正。

6. 加强运动

1周龄内的犊牛对外界环境不利因素的抵抗力很弱，通常不要让犊牛到户外活动，7天以后到20天，可逐渐增加其户外活动时间，令其接触阳光和新鲜空气。20天以后可让犊牛整日在运动场内运动，当其身体强壮时可加大运动量，每日驱赶运动2～3次，每次30分钟。犊牛正处在生长发育阶段，增加运动量可以增强犊牛的体质。不要因惧怕犊牛会乱跑乱闯而限制其运动。

7. 及早开食

让犊牛尽量早一点吃上草料。犊牛一般在10日龄时出现反刍，15日龄就可以采食一点柔软的干草，30日龄时其胃肠机能已基本发育健全。生产中为促进犊牛的胃肠发育和机能健全，一般于10日龄前，就开始喂给易消化的麦麸、玉米粉、豆粉等，15日龄让其自由采食晒制的青绿干草。待犊牛每天可以吃进1千克干食料时，就可以断奶了。

8. 注意安全

运动场和饲料舍中严禁有布条、绳条等异物，以防犊牛误食，使胃发生机能性障碍而死亡。

9. 加强对犊牛的护理

防犊牛便秘，发现犊牛便秘要及时用肥皂水灌肠，使粪便软化，以便排出。直肠灌注植物油或石蜡油300毫升，也可热敷及按摩腹部，或用大毛巾等包扎犊牛腹部保暖减轻腹痛。

初产小牛如瘦弱无力、体温偏低、吃奶少或食欲废绝，应采取以下护理措施：立即置于温暖室中，用干布擦干其被毛，盖好保温棉被，尽早喂给初乳；肌肉注射维丁胶性钙注射液2.5毫升，隔日再注射1次；静脉输入右旋糖酐250毫升、生理盐水250毫升、维生素C 0.5克，混合后缓慢输入。

弱犊经以上方法治疗无效时可静脉输复方全血100～500毫升。其成分由弱犊母血100毫升、10%葡萄糖液150毫升、复方生理盐水100毫升组成。每周输1～3次，可连续输1～2周。

经验之十八：做好初生犊牛的管护

初生犊牛对外部环境的适应有一个过程，其间需要细心呵护。

（1）清洁身体　主要是清除黏液和羊水。牛犊产出后，立即用干毛巾或干草将口、鼻部黏液擦净，以利呼吸，使犊牛尽快叫出第一声，可促进其肺内羊水的吸收，用干毛巾或干草擦干犊牛身上的羊水，也可让母牛舔干犊牛身上的羊水，以利于牛犊呼吸器官机能的提高和肠蠕动，胎液中某些激素还能加速母牛胎衣排出。

（2）脐带处理　脐带自断的，在断端用5%碘酊充分消毒，脐带未断时可距腹部6～8厘米剪断（剪刀要消毒），然后充分消毒，不需结扎，以利干燥。为防止污染，可用纱布把脐带兜起来。冬天应先擦干犊牛身上黏液再处理脐带（天气温暖时，可在断脐后让母牛舔干）。

（3）哺乳　犊牛出生后4～6小时对初乳中的免疫球蛋白吸收力最强，故在出生后让犊牛吃上初乳，使其尽早获得母源抗体，以增强犊牛对疾病的抵抗力。体弱的犊牛要人工辅助哺乳，犊牛欲站立时，即应帮助站立并引导吮哺初乳，直到自己会吃乳为止。

（4）其他处置事项　剥去软蹄，进行称重、编号。

（5）保暖　犊牛的适宜温度为18～22℃，当温度低于13℃时，犊牛会出现冷应激反应。冬季出生的犊牛，除了采取护理措施外，还要搞好防寒保温，但不要点柴草生火取暖，以防烟熏犊牛患肺炎疾病。

（6）去副乳头　切除多余的乳头：乳房上若有副乳头，应在4～6周龄时剪除，这有利于成年后清洗乳房和预防乳房炎。如果多余乳头连附在正常乳头上或靠得很近。要求由有经验的兽医进行手术。多余乳头一般长在4个正常乳头的后边，切除时先固定小牛，识别出多余乳头，对乳房进行清洗、消毒，然后抓住多余乳头，慢慢拉离乳房，用阉割钳夹住根部，再用消毒后的手术剪刀剪掉，伤口用消毒剂和抗菌剂处理。

（7）补硒　出生时补硒既能促进犊牛健康生长，又可防止犊牛发生白肌病。犊牛出生的当天采用肌肉注射0.1％亚硒酸钠8～10毫升或亚硒酸钠、维生素复合制剂5～8毫升，出生后15天再注射一次。注射部位最好在臀部。

（8）假死的处置　在母牛出现难产时，犊牛在母体中因黏液和羊水的长时间堵塞而出现窒息症状。窒息程度轻时，呼吸微弱而急促，时间稍长，可发现黏膜发绀，舌垂口外，口、鼻内充满羊水和黏液，心跳和脉搏快而弱，仅角膜存在反射；严重窒息时，犊牛呼吸停止，黏膜苍白，全身松软，反射消失，摸不到脉搏，只能听到心跳，呈假死状。

犊牛发生窒息时，可以进行人工呼吸，将犊牛头部放低，后躯抬高，由一人握住两前肢，前后来回拉动，交替扩展和压迫胸腔，另一人用纱布或毛巾擦净鼻孔及口腔中的黏液和羊水。在做人工呼吸时，必须有耐心，直至出现正常呼吸才能停止。进行人工呼吸的同时，还可配合使用刺激呼吸中枢的药物。

经验之十九：犊牛应去角

为了便于成年后的管理，减少人畜伤害，犊牛出生后1周左右就应该去角（图4-2、图4-3）。此时牛易于保定、造成的应激较小，不会造成犊牛休克，对采食和生长发育的影响也较小。常用的去角方法有电烙去角法和氢氧化钠（苛性钠）烧伤去角法两种。

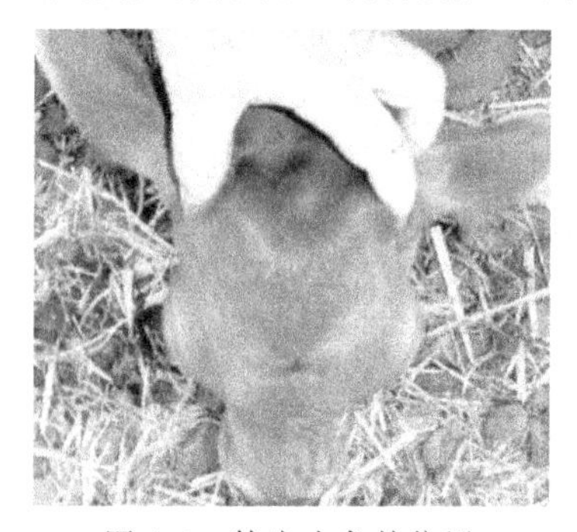

图4-2　犊牛去角的位置

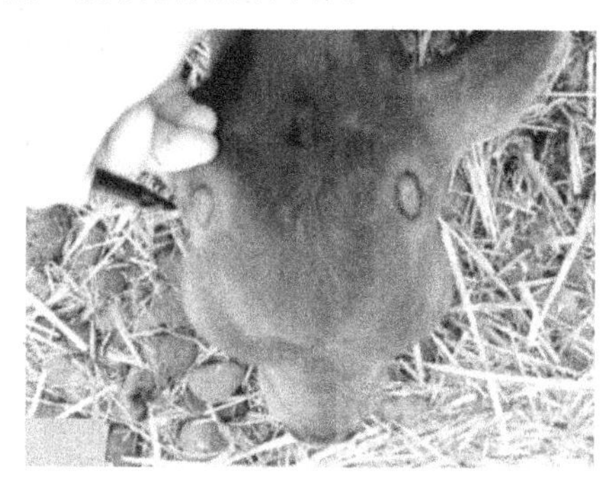

图4-3　犊牛去角后

1. 电烙去角法

电烙去角法是利用高温破坏角基细胞，杀死角生长点细胞，达到停止生长的目的。采用电烙去角法进行去角操作时，现将电去角器通电加热升温至480～540℃，一人保定后肢，两个人保定头部，也可以将犊牛的右后肢和左前肢捆绑在一起进行保定，然后用水把角基部周围的毛打湿，将去角器按压在犊牛角基部10～15秒，直到犊牛角四周的组织变为古铜色为止。但注意不宜太深太久，以免烧伤下层组织。夏季由于蚊蝇多，去角后应经常检查，如有化脓，初期可用3%双氧水冲洗，再涂以碘酊。

用电烙铁去角时肉牛不出血，在全年任何季节都可进行，但此法只适用于15～35日龄以内的犊牛。在应用时较氢氧化钠法安全确实，应该作为首选方法。

2. 氢氧化钠去角法

氢氧化钠（烧碱、苛性钠）去角法是利用氢氧化钠的强腐蚀性，将犊牛角烧蚀掉，破坏角生长点细胞，达到去除牛角、停止生长的目的。采用氢氧化钠法去角操作时，先将犊牛角根部周围3厘米处的毛剪去，并用5%碘酊消毒，然后在角根部四周涂上一圈凡士林，操作者带上厚橡胶手套后持氢氧化钠棒在角根上轻轻摩擦，直到有微量血丝渗出为止，涂上紫药水即可。

或者将氢氧化钠与淀粉按照1.5∶1的比例混匀后加入少许水调成糊状，操作者带上防腐手套，将其涂在角上约2厘米厚，在操作过程中应细心认真，如涂抹不完全，角的生长点未能破坏，角仍然会长出来，一般涂抹后1周左右，涂抹部位的结痂会自行脱落。

应用此法，在去角初期应与其他犊牛隔离，实行单栏饲养，防治其他犊牛舔舐烧伤口腔及食道；同时避免雨淋，以防苛性钠流入眼内或造成面部皮肤损伤。

利用苛性钠去角，操作简单，效果好，但在操作时要防止操作者被烧伤，同时也要防止苛性钠流到犊牛眼睛和面部。

经验之二十：育成公、母牛分群饲养好

公、母牛混养对育成母牛是非常有害的。一般情况下，公牛9月龄即性成熟，13～15月龄就有配种能力。而母牛12～13月龄即有受孕能力，公、母牛混养极易造成早配，严重影响育成母牛的生长发育，以致影响其一生的生产性能。如果是改良牛群，杂种公牛偷配，会导致后代生产性能低下，影响牛群的遗传结构。因此，最好在公牛断乳前实施分群管理。

由于公母牛生长速度上会出现差异，在饲养过程中应及时采取分群措施，以便使公牛同步生长，母牛能够同期发情、同期配种。

经验之二十一：实现肉牛一年一胎的饲养管理要点

提高母肉牛的繁殖力，除了做好发情鉴定、人工授精、妊娠诊

断、产后护理等方面的管理外，还应加强母牛各阶段的饲养与营养的管理，使母牛养殖场或养殖母牛达到一年怀孕一胎的目标。

1. 后备青年母牛

（1）饲养目标　培育健壮的后备青年母牛。

（2）技术要点

① 后备青年母牛以放牧为主，如没有放牧条件的，要有足够的运动场地，采用群养方式，不能拴系饲养。

② 后备青年母牛应供给充足和平衡的能量、蛋白质、矿物质、维生素，尤其是13月龄后更是需要高水平的微量元素和维生素以提高卵泡质量、配种成功率，保证后备青年母牛正常生长。13～18月龄，日粮应以青、粗料为主，混合精料的使用应根据粗饲料和放牧地牧草质量情况而定，一般占干物质25%左右。

2. 配种母牛

（1）饲养目标　提高母牛的受胎率。

（2）技术要点

① 青年后备母牛满16～18月龄或体重本地牛达到300千克、杂交牛350千克以上开始配种；成年母牛产后第一次配种时间掌握在产后50～90天，做好发情鉴定工作，配前要对母牛进行检查，对患有生殖疾病的牛不予配种，应及时治疗或淘汰。

② 配种母牛膘情控制在中等或偏上，不能肥胖。

3. 怀孕母牛

（1）饲养目标　促进胎儿的发育，降低死胎率，提高产犊率。

（2）技术要点

① 日粮以青粗饲料为主，以放牧为主，适当搭配精料，怀孕母牛禁喂棉籽饼、菜籽饼、酒糟等饲料。

② 不能喂冰冻、发霉饲料，饮水温度不低于10℃。

③ 舍饲时应注意适当运动，但防止驱赶、跑、跳运动，防止相互顶撞和在湿滑的路面行走，以免造成机械性流产。

④ 环境应干燥、清洁，注意防暑降温和防寒保暖。

⑤ 怀孕前期（怀孕后3个月）胎儿发育较慢，不必为母牛增加营养，应以优质干草、青草为基础日粮，精料可以少喂；中期（怀孕

后4～6个月）可适当补充营养，每天补喂1～2千克精料，但要防止母牛过肥和难产；后期（产前2～3个月）要加强营养，每天补充精料2～3千克，粗饲料要占70%～75%，精料占30%～25%。

⑥ 计算好预产期，产前2周转入产房。

⑦ 从妊娠第5～6个月开始到分娩前1个月为止，每日用温水清洗并按摩乳房1次，每次3～5分钟，以促进乳腺发育，为以后产奶打下良好基础。

4. 哺乳期母牛

（1）饲养目标　增加产奶量，提高犊牛成活率。

（2）技术要点

① 母牛分娩后先喂麸皮温热汤，一般用温水10千克，加麸皮0.5千克、食盐50g及红糖250g，拌匀后喂给。

② 母牛分娩后的最初几天，应喂容易消化的日粮，粗料以优质干草为主，精料宜用小麦麸，每日0.5～1千克，逐渐增加，3～4天后就可以转为配合饲料。

③ 转为配合饲料时，应多喂优质的青草、干草和豆科牧草。冬季可加喂青贮、胡萝卜。精料参考配方：玉米53%、豆粕20%、麸皮25%、石粉1%、食盐1%。冬季青饲料缺乏时，每头牛每天添加1200～1600国际单位维生素A或饲喂1～2千克胡萝卜。

5. 犊牛培育

（1）饲养目标　犊牛的培育应是提早断奶，促进母牛尽早发情。

（2）技术要点

① 犊牛出生后立即清除口、鼻、耳内的黏液，在距腹部6～8厘米处断脐，挤出脐内污物，并用5%的碘酒消毒，擦干牛体，称重，填写出生记录；让犊牛及时吃上初乳。

② 做好圈舍消毒，牛舍每周消毒一次，运动场每半月消毒一次；保证充足、新鲜、清洁卫生的饮水，冬季饮温水。

③ 冬天，产房要注意保暖，防止贼风吹袭小牛。

④ 犊牛生后2周，应供给优质的精粗饲料训练其吃食，禁喂不干净、发霉变质的草料。

⑤ 发现疾病应及时诊治，避免不必要的损失。

⑥ 同时要注意母牛的饲养，供给其充足的营养以供生产牛乳，供犊牛食用。

经验之二十二：高效育肥肉牛的饲养技术

从牧区或市场收购未经肥育的架子牛，在舍饲育肥场经过100～120天短期快速育肥，体重达450～500千克出栏，这种方式饲养期短，增重快，是一种高效肉牛育肥方式。

1. 选购杂交架子牛

选购育肥的架子牛时，在品种、年龄、性别、体重、体形外貌和健康等方面均有较强的选择性。在品种方面，要选购夏洛莱牛、利木赞牛、西门塔尔、海福特牛等与秦川牛、南阳牛、鲁西牛、晋南牛、延边牛等地方良种杂交的后代，这类牛增重快，瘦肉多，脂肪少，饲料报酬高；在年龄、体重和性别方面应选购1.5～2.5岁、活重300千克以上的公牛，这个阶段的牛生长停滞期已过，肥育阶段增重迅速，其生长能力比其他年龄、体重的牛高25%～50%；在体型方面，要选择虽较瘦但体型大，胸部深宽，背腰宽平，体躯圆桶形，臀部宽大，头大，蹄大，皮肤柔软、疏松而有弹性，角尖凉，角根温，鼻镜干净湿润，眼睛明亮有神的牛。这样的牛健康，采食量大，日增重高，饲养期短，肥育效果好。总之，购牛时要坚持不是良种不购，2.5岁以上的牛不购，体重不足300千克不购，病残牛不购，大肚子牛不购。

2. 做好过渡饲养期

刚购进的育肥牛，要有10～15天的观察适应期，隔离饲养，以观察牛的健康状况，消除运输途中的应激反应，使牛适应育肥环境，习惯舍饲。在此期间，还要做好各项肥育准备。具体饲养方法是：进场后马上更换牛缰，对牛体进行彻底消毒（尤其是头、蹄、尾部）。24小时内只饮清水，每次限量10～15千克，饮水中加麦麸300～400克、人工盐100～150克。24小时后可饲喂优质干草或青贮饲料，每天2次，每次1小时，间隔8小时。并在头1～2天连续肌肉注射维生素 A，每头每日 50 万～100 万国际单位，在第 2 天按每 100 千克活重 1.7 毫克的用量肌肉注射 2.5%的氯丙嗪以消除应激。第 3 天防疫注射，体内外驱虫。内驱虫药可用驱虫净、左旋咪唑；外驱虫药可用 15%的毒杀芬、25%的蝇素等。第 4 天开始饲喂粗饲料的同时饲喂精饲料。保持牛床干燥，有条件时可以铺垫草。保持环境安静。

3. 实行分段育肥

根据架子牛的生长发育特点，为使架子牛在育肥期内达到耗料少、增重快的目的，在饲养上可分三个阶段，即过渡期、育肥前期和育肥后期。

（1）过渡期 为 30 天。从异地（外地）买进的架子牛，一般在原地的饲喂条件较差，大多数牛都是喂粗饲料或少量精料，买来后应在短时间内尽快向以喂精料为主的日粮过渡，在饲喂粗料的同时锻炼采精料的能力，尽快使精粗料比例达到 40∶60，每 100 千克体重喂 1 千克混合精料，日粮含粗蛋白质 12%，钙、磷 0.5%以上。若牛不愿采食，可用中药健胃散健胃。饲喂方式为每天上午、下午各 1 次，每次 1 小时，间隔 8 小时。

（2）育肥前期 为 30～40 天，这个时期牛已完全适应各方面的条件，采食量增加，增重速度加快。日粮中精粗料比例为 60∶40，精料喂量在每 100 千克体重 1 千克的基础上另加 10%，日粮粗蛋白质含量降到 11%，增加能量饲料。每天喂 2 次，每次 2 小时，间隔 8 小时。

（3）育肥后期 为 30 天，此期脂肪沉积强，日粮中要继续增加能量饲料，粗蛋白质降到 10%，精粗料比为 70∶30，精料喂量在每 100 千克体重 1 千克的基础上增加 12%～15%。每天喂 2 次，每次 2.5 小时，间隔 8 小时。

4. 合理调配饲料

为满足牛的需要，要根据育肥阶段合理调配饲料营养。育肥牛日粮组成包括粗饲料、精饲料和添加剂饲料。秸秆类粗饲料要粉碎（颗粒为 5 毫米左右）后氨化处理，氨味消失后饲喂。或者使用秸秆青贮饲料。精饲料用玉米、高粱粗磨后与麸皮、饼类、骨粉、碳酸氢钙等分阶段按营养需要配制。也可以购买专用预混料配制全价日粮。一般谷物类占 70%～80%、麸皮 10%、饼类 10%～20%、矿物质 1%，并加入精料量 1%的碳酸氢钠，每头每天 50 克食盐。添加剂包括抗生素类、微量元素类和维生素类三种。抗生素类可选用瘤胃素，其用量在育肥各阶段分别为每头每天 60 毫克、200 毫克、250 毫克、300 毫克，均匀拌入精料中一次投喂。微量元素的添加剂，按产品推荐量使用。肉牛还需添加维生素 A、维生素 D、维生素 E，按产品推荐量的 150%添加即可。若日粮中粗饲料不是氨化秸秆，而是干草、青贮或酒糟，则每头每天可加喂 80～100 克尿素，均匀拌入精料（由少到多）与粗料合喂。

5. 加强管理，防治疾病

在整个育肥过程中，一要坚持饮喂上槽，休息下槽，单槽拴系，个体投料。二要保持牛舍干燥通风，冬暖夏凉，休息场地面为拱形，以便拴系时头高尾低，利于牛的反刍和休息。三要短缰拴系，限制运动，牛缰长度为 50～60 厘米。四要坚持刷拭，从头到尾，每天 2 次，每次 10 分钟，以增加皮肤弹性和血液循环，有利长肉。五要定期消毒。六要坚持三查即查精神、查饮食、查粪便，发现异常，及时诊治。七要适时出栏，肉牛体重超过 500 千克，增重速度明显减缓，要及时出售或屠宰。

经验之二十三：舍饲肉牛育肥的养殖要点

依据肉牛本身育肥的特点，肉牛在育肥时的养殖要点如下。

一、进行消毒和驱虫

用 0.3%的过氧乙酸或其他高效消毒液逐头进行一次喷体消毒。育肥牛在育肥之前应该进行体内外驱虫工作。体外寄生虫可以使得牛采食量减少，抑制增重和肥育期增长。体内寄生虫会吸收肠道食糜中的营养物质，从而影响到育肥牛的生长和育肥效果。

通常可以选用虫克星、左旋咪唑或者阿维菌素等药物，育肥前 2 次用药，同时将体内外多种寄生虫驱杀掉。

二、提供良好的生活环境

牛舍在建筑上不一定要求造价很高，但是应该防止雨、雪以及防晒，要有冬暖夏凉的环境条件，并保持通风干燥。工具每天应清洗干净，清粪、喂料工具应严格分开，定期消毒。洗刷牛床，保持牛床清洁卫生，随时清粪和勤更换牛床的垫草，定期大扫除、清理粪尿沟。牛舍及设备常检修。注意牛缰绳松紧，以防绞索和牛只跑出，确保牛群安全。

三、饲养管理上坚持五定、五看、五净的原则

1. 五定即定时、定量、定人、定刷拭以及定期称重

① 定时就是饲喂时间固定。一般是早上5时、上午10时、下午5时，分3次上槽，夜间最好能补喂1次，按规定顺序喂料、喂水，每次上槽前先喂少量干草，然后再拌料，2小时后再饮水，夏季可稍加些盐，以防脱水。

② 定量就是定喂料数量，不能忽多忽少。先喂料，后饮水。喂料后必须饮足清洁水；晚间增加饮水1次；炎热夏季要保持槽内有充足的饮水；饲料中添加尿素时，喂料前后0.5～1小时杜绝饮水。

③ 定人就是固定专人负责饲养管理。饲养员在饲喂、清扫牛舍等工作过程中对牛进行观察，了解采食、饮水、排粪和精神状态，发现异常情况及时报告兽医，兽医每班至少巡视一次。发情牛，及时报告配种员。有利于及早采取措施。

④ 定刷拭就是每天固定刷拭牛体2次，上午、下午各一次，每次15分钟。经常刷拭牛体，能保持牛体卫生，促进血液循环多增膘。预防体内、外寄生虫病的发生。

⑤ 定期称重是为合理分群和及时掌握育肥效果，要进行肥育前称重、肥育期称重及出栏称重。肥育期最好每月称重1次，称重一般是要在早晨饲喂前空腹时进行，每次称重的时间和顺序应基本相同，以检验育肥效果，查找不足。生产中多采用估测法估测体重。

2. 六看即看采食、看排粪、看排尿、看反刍、看鼻镜、看精神状态是否正常

① 看采食就是看牛的食欲。食欲旺盛是牛健康的最可靠特征。健康的牛有旺盛的食欲，吃草料的速度也较快，吃饱后开始反刍（俗

称倒沫），一般情况下，只要生病，首先就会影响到牛的食欲，在草料新鲜、无霉变的情况下，如果发现肉牛对草料只是嗅嗅，不愿吃或吃得少，即为有病的表现。每天早上给料时注意看一下饲槽是否有剩料，对于早期发现牛的疾病是十分重要的。

② 看排粪就是看牛的排粪状况，包括排粪的姿势、排粪数量、粪便形状及颜色等。正常牛在排粪时，背部微弓起，后肢稍微开张并略往前伸。每天排粪 10～18 次。健康牛的粪便呈圆形，边缘高、中心凹，并散发出新鲜的牛粪味。排粪带痛，在排粪时表现疼痛不安，弓腰努责，常见于腹膜炎、直肠损伤和创伤性网胃炎等。牛不断地做排粪动作，但排不出粪或仅排出很少量，见于直肠炎。病牛不采取排粪姿势，就不自主地排出粪便，见于持续性腹泻和腰荐部脊髓损伤。排粪次数增多，不断排出粥样或水样便，即为腹泻，见于肠炎、肠结核、副结核及犊牛副伤寒等。排粪次数减少、排粪量减少，粪便干硬、色暗，外表有黏液，见于便秘、前胃病和热性病等。如果分辨不出，可以取样送正规单位检测。

③ 看排尿就是观察牛在排尿过程中的行为与姿势是否异常以及尿量及颜色等。正常牛每日排粪 10～15 次，排尿 8～10 次。健康牛的粪便有适当硬度，排泄的牛粪为一节一节的，但肥育牛粪稍软，排泄次数一般也稍多，尿一般透明，略带黄色。牛排尿异常有多尿、少尿、频尿、无尿、尿失禁、尿淋沥和排尿疼痛。

④ 看反刍。牛反刍的好坏能很好地反映牛的健康状况。健康牛每日反刍 8 小时左右，特别是晚间反刍较多。一般情况下病牛只要开始反刍，就说明病情有所好转。健康牛一般在喂后半个小时开始反刍，通常在安静或休息状态下进行。每天反刍 4～10 次，每次持续时间 20～40 分钟，有时到 1 小时，反刍时返回口腔的每个食团大约进行 40～70 次咀嚼，然后再咽下。也要根据牛饲料来分析，不固定，但是一般是这样的情况。

⑤ 看鼻镜。健康的牛不管天气冷热，鼻镜总有汗珠，颜色红润。如鼻镜干燥、无汗珠，就是有病的表现。

⑥ 看精神状态。健康的牛动作敏捷，眼睛灵活，尾巴不时摇摆，皮毛光亮。如果发现牛眼睛无神，皮毛粗乱、拱背、呆立，甚至颤抖摇晃，尾巴也不摇动，就是有病的表现。

3. 五净即草料净、饲槽净、饮水净、牛体净和圈舍净

① 草料净：草料不能含沙石、泥土、铁、塑料等异物，没有有毒有害物质。

② 饲槽净：牛下槽要及时清扫饲槽，防止发霉发酵变质。

③ 饮水净：供清洁卫生的饮水，避免有毒有物质污染饮水。

④ 牛体净：每天刷拭 1～2 次，方法是从左到右、从上到下、从前到后顺毛刷梳，特别注意背线、腹侧的刷梳，清理臀部污物。注意牛体有无外伤、肿胀和寄生虫。保持牛体卫生，防止寄生虫发生。

⑤ 圈舍净：圈舍要勤打扫，勤除粪，牛床要干燥，室内空气清洁，冬暖夏凉。

四、饲喂管理

通常将牛的育肥划分为三个阶段，即适应期、过度育肥期、强化催肥期等。

1. 适应期的饲养

从外地引来的架子牛，由于各种条件的改变，要经过 1 个月的适应期。首先让牛安静休息几天，然后饮 1%的食盐水，喂一些青干草及青鲜饲料。15 天左右进行体内驱虫和疫苗注射，并开始采用秸秆氨化饲料（干草）＋青饲料＋混合精料的育肥方式，可取得较好的效果，日粮精料量 0.3～0.5 千克/头，10～15 天内，增加到 2 千克/头。精料配方：玉米 70%、饼粕类 20.5%、麦麸 5%、贝壳粉（或石粉）3%、食盐 1.5%，若有专门添加剂更好。注意，棉籽饼和菜籽饼须经脱毒处理后才能使用。

2. 过渡育肥期的饲养

经过 1 个月的适应，开始向强化催肥期过渡。这一阶段是牛生长发育最旺盛时期，一般为 2 个月。每日喂上述的精料配方，开始为 2 千克/日，逐渐增加到 3.5 千克/日，直到体重达到 350 千克，这时每日喂精料 2.5～4.5 千克。也可每月称重 1 次，按活体重 1%～1.5%逐渐增加精料。粗、精饲料比例开始可为 3∶1，中期 2∶1，后期 1∶1。每天的 6 时和 17 时分 2 次饲喂。投喂时绝不能 1 次添加一要分次勤添，先喂一半粗饲料，再喂精料，或将精料拌入粗料中投喂。喂完料后 1 小时，把清洁水放入饲槽中自由饮用。

3. 强化催肥期饲养

经过过渡生长期，牛的骨架基本定型，到了最后强化催肥阶段。日粮以精料为主，按体重的1.5%～2%喂料，粗、精比1∶2～1∶3，体重达到500千克左右适时出栏，另外，喂干草2.5～8千克/日。精料配方：玉米71.5%、饼粕类11%、尿素13%、骨粉1%、石粉1.7%、食盐1%、碳酸氢钠0.5%、添加剂0.3%。饼粕饲料的成本很高，可利用尿素替代部分蛋白质饲料。

五、分群管理

分群应按年龄、品种、体重分群，体重差异不超过30千克，相同品种分成一群，3岁以上的牛可以合并一起饲喂，便于饲养管理。

六、减少活动

作为育肥的牛应相应地减少活动，对于放牧育肥牛尽量地减少运动量，对于舍饲育肥牛，拴牛绳要短，在每次饲喂完成之后应该一牛拴一桩或者是休息栏内。

七、添加必要的中药和促生长剂

在育肥牛驱虫后要饲喂健胃散，每天饲喂1次，每次每头500克；给育肥牛添加瘤胃素，可以起到提高日增重的效果，具体添加方法是，在精料中按每千克精料添加60毫克瘤胃素的标准添加。对大便干燥、小便赤黄的牛，用牛黄清火丸调理肠胃。

八、做好防疫

肉牛必须做好牛口蹄疫疫苗的注射工作，并做好免疫标识的佩带。有条件的还可以进行牛巴氏杆菌疫苗的注射。

经验之二十四：放牧补饲强度育肥技术

在牧草条件较好的地区，在牧草丰盛的时候可以采用放牧育肥的办法。具体技术要点如下。

1. 选择合适的放牧草场

牧草质量要好，牧草生长高度要适合牛采食，牧草在12～18厘米高时采食最快，10 厘米以下牛难以采食。因此，牧草低于 12 厘米时不宜放牧，否则，牛不容易吃饱，造成“跑青”现象。北方草场以牧草结籽期为最适合育肥季节。

2. 保证放牧时间

牛的放牧时间每天不能少于 12 小时，以保证牛有充足的吃草时间。当天气炎热时，应早出晚归，中午多休息。

3. 合理分群

做到以草定群，草场资源丰富的，牛群一般 30～50 头一群为好，120～150 千克活重的牛，每头牛应占有 1.33～2 公顷草场；300～400 千克活重的牛，每头牛应占有 2.67～4 公顷草场。

4. 补充精料

育肥肉牛必须根据牛的采食情况，补充精料。应在放牧期夜间补饲混合精料。在收牧后补料，出牧前不宜补料，以免影响放牧时牛的采食。

5. 补充食盐

在牛的饮水中添加食盐或者给牛准备食盐舔砖，任其舔食。

6. 添加促生长剂

放牧的肉牛饲喂瘤胃素可以起到提高日增重的效果。据资料介绍，每日每头饲喂 150～200 毫克瘤胃素，可以提高日增重 23%～45%。一粗饲料为主的肉牛，每日每头饲喂 150～200 毫克瘤胃素，也可以提高日增重 13.5%～15%。

7. 驱虫和防疫

放牧育肥牛要定期注射倍硫磷，以防牛皮蝇的侵入，损坏牛皮。定期药浴或使用驱虫药物驱除体内外寄生虫，定期进行口蹄疫、牛布氏杆菌病等防疫。

经验之二十五：要重视母牛异常发情的辨别和处理

正常母牛发情周期平均为 21 天（16～24 天），青年母牛比成年母牛短些。在临床上，常因为营养不良、饲养单一、泌乳过多、环境温度突然变化等因素，导致体内激素分泌失调，引起孕期发情、安静发情、二次发情、短促发情和断续发情等异常发情，如果饲养管理者不注意观察和辨别，就会造成漏配或误配。因此，要重视母牛异常发情的辨别和处理。

1. 孕期发情

孕期发情也称假发情，是指母牛在怀孕期仍有发情表现，约占30%左右的怀孕母牛有假发情，尤其是怀孕3个月以内的母牛发生率较高。其原因主要是由于生殖激素分泌失调，孕酮不足，雌激素过高而引起的，有的会造成早期激素性流产。对于此类母牛发情，要采用看黏液变化、子宫颈变化，直检方法综合判定。直检应慎重，尤其是对怀孕25～40天的母牛。直检时要注意区别黄体与卵泡的不同，黄体呈扁圆形，卵泡为圆形或扁圆形；黄体触摸肉样，无弹性感觉，而卵泡有波动、有弹性，并有进行性变化，防止误诊误配。

2. 安静发情

安静发情又称为安静排卵。是指母牛发情时缺乏外部表现，但其卵巢内有卵泡发育成熟而排卵。带犊母牛、疲劳的母牛都易发生安静发情。其主要原因是体内生殖激素分泌失调，雌激素分泌不足，或是促乳素分泌不足，孕酮不足，降低其中枢对雌激素的敏感性。对此类母牛应加强饲养管理，饲喂维生素、微量元素、矿物质含量较高的全价料，随时注意观察，增加直检触摸次数，提早输精。

3. 二次发情

二次发情也称“打回栏”。临床上约占30%左右的产后母牛，产后第一次发情、排卵、配种后，接着又很快出现第二次发情，与第一次发情间隔少则3～5天，多则7～10天，但发情表现明显。对“打回栏”母牛要及时进行第二次输精，输精准胎率较高。

4. 短促发情

短促发情是指母牛发情期非常短促，如不注意观察，极易错过配种时机。其原因可能是发育的卵泡迅速成熟排卵，也可能是因卵泡停止发育或发育受阻而缩短了发情期。对于前者原因造成的短促发情，要及时直检输精；对于卵泡发育停滞受阻的，可注射孕马血清或三合激素等进行治疗。

5. 断续发情

断续发情指母牛发情时间延长，有时可达30～90天，并呈现时断时续的发情。断续发情多发生于早春营养不良的母牛，原因多为卵巢机能不全引起卵泡交替发育。对此类母牛除加强饲养管理外，可注射排卵2号、3号。这两种激素有促使卵泡发育、成熟排卵的效果。在注射激素的同时进行输精，可有效提高情期受胎率。

经验之二十六：如何确定肉牛的育肥时间长短?

任何年龄的肉牛，当脂肪沉积到一定程度后，其生活力逐渐降低，食欲减退，饲料转化率降低，日增重减少，如果继续育肥就不经济了。因此，一般来说，年龄越小的肉牛，理论育肥期越长，犊牛可以长达1年。而年龄越大的牛，理论育肥期越短，老残牛只需3个月即可，其他的牛介于两者之间，生产中应根据实际情况确定最适育肥期。

经验之二十七：公牛去势采用附睾尾摘除法效果好

古人把睾丸称为“势”，所以摘除公牛睾丸通常称为“去势”。公牛去势是饲养的一项主要措施，另外种公牛被淘汰后还须去势，公牛去势后有性情温顺、生长发育快、肉质鲜嫩等许多好处，虽然目前公牛去势的方法很多，但归纳起来也就几种，即捶击法、无血去势钳法、化学药物法、结扎法和手术法，手术摘除法还分为摘除睾丸和附睾、摘除睾丸保留附睾、摘除附睾尾等方法。这几种方法中以手术摘除附睾尾最好，与其他去势方法相比，既可保证不使母牛受孕，又具有雄性激素促进犊牛生长发育的作用，而且不妨碍出口贸易，伤口小、愈合快，手术时间短，简便易行，不留后患，值得推广。

经验之二十八：高档肉牛直线育肥技术

肉牛直线育肥的优点：一是缩短了生产周期，较好地提高了出栏率；二是改善了肉质，满足市场高档牛肉的需求；三是降低了饲养成本，提高了肉牛生产的经济效益；四是提高了草场载畜量，可获得较高的生态效益。

技术要求如下。

（1）育肥犊牛品种的选择　选择夏洛莱、西门塔尔、利木赞或黑白花等优良公牛与本地母牛杂交改良所生的犊牛。

（2）吃足初乳　犊牛生后1～1.5小时及时喂给初乳，7日内一定要吃足。因为初乳有助于抗菌、泻胎粪，营养极为丰富。同时，补充一些维生素A、维生素D和维生素E。

（3）犊牛的饲养　犊牛的提早补饲至关重要。1周龄时开始训练饮用温水。提早喂给一些青、粗饲料和精料：一般在10～20日龄开始训料，开始训料时将精料制成粥状，并加入少许牛奶，第一天喂10～20克，逐渐增加喂量；20日龄开始每日给10～20克胡萝卜碎块，以后逐渐增加喂量；30日龄时，栏内设干草料，诱其采食；60日龄开始加喂青贮饲料，首次喂量为100～150克。必须保证充足的饮水。犊牛与母牛要分栏饲养，定时放出哺乳。犊牛要有适度的运动。犊牛达135日龄时断奶。

（4）育肥舍消毒　在犊牛转入育肥舍前，对育肥舍地面、墙壁用2%火碱溶液消毒。

（5）犊牛断奶后转入育肥舍饲养　育肥舍为规范化的塑膜暖棚舍，舍温要保持在6～25℃，确保冬暖夏凉。夏季搭遮阴棚，保持通风良好。冬季扣上双层塑膜，要注意通风换气，及时排出有害气体。按牛体由大到小的顺序拴系、定槽、定位，缰绳以40～60厘米为宜。

（6）育肥牛的饲养　犊牛转入育肥舍后训饲10～14天，使其适应环境和饲料并逐渐过渡到育肥日粮。夏季水草茂盛，也是放牧的最好季节，充分利用野生青草的营养价值高、适口性好和消化率高的优点，采用放牧育肥方式。当温度超过30℃，注意防暑降温，可采取夜间放牧的方式，春秋季时白天放牧，夜间补饲一定量青（半干）贮、氨化、微贮秸秆等粗饲料和少量精料。冬季要补充一定的精料，适当增加能量饲料（棉籽饼等）。育肥牛的日粮配方参考如下两个配方。

配方一：玉米面 35.2%、豆饼 5.9%、酒糟 29.3%、干草 29.3%、食盐 0.3%，另加复合添加剂 1%。

配方二：精料 19.6%～22.4%、酒糟 26.4%～27.1%、干草 8.4%～9.1%、微贮秸秆 42.2%～44.2%，另加复合添加剂 1%。

（7）育肥牛的管理　舍饲育肥犊牛日饲喂 3 次，先喂草料，再喂配料，最后饮水。注意禁止饲喂带冰的饲料和饮用冰冷的水，寒冬季要饮温水。一般在喂后 1 小时饮水。育肥牛 10～12 月龄用虫克星或左旋咪唑驱虫 1 次。虫克星每头需口服剂量为每千克体重 0.1 克；左旋咪唑每头牛口服剂量为每千克体重 8 毫克。12 月龄时，用“人工盐”健胃 1 次，口服剂量为每头牛 60～80 克。日常每日擦拭牛体 1 次，以促进血液循环，增进食欲，保持牛体卫生，饲养用具也要经常洗刷消毒。育肥牛要按时搞好疫病防治，经常观察牛采食、饮水和反刍情况，发现病情及时治疗。

（8）适时出栏　当育肥牛 18～22 月龄、体重达 500 千克且全身肌肉丰满、皮下脂肪附着良好时，即可出栏。

经验之二十九：判断母牛是否已经怀孕的方法

母牛妊娠检查的方法很多，主要有外部检查法、直肠检查法和阴道检查法。这些方法既有其自身的优点，又都存在一定的局限性。在临床实践中应根据畜种、妊娠阶段及饲养管理方式等来决定采用哪种诊断方法。不能仅仅单独采用某一种方法，而是要采取以一种方法为主，同时采用其他几种方法作为辅助判断方法综合诊断判定。

1. 外部检查法

外部检查法是生产中广泛应用的一种方法。根据母牛的外表变化进行判断。首先是母牛不再表现周期性的发情，性情变得温驯，行动稳重，放牧或赶出运动时常落在牛群之后。怀孕3个月后，食欲增强，食量加大，膘情变好，体重增加，毛色光润，初产牛能在乳房内触摸到硬块，有的母牛会表现异嗜。到5个月后，腹围迅速增大，泌乳量显著下降，脉搏、呼吸频率也明显增加；初产牛这时乳房迅速膨大，乳头变粗，能挤出牵缕性很强的黏性分泌物（未妊娠牛为水样物）。

妊娠期到6～7个月时，用听诊器可以听到胎牛心跳（妊娠期母牛心跳为75～85次/分，而胎牛则为112～150次/分），并可在腹部看到胎牛在母体内运转的情况，特别是在清晨喂料饮水前及运动后。妊娠8个月时，母牛腹围更大，更易看到胎牛在母牛腹部、脐部撞动。

外部检查法还有以下几种方法。

（1）看牛奶　用手挤出的牛奶是蜜糖色并呈糊状、不流动的则多为怀孕母牛；如果是白色稀的，而且一挤会自然流出的则为空胎母牛。

（2）看乳房　乳房膨胀，乳头硬直，是怀孕母牛。乳房不膨胀，乳头不硬直者则没有怀孕。

（3）看牛眼　怀孕母牛瞳孔的正上方虹膜上出现3条特别显露的竖立血管，即所谓的妊娠血管，它充盈突起于虹膜表面，呈紫红色。而没有怀孕的母牛虹膜上血管细小而不显露。

（4）看口腔　打开母牛的口腔，看嘴两边的舌下肉阜，如果呈鲜红色，则为怀孕母牛，如果是粉红色或是淡红色，则母牛没有怀孕。

（5）用压腹　人站于牛的左侧面向后方，左手扶牛背，右手轻压左边肚膛上，如有东西触动并撞到手的，或看到有东西在肚膛腹下触动，则说明母牛已怀孕。

（6）看尾巴　牛的尾巴在不甩动下垂时，如果遮盖阴户而向左或向右斜放者，说明牛已怀孕。如果尾巴正垂直遮盖当中者，说明没有怀孕。

2. 直肠检查法

直肠检查法是应用较多的一种检查法。直肠检查判定母牛是否怀孕的主要依据是母牛怀孕后生殖器官的一些主要变化。这些变化要随怀孕时间的不同而有所侧重，如在怀孕初期，要以子宫角的形态和质地变化为主；30天以后以胎胞的大小为主；当胎胞形成以后，即以胎胞的发育为主；当胎胞下沉不易摸到时可以卵巢位置及子宫动脉的妊娠脉搏为主。依此变化来判断母牛是否怀孕。

直肠检查法的方法和步骤：先摸到子宫颈，再将中指向前滑动，寻找角间沟；然后将手向前、向后、再向后，试把2个子宫角都掌握在手内，分别触摸。经产牛子宫角有时不呈现绵羊状而垂入腹腔，不易全部摸到；这时可先握住子宫角向后拉，然后手带着肠管迅速向前滑动，握住子宫角，这样逐渐向前移，就能摸清整个子宫角。摸过子宫角后，在其尖端外侧或下侧寻找卵巢。通常用一只手进行触诊即可。

寻找子宫动脉的方法是将手掌贴着骨盆顶向前移；超过峡部以后，可以清楚地摸到腹主动脉粗大的两条分支，它们是髂内动脉。子宫动脉从髂外动脉分出后不远即进入阔韧带内，所以追踪它时感觉它是游离的。触诊阴道动脉的子宫支的方法，是将指甲伸至相当于荐骨末端处，并且贴在骨盆侧壁的坐骨上棘附近，前后滑动手指。阴道动脉是骨盆腔内比较游离的一条动脉，由上向下行，而且很短，不太容易识别。

注意牛直肠黏膜受到刺激容易渗出血液，手在直肠内操作时，只能用手指肚，手指尖不要触黏膜。手应随肠道的收缩波而稍向后退，不可强向前伸，只能在肠道疲软松弛时触摸。

未孕现象：子宫颈、体、角及卵巢均位于骨盆腔内；经产多次的牛，子宫角可垂入入口前缘腹腔内。两角大小相等，形状亦相似，弯曲如绵羊角状；经产牛有时右角略大于左角、迟缓、肥厚。能够清楚地提到子宫角间沟。子宫角经触摸即收缩，变得有弹性，几乎有确实感，能将子宫握在手中，卵巢大小与其中有无黄体和卵泡而定。

怀孕现象：20～25天，一侧卵巢上有发育良好的黄体，80%即可肯定。隔肠抚摸子宫无反应，或右子宫角有收缩，孕角略大于空角，这时母牛已怀孕1个月；如子宫角变为短粗，像电筒头粗，柔软如水袋，卵巢内存有明显的黄体，这时怀孕40～50天；若子宫角如一个儿头大的液囊，已怀孕3个月。

3. 阴道检查法

阴道检查是在母牛配种后1个月，当开膣器插入阴道时，阻力明显，有干涩感，阴道黏膜苍白，无光泽，子宫口偏向一侧，呈闭锁状态，上面为灰暗浓稠的黏液塞所封固，即为怀孕。

经验之三十：要精心呵护怀孕母牛

精心饲养怀孕母牛和科学地管理好怀孕母牛，以保证胎儿在母牛体内得到正常生长发育，防止流产和死胎，产出身体健康、大小匀称和初生重的犊牛，并保持母牛有良好的体型，为产后泌乳打下良好的基础。

1. 做好怀孕母牛的营养供给

怀孕母牛所取得的营养物质，首先满足胎牛的生长发育，然后再用来供应本身的需要，并为将来泌乳储备部分营养物质。怀孕母牛饲养有两个关键时间，一是配种后第3周前后的时间，这几天受精卵处于游离状，不牢固。二是怀孕后期，胎儿迅速发育阶段，尤其在最后20天内，胎牛的增重最重要，母牛食欲旺盛。如果在怀孕期营养不足，胎牛得不到良好的发育，连母牛本身的发育也受到影响，以后加强饲养也难以补偿，产出的犊牛体质差，发育迟缓，多病。在日粮中要根据各阶段的营养需要而供给适当的能量、蛋白质、矿物质、维生素、常量元素和微量元素。特别是蛋白质（饼类和鱼粉等），要保证供应，要补充维生素A和维生素E；冬春季节缺乏青绿饲料，可补喂麦芽或青贮饲料；还要补喂骨粉，防止母牛和犊牛软骨症。

（1）怀孕前期　胎儿增长不快，发育较慢，营养需要不多，但要喂给含蛋白质、维生素丰富的饲料，适当搭配青绿饲料，使饲料多样化、适口性好，以满足母牛的营养需要。但断奶后体瘦的经产母牛，初期要加强营养，使其迅速恢复繁殖体况，应加喂精料，特别是含蛋白质的饲料，待体况恢复后再以原有的饲养标准饲喂；而体况过肥的母牛要进行适当的限饲，使胚胎能够顺利着床。初产母牛和哺乳期配种的母牛，以精料和青粗饲料按比例混合，并且增加蛋白质和矿物质的饲料；体况比较好的经产母牛，应按照配种前的营养需要在日粮中多喂给青粗饲料。粗饲料品种要多样化，防止单一化。做到定时、定量饲喂，避免浪费。要按照先精饲料后粗饲料的顺序饲喂。

（2）怀孕中期　此时胎儿发育较快，母牛胸围逐渐增大。营养除维持母牛自身需要外，全部供给胎儿，因此应提高日粮的营养水平，满足胎儿生长发育的营养需要，为培育出优良健壮的犊牛提供物质基础。精饲料参考配方为玉米63%、豆粕18%、麦麸15%、食盐1%、磷酸氢钙2%、预混料添加剂1%，每头每天饲喂1.4～1.5千克，每天饲喂3次。日粮中必须具有一定的体积，使母牛感到有饱感，也不觉得压迫胎儿；且应带有轻泻性，防止便秘，因为便秘可以引起流产。

（3）怀孕后期　胎儿增长快，绝对增重也比较快，这个时期供应充足营养物质，保证胎儿正常发育，因此，这时需要的营养物质较多，适当增加精料，减少粗料并补足钙磷。怀孕后期的饲养方法要有灵活性，由于胎儿迅速发育，占据有一定的容积，使胃的容积变小，限制采食量，有时营养不足，势必会动用前期贮积的脂肪。因此，必须注意饲料的质量，要以精料为主，保证营养水平，不使其消瘦，少食多餐。

2. 做好怀孕母牛的管理

日常主要做好保胎工作，促进胎儿正常发育，避免机械性损伤，防止流产和死胎。创造优良的环境卫生，为产后减少疾病，使母牛顺利生产做好一切产前准备工作。

① 牛舍和牛体经常保持清洁、健康，牛舍及周围环境定期消毒，保持空气新鲜，冬季要注意防寒保温，夏季要注意防暑。

② 日常避免人为惊吓，造成人为不良的应激反应，此外，怀孕母牛不宜长途运输。对怀孕母牛不得追赶、鞭打、惊吓、冲冷水浴、滑跌、挤撞，减轻使役，产前1个月要停止使役，单厩饲养，随时准备接产。

③ 孕牛要适当运动，增强体质，促进消化，防止难产，但分娩前几天应减少运动，在放牧运动时禁止与发情母牛、公牛混合。

④ 为了提高母牛产后的泌乳能力，有条件时常按摩乳房，训练母牛两侧卧的习惯，这有利于母牛产后对犊牛的哺乳，同时使牛有机

会多接近人，便于分娩时接产和护理工作。

⑤ 对牛体每天上下午各刷拭 1 次，以便清除母牛皮肤上的皮垢，促进牛体血液循环。

⑥ 怀孕母牛禁喂菜籽饼、棉籽饼、酒糟等饲料，禁喂发霉、变质、冰冻、带有毒性和强烈刺激性的饲料，防止流产。饮水应事先加温，温度要求不低于 10℃。

经验之三十一：哪些征兆说明孕牛要分娩了？

正常情况下，母牛经过 280 天左右的妊娠期就会分娩。分娩前期母牛的生殖器官及其骨盆部位会发生一系列变化，母牛的精神状态和全身状况也会发生改变，以适应排出胎儿和哺育新生犊牛的需要。掌握母牛分娩预兆，可以预测分娩的时间，以便做好接产和产后护理工作。母牛分娩的预兆主要表现在以下几个方面。

（1）乳房膨大　母牛乳房在产前 15 天左右开始膨大，乳房发育迅速，差不多比原来大一倍，在临产前 2～3 天，乳房肿胀，皮肤紧绷，乳头基部红肿，乳头变粗，临产前可以从前两个乳头中挤出黏稠、淡黄色的液汁。当能挤出乳白色的乳汁时，再等 1～2 天就会产犊了。

（2）外阴部肿胀　怀孕后期，母牛的阴唇逐渐肿胀、变得柔软且皱褶展平。产犊前 1～2 天，透明的黏液流出阴门。

（3）骨盆变化　分娩前 10 天左右，母牛骨盆部的韧带变得松弛、柔软，尾根两边塌陷，以适于胎儿通过。分娩前 1～2 天，骨盆韧带充分软化，尾根两侧肌肉明显塌陷，触摸骨盆两侧很柔软。用手握住尾根上下运动时，会明显感到尾根与腱骨容易上下活动。

（4）母牛表现不安　母牛产前，时起时卧，不断回头顾腹，来回走动，频频排尿。此时应做好接产准备。

经验之三十二：母牛分娩前后的管理要点

母牛分娩前后 15 天也称围产期，围产期对母牛、胎犊和犊牛的健康都非常重要，因为围产期母牛发病率高，死亡率也高，所以应加强母牛分娩前后的管理。

1. 准备好圈舍

临产母牛应准备产房和产栏，产房要求宽敞、清洁、保暖和干燥。环境安静，并预先用10%石灰水粉刷消毒，干后在地面不能光滑，防止母牛滑倒。铺以清洁干燥、日光晒过的柔软垫草。产房内建立产栏，一牛一栏。

2. 母牛提前进入产房

母牛应在临产前1～2周进入产房，单栏饲喂，不系绳，让牛自由运动。使其习惯产房环境。母牛后躯及四肢用2%～3%来苏儿溶液洗刷消毒，并做好转群记录登记工作。要对母牛的乳房进行仔细检查、严密监视，如发现有乳房炎征兆时必须抓紧治疗。临产前要观察母牛的状况，同时要准备好接产、助产的用具、器具和药品，以免发生难产时手忙脚乱。

冬季要让肉牛饮温水，水温最好是37℃左右。孕期牛体代谢旺盛，容易生皮垢，因此要保持牛体皮肤清洁，每天应用毛刷轻轻刷拭牛蹄，并刷净牛的四肢、尾部、乳房和臀部。

3. 做好接产工作

临产当天，应时时看顾，分娩时要细心照顾，需要时做好助产。母牛分娩后，用0.1%～0.2%的高锰酸钾液洗净母牛的生殖器官和乳房，产后2小时内挤母牛的初乳喂犊牛。同时做好犊牛的护理。

分娩后要尽早驱使母牛站起，以减少出血，也有利于生殖器官的复位，为防子宫脱出，可牵引母牛缓行15分钟左右，以后逐渐增加运动量。母牛分娩后8小时内，胎衣一般可自行脱落，胎衣脱落后，要检查母牛胎衣是否正常，而且要立即拿走胎衣，以防母牛吃掉。若超过24小时仍不脱落时，应按胎衣滞留处理。注意恶露的排出情况，如有恶露闭塞现象，即产后几天内仅见稠密透明分泌物而不见暗红色液态恶露，应及时处理，以防发生产后败血症或子宫炎等疾病。

4. 饲喂管理

从产前21天起可采用引导饲养法，即从此时起开始增加精饲料的喂量，逐日增加，至分娩时精饲料量占到体重的0.8%～1%或粗饲料供应量与精饲料供应量相等，保持1∶1的比例。粗饲料应以优质干草为主，青贮饲料以每头日喂15千克左右为宜，过多饲喂会导致母牛过肥。对于常年饲喂青贮饲料很少喂青绿饲料的母牛，补充维生素A可降低母牛产后胎衣不下的发生率，或在围产期注射硒和维生素E均可获得满意的效果。临产前绝对不能喂冰冻、腐败变质和酸性大的饲料。冬季不饮冰水、冷水（水温不低于10℃），以防早产、流产、臌气及风湿病等疾病。亚麻饼、啤酒糟尽量少喂或不喂。

母牛产后因失水较多，所以应在胎儿产出后喂给其温热、足量的麸皮、盐、钙稀粥15千克左右（麸皮1～2千克、食盐100～150克、碳酸钙50克），可起到暖腹、充饥、增腹压的作用，有利于胎衣的排出和母牛恢复体力。注意食盐喂量不可过大，否则会增加乳房水肿的程度，同时喂给母牛优质、软嫩的干草1～2千克。

为了使母牛恶露排净和产后子宫早日恢复，还可以喂饮热益母草红糖水（益母草250克，水1500克，煎成水剂后，加红糖1千克和水3千克）和少量以麸皮为主的混合料，同时补以容易消化的玉米，并适当增加喂钙量（占日粮干物质的0.6%），精饲料量可达到4千克，青贮10～15千克。产后4天可根据牛食欲状况逐步增加精料、多汁料、青贮和干草的给量。围产后期的日粮应以高能、高蛋白为特点，日粮组成：青贮20千克，干草4千克，精饲料20千克，块根茎类5～10千克。同时可补加过瘤胃脂肪（蛋白）添加物，减少负平衡。

5. 乳房护理

产犊的最初几天，母牛乳房内的血液循环及乳腺泡的活动控制与调节均未达到正常状态，乳房肿胀得很厉害，内压也很高，所以，如果是高产母牛，此时绝对不能把乳房中的奶全部挤净，否则会因乳房内压的显著下降，引起微血管渗漏现象加剧，血钙、血糖大量流失，进一步加剧乳房水肿，引起高产母牛的产后瘫痪，重者甚至可造成死亡。一般原则是产后第1天只挤2千克左右，够牛犊哺乳即可，第2天每次挤泌乳量的1/3，第3天每次挤泌乳量的1/2，第4天后可挤净。对于低产母牛和产后乳房没有水肿的母牛则无须如此，产犊后的第1天就可将奶挤净。

对产后乳房水肿严重的母牛，每次挤奶后应充分按摩乳房，并热敷乳房5～10分钟（用温热硫酸镁、硫酸钠混合溶液最好），以促进乳房水肿早日消失。母牛产后若同时喂饮温热益母草红糖水（益母草500克，加水10千克，煎成水剂，加红糖500克），每日1～2次，连服2～3日，对牛恶露排净和产后子宫复原有促进作用。

经验之三十三：肉牛分娩时助产要点

分娩是母畜正常的生理过程，一般情况下不需要助产而任其自然产出。但牛的骨盆构造与其他动物相比更易发生难产，在胎位不正、胎儿过大、母牛分娩无力等情况下，母牛自动分娩有一定的困难，必须进行必要的助产。助产的目的是尽可能做到母子安全，同时还必须力求保持母牛的繁殖能力。如果助产不当则极易引发一系列的产科疾病，因此，在操作过程中必须按助产原则办理。

一、做好产前准备

产房要求宽大、平坦、干净、温暖；器械与药品的准备包括催产药、止血药、消毒灭菌药、强心补液药及助产、手术器械等。要安排专人值班、看守，保证随时接产。

二、做好牛体后部的消毒及人员的消毒工作

助产人员要固定专人，产房内昼夜均应有人值班，如发现母牛有分娩症状，助产者用0.1%～0.2%的温高锰酸钾液或1%～2%煤酚皂溶液，洗涤外阴部或臀部附近，并用毛巾擦干，铺好清洁的垫草，给牛一个安静的环境。助产者要穿工作服、剪指甲，准备好酒精、碘酒、剪刀、镊子、药棉以及助产绳等。助产人员的手、工具和产科器械都要严密消毒，以防病菌带入子宫内，造成生殖系统疾病。

三、保持环境安静

在安静的环境里，母牛大脑皮质容易接受来自子宫的刺激。因此也能发出强烈的冲动传达到子宫，使子宫强烈收缩而使胎儿顺利排出。

四、助产

母牛正常分娩的过程是子宫肌开始阵缩，将胎儿和胎水推入子宫颈，迫使子宫颈开放，向产道开口，以后随着阵缩把进入产道的胎膜冲破，使部分羊水流出，胎儿的前置部分顺着胎水流入产道。同时，腹肌或膈肌也发生强烈收缩，腹内压显著升高，使胎儿从子宫内经产道排出。再经过6～12小时间歇，子宫又重新收缩，把胎衣排出，分娩过程结束。

一般胎膜水泡露出后10～20分钟，母牛多卧下，要使它向左侧卧，以免胎儿受瘤胃压迫难以产出，胎儿的前蹄将胎膜顶破，羊水（胎水）要用桶接住，用其给产后母牛灌服3.5～4千克，可预防胎衣不下。

正常产是两前肢夹着头先出来，倘若发生难产，多数是姿势不正造成的，应先将胎牛在阵缩时顺势推回子宫矫正胎位，不可硬拉。倒生时，当后腿产出后，应及早拉出胎牛，防止胎牛腹部进入产道后脐带可能被压在骨盆底上，会使胎牛窒息死亡。母牛阵缩，努责微弱，应进行助产，用消毒过的绳缚住胎牛两前肢系部，交助手拉住，助产者双手伸入产道，大拇指插入胎牛口角，然后捏住下颌，趁母牛努责时一起用力拉，用力方向应稍向母牛臀部后下方。当胎头通过阴门时，一人用双手捂住阴唇及会阴，避免撑破。胎头拉出后，再拉的动作要缓慢，以免发生子宫内翻或脱出，当胎牛腹部通过阴门时，用手捂住胎牛脐孔部，防止脐带断在脐孔内，并延长断脐时间，使胎牛获得更多血液。

五、常见难产的助产方法

1. 母畜阵缩及努责微弱

母畜已到预产期，阵缩及努责短而无力，间歇长，无明显不安现象，迟迟不见胎囊露出和破水，分娩时间延长。检查产道，颈口开张不全，可摸到未破的胎囊或胎儿前置部分。分娩时子宫肌及腹肌收缩无力，收缩时间短，间歇时间长，叫阵缩及努责微弱。

助产方法如下。

（1）催产　牛一般不用药物催产。牛确认子宫颈口已全部开张，胎势正常。可用脑垂体后叶素注射液10～50国际单位，或催产素注射液 50～100 国际单位，一次肌肉注射，也可静注 10%生理盐水和 25%葡萄糖液。

(2) 牵引拉出胎牛　颈口已全部开张，胎势无异常，按一般助产方法（牵引术）拉出胎牛。

2. 子宫颈狭窄

分娩时子宫颈扩张不全或完全未扩张而不能排出胎儿，称子宫颈狭窄。母畜妊娠期满，具备了全部分娩预兆，阵缩、努责正常，但长久不见胎囊及胎儿露出阴门外。产道检查，触摸子宫颈时，感到松软和弛缓不充分，有时可摸到瘢痕、无弹性等变化。

助产方法：子宫颈扩张不全，阵缩、努责微弱，胎囊未破时，应稍加等待。或肌肉注射己烯雌酚 20～40 毫克，然后再注射催产素 30～100 国际单位，也可静脉注射 10%氯化钠注射液 300～500 毫升，以促进子宫收缩，扩张子宫颈口。也可向阴道内灌注 45℃温水或涂颠茄流浸膏或 5%可卡因或盐酸普鲁卡因溶液，然后术者用手指逐渐扩张子宫颈口。当子宫颈口扩张到一定程度，胎囊和胎儿一部分已进入子宫颈时，可向颈管内注入石蜡油，以润滑产道，再施行牵引术。

如子宫颈狭窄而不能扩张时，可施行剖腹产术。

3. 子宫捻转

牛的子宫捻转是指怀孕期一侧子宫角围绕自己的纵轴发生捻转，多发生在临产前或分娩开始，也可发生在怀孕中期以后的任何时间，多见于母体健壮、胎儿体积较大的母牛，是母牛难产的常见病因之一，该病发病急、病情重，如不能及时诊断和合理治疗，可导致孕畜死亡。

病因是怀孕末期牛如有急起急卧并有转动身体的情况发生时，因子宫体重大，不能随腹部的转动而转动就可能向一侧捻转。牛子宫捻转还与牛子宫韧带附着狭窄和牛的起卧的特殊姿势有关。由于母牛的腹腔左侧被庞大的瘤胃所占，怀孕子宫被挤向右侧，所以，子宫扭向右侧的多见。

子宫捻转的部位可发生在子宫颈前和子宫颈后，从时间上讲可发生在产前和产中，由此，其症状也有所不同。

产前捻转的患牛有不安和阵发性腹痛，如时间延长，腹痛加剧，表现为摇尾、后蹄踢腹、出汗、食欲减退或消失，但在间隙期可恢复。病牛起卧，拱腰，但不见排出胎水，腹部臌气，体温正常，呼吸、脉搏加快，磨牙。持久后，可能到麻痹状而无痛感，但病情恶化。有的因子宫阔韧带、血管破裂内出血，或子宫高度充血水肿，捻转处发生坏死，引致腹膜炎，如为轻度捻转，也可能自行转正，症状好转。因此，凡怀孕牛表现上述症状的必须做直肠或阴道检查，确诊。

产中捻转时孕牛表现分娩预兆，表现不安，出现努责，但软产道狭窄或拧闭，胎牛不能进入产道，努责不明显，同时胎膜也不外露，这时必须做阴道检查和直肠检查。阴道和直肠检查所见：在发生捻转时，检查均可引起牛剧烈的努责，产道干涩。

子宫颈前捻转的阴道检查可发现，产中发生的捻转只要不超过360°，子宫颈口总是稍微开张，并弯向一侧，达360°时，颈管封闭，可见子宫颈腔部呈紫色，子宫塞红染，产前捻转，阴道检查不明显，只有直检确诊。直检可见在耻骨前缘、两侧子宫阔韧带发生交叉，一侧在另一侧的上方，如捻转不超过180°，下方韧带较上方的紧张，超过360°时，两侧韧带都紧张，牛有时粪便带血。

子宫颈后捻转的牛阴道检查可发现阴道壁紧张，且越向前越狭窄，在阴道壁的前端可发现或大或小的螺旋状皱襞，这是子宫捻转的特征依据，且可根据螺旋的方向判定其左捻转或右捻转以及捻转的程度。当捻转达180°时，手可勉强伸入，而超过270°时手不能通过，超过360°时，子宫颈管拧闭，看不到子宫颈口，但能看到前端的皱襞。直肠检查同颈前捻转。

此外，外观阴门，捻转轻的，同侧阴门向内陷入，捻转重时，一侧阴唇肿胀、歪斜，肿胀歪斜的一侧和子宫捻转的方向正好相反，例如子宫向右捻转到180°时，左侧阴唇发生肿大。

助产方法：首先可以把子宫矫正后，再拉出胎儿（产中捻转）或矫正后等待胎儿足月自然产出（产前捻转）。矫正方法中实用安全的方法有翻转和剖腹矫正或剖腹产。

（1）翻转母体法　将子宫向哪一侧扭转，使母畜卧于哪一侧。分别捆住前后肢，并设法呈前低后高姿势，两助手站于母畜背侧，分别牵拉前后肢上的绳子，稍抬起，一人抓头部，准备好后，猛然同时拉前后肢和翻转头部，急速把母畜仰翻过去，有时可以达到复位。每翻转一次，必须一次进行产道检查1次。转动如果成功，可摸到阴道前端开大，皱襞消失，无效时则无变化，翻转错误时，软产道变窄，如未成功，将母畜复位，重新翻转。

如果分娩时发生的扭转，手能伸入子宫颈时，最好把胎儿的一条腿弯起来抓住，并牢牢固定住，再翻转母体。或将母畜仰卧，用手抓住胎儿的一部分再整复之。

（2）剖腹矫正或剖腹产　有条件情况下，可按剖腹产手术法，术后护理，矫正后除一般护理如加强饲养管理，防治其他疾病外，必须注意分娩过程，临产时发生的捻转，矫正子宫并拉出胎儿后，子宫及子宫颈等处常持续出血，因此手术后数天内应用止血剂，全身和子宫腔有的腹腔内用抗生素，防止感染，术后不宜补液，以免子宫水肿的加剧。

4. 骨盆狭窄

分娩过程中，软产道及胎牛无异常，产力正常，只因骨盆大小和形态异常，或胎牛相对过大，妨碍胎牛排出时，称骨盆狭窄。骨盆狭窄的牛阵缩和努责正常，但不见胎牛排出。检查产道，可发现骨盆窄小或骨盆变形，或骨赘突出于骨盆腔。

助产方法：骨盆发育不全的病例，应按胎牛过大的方法，施行牵引术，拉出胎牛。骨盆变形或骨赘突出，拉出胎牛有困难，可施行剖腹产或截胎术。

5. 胎牛过大

母体的软、硬产道无异常，胎位、胎向、胎势正常，而胎牛较大，充塞于产道内不能排出。

助产方法：充分润滑产道后，牵引拉出胎儿。拉出胎牛有困难，可施行剖腹产或截胎术。

6. 双胎难产

怀双胎时，两胎牛同时挤进骨盆入口而造成难产。双胎难产往往是一个正生、一个倒生（或两个都是正生、倒生的）。检查时，可发现一个胎头和四个肢，其中蹄底两个朝下（前肢），两个向上（后肢），或一个胎头和一个前肢和另一胎儿的两个后肢，或一个胎头和另一胎牛的两后肢等。诊断时应注意与双胎畸形、裂体畸形和腹部前置的横向、竖向相区别。

助产方法：助产的原则是先推回一个胎牛，再拉出另一个胎牛。应当先推回后面的胎牛，再拉前面（进入产道较深）的胎牛。

7. 胎头不正

（1）头颈侧弯　胎牛的两前肢伸入产道，而头歪向一侧，无法娩出。这是最多见的一种胎楼异常。阴门外伸出一长一短的两前肢，不见胎头露出。产道检查，可在盆腔前缘或子宫内摸到转向胸侧的胎头和胎颈，通常是转向伸出较短前肢的一侧。

助产方法：按矫正术矫正后拉出胎牛。

（2）胎头下弯　胎牛的头部弯于两前肢之间或一侧。根据胎头下弯的程度不同，又有额部前置、枕部前置和颈部前置之分。有时两蹄尖露出阴门。产道检查，可摸到堵塞于骨盆入口处或抵在耻骨前缘上的额部、枕部；或摸到在两前肢之间下弯的颈部。

助产方法：按矫正术矫正后拉出胎牛。

8. 胎牛四肢不正

（1）腕部前置　指一侧或两侧的腕关节弯曲而朝向产道，致使胎牛不能排出。产道检查时，可摸到正常的胎头和屈曲的腕关节位于耻骨前缘附近。两侧腕部前置，事先如未拉过，在阴门部什么也看不到；一侧腕部前置可看到一个前蹄。

助产方法：按矫正术矫正后拉出胎牛。

（2）肩部前置　肩部前置指一侧或两侧的肩关节屈曲而肩部朝向产道，致使胎牛不能排出。胎头已经进入产道，不见一个或两个前肢，能摸到屈曲的肩关节，前腿自肩端以下位于躯干旁之下。

助产方法：按矫正术矫正后拉出胎牛。

（3）坐骨前置　坐骨前置指一侧或两侧的髋关节屈曲而坐骨朝向产道，致使胎儿不能排出。产道检查时，在骨盆入口处可以摸到胎儿的尾巴、坐骨粗隆、肛门，再向前能摸到大腿向前。一侧坐骨前置时，阴门内可见一蹄底向上的后蹄尖；如为坐生（两侧坐骨前置），阴门内什么都看不到。

助产方法：按矫正术矫正后拉出胎牛。

9. 胎位不正

胎位不正有下位和侧位两种。前者是胎牛仰卧于子宫内，后者是胎牛侧卧于子宫内。

诊断要点如下。

（1）下位　有正身下位和倒生下位两种。正生下位时，阴门外露出两个蹄底向上的前蹄，产道检查可摸到腕关节、口唇及颈部；倒生下位时，阴门外露出两个蹄底向下的后蹄，产道检查可摸到跗关节和尾巴。

（2）侧位　有正生和倒生侧位两种。正生侧位时，两前肢以上下的位置伸出阴门外，蹄底朝向一侧，产道检查可摸到侧位的头颈；倒生侧位时。两后肢以上下的位置伸出阴门外，产道检查可摸到胎牛的臀部、肛门及尾部。

助产方法：按矫正术矫正后拉出胎牛。

经验之三十四：判断肉牛育肥结束的标准

肉牛养殖场中判断肉牛的最佳结束期，能节省养殖场的投入，降低成本，也能保证牛肉品质。判断肉牛是否达到最佳肥育结束期，一般有以下几种方法。

（1）从肉牛采食量来判断　在正常肥育期，肉牛对饲料的采食量与其体重相关，有规律可循，就是绝对日采食量随着肥育期的增加而下降，如下降量达正常量的三分之一或更少，这是育肥结束的标志；也可以按活重计算，日采食量（以干物质为基础）为活重的1.5％或更少。这时认为已达到肥育的最佳结束期的一个特征。

（2）用肥度指数来判断　利用活牛体重和体高的比例关系来判断，指数越大，肥育度越好。当指数超过500或达到526时即可考虑结束育肥。据日本的研究认为，阉牛的肥育指数以526为佳。具体计算方法如下。

$$肥度指数=体重(千克)/体高(厘米)\times 100\%$$

（3）从肉牛体型外貌来判断　利用肉牛各个部位脂肪沉积程度进行判断，主要部位有皮下、颌下、胸垂部、肋腹部、腰部、坐骨端等部位。看胸垂部脂肪的厚度、腹肋部脂肪的厚度、腰部脂肪的厚度、坐骨部脂肪的厚度、下肷部内侧、阴囊部脂肪的厚度。

其判断的标准是：必须有脂肪沉积的部位是否已有脂肪及脂肪量的多少；脂肪不多的部位如坐骨端、腹肋部、腰角部沉积的脂肪是否厚实、均衡。当皮下、胸垂部的脂肪量较多，肋腹部、坐骨端、腰部沉积的脂肪较厚时，即已达到育肥最佳结束期。

经验之三十五：肉牛圈养育肥实用技术

1. 优良品种是关键

当前国内肉牛较好的品种首推西门塔尔、夏洛莱、利木赞、南德温等改良杂交品种。改良后的第二代、第三代品种肉牛具有适应性强、耐粗饲、易育肥、增重快、屠宰率高等本地土杂牛不能相比的诸多优点。因此，选择优良品种是关键。其次，品种肉牛的增重快慢与其年龄有直接关系，建议引进 1～2 岁的改良品种肉牛为圈养育肥对象。

2. 看相选好牛

如到集市买肉牛时，首先应选购嘴大、鼻孔大、眼有神、体型较长、腿粗、尾巴有力的牛，这样的牛吃得好，健康无病。另外，还要结合毛皮和臀部，要求皮肤轻有弹性，臀的毛皮多而软，一抓一大把，这样的牛长肉多，育肥快、经济效益高。

3. 提供良好的生活环境

牛最适宜的环境温度为 5～21℃。育肥期内尽量为肉牛创造温暖、安静、舒适的生活环境。冬季要保证肉牛牛舍温暖，并保持通风干燥，让牛多晒太阳；夏季防止太阳暴晒，以免中暑，并要保证活动场地阴凉和通风透光。催肥期应固定拴系饲养，一牛拴一桩，固定牛只最好使用短绳，以便减少运动量，降低能量消耗。

4. 冬春两季补脂肪

冬春两季昼夜温差较大，在温度低于 8℃时肉牛上膘多不理想。此时应尽力给其补脂肪，以弥补长势的不足。因脂肪是肉牛供给能量和体内贮存能量的最好形式，而且是脂溶性维生素的溶剂能将维生素A、维生素D、维生素E及胡萝卜素等快速溶解，达到能量的最佳释放效果。因此，在满足肉牛对饲草和精料的基础上，再给其添加少量的脂肪，如动物油、植物油、各种油渣或高油下脚料，会发现冬春两季肉牛的膘情仍较理想。

5. 舔盐砖舔出健壮来

舔盐砖是根据牛的生长发育需要，以食盐为载体，加入钙、磷、碘、铜、锌、锰、铁、硒等适量微量元素，经科学的加工方法而成。将舔盐砖放入食槽内供肉牛自由添食，可有效维持肉牛机体的电解质平衡，促进生长，提高饲料转换报酬，减少营养缺乏，可防治佝偻病、营养性贫血等症。

6. 刷拭牛体促健康

保持牛体卫生，经常刷拭，每天上午、下午定时刷拭牛体1次，促进肌体血液循环，增强食欲，增重快。还可以预防体内、外寄生虫病的发生。

7. 入圈先驱虫增效益

牛在放牧和舍饲过程中，感染寄生虫多，为消除寄生虫对牛体营养的惊夺，肉牛入圈先驱虫。可用伊维菌素（虫克星）驱虫，如用粉剂可拌料喂，每千克体重0.1克。如用针剂，为每千克体重0.2克。

8. 粗粮细喂，科学搭配

充分利用当地饲草资源，牛的主要饲草可以是玉米秸、稻草、麦秸等，并进行青贮或氨化处理，提高利用率。铡草时要求是寸草铡四刀，原则是越细越好，草细牛爱吃，易消化、省饲料。精料喂的数量和品种比例要因时适当掌握。对于新购进的架子牛，要实行过渡期饲养制度。一般都是长时间少喂或不喂精料，如果精料突然饲喂过多，牛容易消化不良，反而长膘慢。因此，刚买来的牛日食量一般在1.5～2千克精料为宜。各种料的比例是：玉米面30%、麦麸60%、豆饼面10%、食盐5～10克，用水化开拌在料内。10天后再逐渐加精料，出栏前半月，精料量加到每头牛日粮5～7千克。冬春两季的料比可适当调剂一下。

9. 充分利用糟渣饲料

酒糟、豆腐渣、糖渣、酱油渣多，产量高，是喂牛的好饲料，要多加以利用。但营养不平衡，特别是单独喂，效果不好，牛容易得消化障碍病和营养缺乏病。只有合理搭配，才会收得好的饲养和增重效果。

10. 喂添加剂促进肉牛增重

（1）尿素　尿素是优质化肥，也是良好蛋白质补充饲料。因为牛的瘤胃中生活着数以亿万计的微生物，能利用尿素分解成牛所需要的菌体蛋白，供牛吸收长肉，可节省部分蛋白质饲料。

（2）瘤胃素　喂牛瘤胃素，主要是降低蛋白质在瘤胃中的降解，增加过瘤胃蛋白质的数量，促进热能和氮的利用率，加快肉牛育肥。

（3）缓冲剂　喂牛缓冲剂，能明显提高牛体营养的代谢，吸收和利用。使用复合缓冲剂育肥肉牛，可使肉牛增重速度提高 12%以上，最高可达 15.04 以上。

（4）稀土饲料　喂牛含稀土的饲料，用量为 0.5%，育肥 100 天，日增重提高 33.32%，饲料消耗减少 2.73 千克，降低饲养费用 32.42%，大有应用的必要。

经验之三十六：要定期给牛修蹄

牛的蹄角质每日以 0.6 厘米的平均速度不断生长，目前养牛业又以舍饲为主，蹄角质合理磨灭不足，养殖者如果忽视修蹄，会导致牛的蹄病发病率升高。牛得了蹄病后会出现运动障碍，严重者引起软组织病变而疼痛。这些不良刺激将导致消化紊乱，而且蹄病本身又降低了母牛的利用年限。90%以上的牛跛行是由蹄匣异常而引起的，修蹄的目的是包括去除过度生长的角质、复原蹄趾间的均匀负重和去除蹄趾损伤。可见定期对牛修蹄可以大幅度降低牛跛行现象的发生。因此，每年应定期进行 2 次的修蹄工作，可有效预防牛蹄变形，使牛蹄处于自然良好的形态，蹄的构造机能得到充分发挥，非常有利于牛全身的血液循环和代谢。牛的运动良好，采食量大，消化功能增强，是增强牛体质、延长母牛生产利用年限、增强繁殖力的一项重要措施。

1. 修蹄的时机

① 每年的春、秋季节，春季具体时间安排在土地返浆之后、雨季到来之前。过早修蹄气温低，蹄角质坚硬修蹄困难；过晚修蹄，天热雨水多，修后不易护理，易于感染。

② 全群普查或干乳后和产犊后。

③ 平时观察发现牛腿站立不直、膝盖弯曲、换蹄不利索、与平时站立姿势不对等现象，可以判断牛蹄有问题，此时就要立即进行修蹄。

2. 修蹄工具准备

修剪牛蹄的准备工具有角磨机、蹄锉、修蹄钳、L刀、钩刀和专用的修蹄固定架或修蹄车（图4-4）等。还有清洗创伤的药品和消毒的药品等。

3. 牛的保定

牛的保定方法很多，如简易牛床位保定（图4-5）、柱栏保定和“8”字形保定等，适合于养牛数量不多的小规模养殖者户。对于规模较大的牧场，建议采用修牛蹄车，修蹄车操作简单，保定效果好，效率高。牛胆小，操作时不可粗暴、吆喝，保持牛群安静，消除牛对人的警惕心理，这样为将来的保定打下良好的基础，使牛有适应性。

图4-4　修蹄车

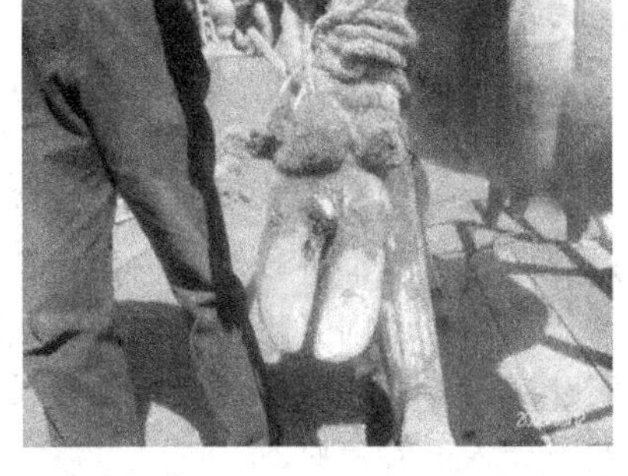

图4-5　人工简易固定修蹄

牛保定需要注意的问题如下。

① 首先保证工作人员安全，先问清牛有无顶撞、踢踏人的恶癖。保定时要赶走旁边牛群，以防止惊群引起的不良后果。

② 简易保定适用于性情温顺、体躯相对较小、无恶癖的牛。简单易行，省时省力；柱栏保定适用于体躯大、性情暴躁、人不易接近的牛，从而克服了体重过大不易提举肢蹄的困难，在使用吊带和压带的情况下，还可避免牛的保定不适造成的踢蹴和骚动。另外由于牛和马相比，牛悬韧带为骨中间肌，马则为腱质的悬韧带。牛站立时易疲劳，不能长期站立．因而可以用吊带帮助牛减轻体重，使它有一种舒适感；“8”字形保定是用一结实软绳在两后肢跗关节胫部做“8”字形缠绕，将两后肢固定在一起，该方法被挤奶工人和临床广泛使用；修蹄车则适用于任何修蹄的牛。

③ 在固定牛时须注意保护牛，注意腹带固定的位置，后腹带应固定在牛的髋骨后上方，同时，要注意避开乳房，防止腹带损伤胎儿和乳头。

④ 修蹄切勿拖延时间，以防牛被绑定在修蹄架时间过长，牛腿麻痹，无法承受身体重量导致瘫痪。如果牛暂时无法站立，可以使用适度刺激，协助牛站立。

4. 修剪牛蹄

牛被绑定之后，修剪牛蹄前应先要对蹄部和趾缝间认真清洁，这样有利于对趾缝的检查和修剪牛蹄。然后给牛蹄做检查，主要是测量蹄甲的长度。蹄甲是指从脚趾变硬的部位开始到脚趾末端。判断蹄甲长度的标准是：正常牛前蹄甲长为 7.5～8.5 厘米，后蹄甲长为 8～9 厘米，蹄底厚度为 5～7 厘米。修剪牛蹄工作可归纳为五大步骤。

第一步：去除过长的硬蹄甲。蹄甲前端过长的硬蹄甲需要使用专业的修蹄钳去除。修蹄钳要沿着垂直蹄底的方向进行操作，随着去除过程向蹄踵的推进，钳子的使用角度应逐渐变浅。

第二步：削去蹄趾间多余角质层。牛蹄如果长期不进行修整，蹄底趾缝间有可能堆积起过多的角质层，影响牛蹄的健康。可以用修蹄刀削去多余的角质。

第三步：平衡蹄底。牛蹄的负重面包括蹄底部和蹄甲，两蹄瓣的负重面应保持平整，并处在同一水平面上，可以借助打磨机将蹄底修平。

第四步：修蹄弓。修整出正确的蹄弓是重新建立牛肢蹄平衡系统的基础。同时，正常的蹄弓可以减少粪便、污物附着在蹄部。用钩刀沿蹄甲内侧修出蹄弓，使其内侧趾和外侧趾保持在同一平面上。修出蹄弓后可以使用修蹄刀的刀柄横在两蹄瓣间或贴在蹄甲侧壁上检查蹄弓表面的平整程度。

第五步：治疗。去除疏松和有暗道的角质层。修蹄经常需要使用钩刀去除蹄踵部分的角质层，这样就可以在不影响和不减少负重面的条件下去除蹄踵部位疏松的角质层。应将趾后方尽量削低，除去蹄底球部和蹄壁的松脱角质，削薄角质缘，并使平缓过渡。

① 淤血面：修蹄时要注意，在蹄底经常会遇到有小块出血面，就是所谓的淤血面。如果牛蹄出现淤血面，这表明蹄瓣已受损伤，这种情况一般与过度负重或蹄底溃疡有关，可用钩刀前端的卷曲部位抠挖去除。

② 粉蹄：粉蹄是由于钙磷比例失衡等原因引起角质疏松，蹄底变质呈粉末状。用抠挖的方法去除粉末角质。使用修蹄刀前端的卷曲部位进行抠挖。

③ 漏蹄：如果粉蹄没有得到及时修理，尿液进入蹄匣和新生角质部分之间，就会导致内部感染，产生腐败物，从蹄底渗漏出来，这就是漏蹄。可以用抠挖的方法去除漏蹄中的腐败物。用修蹄刀前端的卷曲部分进行抠挖。

④ 发生角质病灶：创内真皮因受到刺激而增生，如果突出明显而基部狭小，可用锋刀将肉芽组织整个切除。

5. 注意事项

① 修牛蹄时，对肉牛必须保定，怀孕前 3 个月或怀孕后期的母牛不适宜修蹄，以免发生流产。

② 跛行病牛修蹄时应先修病蹄，由于一肢跛行，健肢的外侧趾必然过度负重，因患趾常呈减负或免负体重，健肢的负重将会持续。为保证健肢的良好功能，应对其进行功能性修蹄。如跛行严重，健肢不能提起，置病牛于清洁、干燥、松软地面的舍饲环境，加速病愈，等跛行减轻，再尽快给健肢修蹄。若修蹄后数日或 1 周，跛行无明显

改善反而加剧，应对有关趾详细检查。

③ 尽量少削内侧趾。使内侧趾尽量高，使两趾等高。在牛站立时，蹄面要与趾骨、长轴的角度合适。

④ 蹄底应向轴侧倾斜，即轴侧较为凹陷，在趾的后半部，越靠近趾间隙，倾斜度也应越大。

⑤ 完成修蹄后的牛，应将其置于清洁、干燥的圈舍内，从而保证牛蹄部的清洁，防止感染。刚修过蹄的牛由于蹄部角质脆弱，所以在最初的两周内不应长时间在水泥地面上走动。

经验之三十七：给牛做标记常用的方法

1. 耳标法

分圆形和长形 2 种耳标。后者是先在金属的耳标上打上号码，再用耳标钳把耳标夹在牛耳上缘的适当地方。夹耳标时，应注意不要使耳标压住牛耳朵的边缘，以免被压部分发生坏死，而使耳标脱落。给小牛戴耳标时，应留适当的空隙，以备生长。

2. 截耳法

用特制的耳号钳，在牛的左、右两耳边缘打上缺口，以表示号码。例如，右耳上缘的 1 个缺口代表 1，左耳与此相对的缺口代表 10；右耳下缘的 1 个缺口代表 3，左耳与此相对的缺口代表 30；右耳尖端的缺口代表 100，左耳与此相对的缺口代表 200；右耳中央的一个圆圈代表 400，左耳与此相对的圆圈代表 800 等。

3. 角部烙字法

用特制的烙印烧红后，在角上烙号。牛在 2 个月～2.5 个月时，就可在角上烙号。如果烙得均匀平坦，而牛角又不脱皮，则角上号码可永不磨灭。

4. 刺墨法

此法在犊牛生后就可进行。在犊牛耳朵内部用针刺上号码，作为标记。先将犊牛右耳里边用热水洗净，擦干后取适当的数字号码（由针组成），嵌入特制的黥耳钳内，在右耳内部进行穿刺，在穿刺处涂以黑色的墨汁或煤烟酒精溶液，伤口长好后即可显出明显的号码。

5. 冷冻烙号法

冷冻烙号是给牛做永久标记的一项新技术。它是利用液态氮在牛皮肤上进行超低温烙号，能破坏皮肤中生产色素的色素细胞，而不至于损伤毛囊。以后烙号部位长出来的新毛是白色的，清晰明显，极易识别，永不消失；操作简便，对皮肤损伤少，牛体无痛感。在当前养牛业广泛开展冻精配种的情况下，液态氮经常使用，为推行冷冻烙号法创造了有利条件。

经验之三十八：高档牛肉生产技术

高档牛肉是指通过选用适宜的肉牛品种，采用特定的育肥技术和分割加工工艺，生产出肉质细嫩多汁、肌肉内含有一定量脂肪、营养价值高、风味佳的优质牛肉。虽然高档牛肉占胴体的比例约12%，但价格比普通牛肉高10倍以上。因此，生产高档雪花牛肉是提高养牛业生产水平，增加经济效益的重要途径。肉牛的产肉性能受遗传基因、饲养环境等因素影响，要想培育出优质高档肉牛，需要选择优良的品种，创造舒适的饲养环境，遵循肉牛生长发育规律，进行分期饲养、强度育肥、适龄出栏，最后经独特的屠宰、加工、分割处理工艺，方可生产出优质高档牛肉。

一、 技术要点

1. 育肥牛的选择

（1）品种选择　我国一些地方良种如秦川牛、鲁西黄牛、南阳牛、晋南牛、延边牛、复州牛等具有耐粗饲、成熟早、繁殖性能强、肉质细嫩多汁、脂肪分布均匀、大理石纹明显等特点，具备生产高档牛肉的潜力。以上述品种为母本与引进的国外肉牛品种杂交，杂交后代经强度育肥，不但肉质好，而且增重速度快，是目前我国高档肉牛生产普遍采用的品种组合方式。但是，具体选择哪种杂交组合，还应根据消费市场而决定。若生产脂肪含量适中的高档红肉，可选用西门塔尔、夏洛莱和皮埃蒙特等增重速度快、出肉率高的肉牛品种与国内地方品种进行杂交繁育；若生产符合肥牛型市场需求的雪花牛肉，则可选择安格斯或和牛等作父本，与早熟、肌纤维细腻、胴体脂肪分布均匀、大理石花纹明显的国内优秀地方品种，如秦川牛、鲁西牛、延边牛、渤海黑牛、复州牛等进行杂交繁育。

（2）良种母牛群组建　组建秦川牛、鲁西牛等地方品种的母牛群，选用适应性强、早熟、产犊容易、胴体品质好、产肉量高、肌肉大理石花纹好的安格斯牛、和牛等优秀种公牛冻精进行杂交改良，生产高档肉牛后备牛。

（3）年龄与体重　选购育肥后备牛年龄不宜太大，用于生产高档红肉的后备牛年龄一般在7～8月龄，膘情适中，体重在200～300千克较适宜。用于生产高档雪花牛肉的后备牛年龄一般在4～6月龄，膘情适中，体重在130～200千克比较适宜。如果选择年龄偏大、体况较差的牛育肥，按照肉牛体重的补偿生长规律，虽然在饲养期结束时也能够达到体重要求，但最后体组织生长会受到一定影响，屠宰时骨骼成分较高，脂肪成分较低，牛肉品质不理想。

（4）性别要求　公牛体内含有雄性激素是影响生长速度的重要因素，公牛去势前的雄性激素含量明显高于去势后，其增重速度显著高于阉牛。一般认为，公牛的日增重高于阉牛10%～15%，而阉牛高于母牛10%。就普通肉牛生产来讲，应首选公牛育肥，其次为阉牛和母牛。但雄性激素又强烈影响牛肉的品质，体内雄性激素越少，肌肉就越细腻，嫩度越好，脂肪就越容易沉积到肌肉中，而且牛性情变得温顺，便于饲养管理。因此，综合考虑增重速度和牛肉品质等因素，用于生产高档红肉的后备牛应选择去势公牛；用于生产高档雪花牛肉的后备牛应首选去势公牛，母牛次之。

2. 育肥后备牛培育

（1）犊牛隔栏补饲　犊牛出生后要尽快让其吃上初乳。出生7日龄后，在牛舍内增设小牛活动栏与母牛隔栏饲养，在小犊牛活动栏内设饲料槽和水槽，补饲专用颗粒料、铡短的优质青干草和清洁饮水；每天定时让犊牛吃奶并逐渐增加饲草料量，逐步减少犊牛吃奶次数。

（2）早期断奶　犊牛4月龄左右，每天能吃精饲料2千克时，可与母牛彻底分开，实施断奶。

(3) 育成期饲养　犊牛断奶后，停止使用颗粒饲料，逐渐增加精料、优质牧草及秸秆的饲喂量。充分饲喂优质粗饲料对促进内脏、骨骼和肌肉的发育十分重要。每天可饲喂优质青干草2千克、精饲料2千克。6月龄开始可以每天饲喂青贮饲料0.5千克，以后逐步增加饲喂量。

3. 高档肉牛饲养

(1) 育肥前准备

① 从外地选购的犊牛，育肥前应有7～10天的恢复适应期。育肥牛进场前应对牛舍及场地清扫消毒，进场后先喂点干草，再及时饮用新鲜的井水或温水，日饮2～3次，切忌暴饮。按每头牛在水中加0.1千克人工盐或掺些麸皮效果较好。恢复适应后，可对后备牛进行驱虫、健胃、防疫。

② 去势：用于生产高档红肉的后备牛去势时间以10～12月龄为宜，用于生产高档雪花牛肉的后备牛去势时间以4～6月龄为宜。应选择无风、晴朗的天气，采取切开去势法去势。手术前后碘酊消毒，术后补加一针抗生素。

③ 称重、分群：按性别、品种、月龄、体重等情况进行合理分群，佩戴统一编号的耳标，做好个体记录。

(2) 育肥牛饲料原料　肉牛饲料分为两大类，即精饲料和粗饲料。精饲料主要由禾本科和豆科等作物的籽实及其加工副产品为主要原料配制而成，常用的有玉米、大麦、大豆饼（粕）、棉籽饼（粕）、菜籽饼（粕）、小麦麸皮、米糠等。精饲料不宜粉碎过细，粒度应不小于“大米粒”大小，牛易消化且爱采食。粗饲料可因地制宜，就近取材。晒制的干草，收割的农作物秸秆如玉米秸、麦秸和稻草，青绿多汁饲料如象草、甘薯藤、青玉米以及青贮料和糟渣类等，都可以饲喂肉牛。

(3) 育肥期饲料营养

① 高档红肉生产育肥：饲养分前期和后期两个阶段。

a. 前期（6～14月龄）：推荐日粮为粗蛋白质为14%～16%，可消化能3.2～3.3兆卡/千克，精料干物质饲喂占体重的1%～1.3%，粗饲料种类不受限制，以当地饲草资源为主，在保证限定的精饲料采食量的条件下，最大限度供给粗饲料。

b. 后期（15～18月龄）：推荐日粮为粗蛋白质为11%～13%，可消化能3.3～3.6兆卡/千克，精料干物质饲喂量占体重的1.3%～1.5%，粗饲料以当地饲草资源为主，自由采食。为保证肉品风味，后期出栏前2月内的精饲料中玉米应占40%以上，大豆粕或炒制大豆应占5%以上，棉粕（饼）不超过3%，不使用菜籽饼（粕）。

② 大理石花纹牛肉生产育肥：饲养分前期、中期和后期3个阶段。

a. 前期（7～13月龄）：此期主要保证骨骼和瘤胃发育。推荐日粮为粗蛋白质12%～14%，可消化能3～3.2兆卡/千克，钙0.5%，磷0.25%，维生素A 2000国际单位/千克。精料采食量占体重1%～1.2%，自由采食优质粗饲料（青绿饲料、青贮等），粗饲料长度不低于5厘米。此阶段末期牛的理想体型是无多余脂肪、肋骨开张。

b. 中期（14～22月龄）：此期主要促进肌肉生长和脂肪发育。推荐日粮为粗蛋白质14%～16%，可消化能3.3～3.5兆卡/千克，钙0.4%，磷0.25%。精料采食量占体重1.2%～1.4%，粗饲料宜以黄中略带绿色的干秸秆（麦秸、玉米秸、稻草、采种后的干牧草等）为主，日采食量在2～3千克/头，长度3～5厘米。不饲喂青贮玉米、苜蓿干草。此阶段牛外貌的显著特点是身体呈长方形，阴囊、胸垂、下腹部脂肪呈浑圆态势发展。

c. 后期（23～28月龄）：此期主要促脂肪沉积。推荐日粮为粗蛋白质11%～13%，可消化能3.3～3.5兆卡/千克，钙0.3%，磷0.27%。精料采食量占体重1.3%～1.5%，粗饲料以黄色干秸秆（麦秸、玉米秸、稻草、采种后的干牧草等）为主，日采食量在1.5～2千克/头，长度3～5厘米。为了保证肉品风味、脂肪颜色和肉色，后期精饲料原料中应含25%以上的麦类、8%以上的大豆粕或炒制大豆，棉粕（饼）不超过3%，不使用菜籽饼（粕）。此阶段牛体呈现出被毛光亮、胸垂、下腹部脂肪浑圆饱满的状态。

（4）育肥期管理

① 小围栏散养：牛在不拴系、无固定床位的牛舍中自由活动。根据实际情况每栏可设定70～80平方米饲养6～8头牛，每头牛占有

6～8平方米的活动空间。牛舍地面用水泥抹成凹槽形状以防滑，深度1厘米，间距3～5厘米；床面铺垫锯末或稻草等廉价农作物秸秆，厚度10厘米，形成软床，躺卧舒适，垫料根据污染程度1个月左右更换1次。也可根据当地条件采用干沙土地面。

② 自由饮水：牛舍内安装自动饮水器或设置水槽，让牛自由饮水。饮水设备一般安装在料槽的对面，存栏6～10头的栏舍可安装两套，距离地面高度为0.7米左右。冬季寒冷地区要防止饮水器结冰，注意增设防寒保温设施，有条件的牛场可安装电加热管，冬天气温低时给水加温，保证流水畅通。

③ 自由采食：育肥牛日饲喂2～3次，分早、中、晚3次或早、晚2次投料，每次喂料量以每头牛都能充分得到采食，而到下次投料时料槽内有少量剩料为宜。因此，要求饲养人员平时仔细观察育肥牛采食情况，并根据具体采食情况来确定下一次饲料投入量。精饲料与粗饲料可以分别饲喂，一般先喂粗饲料，后喂精饲料；有条件的也可以采用全混合日粮（TMR）饲养技术，使用专门的全混合日粮（TMR）加工机械或人工掺拌方法，将精粗饲料进行充分混合，配制成精、粗比例稳定和营养浓度一致的全价饲料进行喂饲。

④ 通风降温：牛舍建造应根据肉牛喜干怕湿、耐冷怕热的特点，并考虑南方和北方地区的具体情况，因地制宜设计。一般跨度与高度要足够大，以保证空气充分流通同时兼顾保温需要，建议单列舍跨度7米以上，双列舍跨度12米以上，牛舍屋檐高度达到3.5米。牛舍顶棚开设通气孔，直径0.5米，间距10米左右，通气孔上面设有活门，可以自由关闭；夏季牛舍温度高，可安装大功率电风扇，风机安装的间距一般为10倍扇叶直径，高度为2.4～2.7米，外框平面与立柱夹角30°～40°，要求距风机最远牛体风速能达到约1.5米/秒。南方炎热地区可结合使用舍内喷雾技术，夏季防暑降温效果更佳。

⑤ 刷拭、按摩牛体：坚持每天刷拭牛体1次。刷拭方法是饲养员先站在左侧用毛刷由颈部开始，从前向后，从上到下依次刷拭，中后躯刷完后再刷头部、四肢和尾部，然后再刷右侧。每次3～5分钟。刷下的牛毛应及时收集起来，以免让牛舔食而影响牛的消化。有条件的可在相邻两圈牛舍隔栏中间位置安装自动万向按摩装置，高度为1.4米，可根据牛只喜好随时自动按摩，省工省时省力。

（5）适时出栏　用于高档红肉生产的肉牛一般育肥10～12个月、体重在500千克以上时出栏。用于高档雪花牛肉生产的肉牛一般育肥25个月以上、体重在700千克以上时出栏。高档肉牛出栏时间的判断方法主要有两种。

① 从肉牛采食量来判断：育肥牛采食量开始下降，达到正常采食量的10%～20%；增重停滞不前。

② 从肉牛体型外貌来判断：通过观察和触摸肉牛的膘情进行判断，体膘丰满，看不到外露骨头；背部平宽而厚实，尾根两侧可以看到明显的脂肪突起；臀部丰满平坦，圆而突出；前胸丰满，圆而大；阴囊周边脂肪沉积明显；躯体体积大，体态臃肿；走动迟缓，四肢高度张开；触摸牛背部、腰部时感到厚实，柔软有弹性，尾根两侧柔软，充满脂肪。

高档雪花肉牛屠宰后胴体表覆盖的脂肪颜色洁白，胴体表脂覆盖率80%以上，胴体外形无严重缺损，脂肪坚挺，前6～7肋间切开，眼肌中脂肪沉积均匀。

二、特点

① 高档肉牛生产要注重育肥牛的选择，应根据生产需要选择适宜的品种、月龄和体重的育肥牛，公牛育肥应适时进行去势处理。

② 采取高营养直线强度育肥，精饲料占日粮干物质60%以上，育肥后期应达到80%左右，育肥期10个月以上，出栏体重达到500千克以上，为了保证肉品风味以及脂肪颜色，后期精饲料原料中应含25%以上的麦类。

③ 要加强日常饲养管理，采取小围栏散养、自由采食、自由饮水、通风降温、刷拭按摩等技术措施，营造舒适的饲养环境，提高动物福利，有利于肉牛生长和脂肪沉积，提高牛肉品质。

三、成效

① 经济效益显著：据测算，购买1头6～7月龄的安秦杂犊牛，平均体重210千克左右，价格为5000～6000元，经过20个月左右的育肥，出栏体重700千克以上，屠宰率62%、净肉率56%以上，售价约为4万元，每头肉牛可获利1万元以上。

② 高档肉牛生产集中体现了畜禽良种化、养殖设施化、生产规

范化、防疫制度化等标准化生产要求，优化集成了多项技术，大大提高了肉牛养殖科学化、集约化、标准化水平。

③ 针对目前养牛业面临能繁母牛存栏持续减少，育肥牛源日趋短缺的严峻形势，适度发展高档肉牛生产，延长育肥时间，提高出栏体重，可充分挖掘肉牛生产潜力，有效节约和利用肉牛资源，增加产肉量，满足日益增长的市场消费需要。如出栏1头活重为500千克的肉牛，大约可出净肉240千克，而出栏1头活重为750千克的肉牛，可出净肉达380千克，每头育肥牛能增加产肉量140千克。

第五章　防病与治病

经验之一：养牛场怎样防止传染病传入?

1. 牛场布局要利于防疫

牛场的位置要远离交通要道和工厂、居民区，周围应筑围墙，甚至挖一定深度和宽度的围沟。和平区与办公区和生活区分开。生产区和牛舍入口处应设置消毒池。贮粪场和兽医室、病牛舍应设在距牛舍200米以外的下风向。

2. 坚持自繁自养

牛场或养牛户应有计划地实行本场繁殖、本场饲养，避免从外地引进病畜，以免带入传染病。

3. 引进牛时要检疫

必须买牛时，一定要从非疫区购买。购买前须经当地兽医部门检疫，签发检疫证明书。对购入的牛，进行全身消毒和驱虫后，方可引入场内，进场后，仍应隔离于200～300米以外的地方单独饲养，观察1个月，确认健康无疾病后，再并群饲养。引入育肥牛时，对口蹄疫、结核病、布氏杆菌病、副结核病和牛传染性胸膜肺炎进行检疫。

4. 建立系统的防疫制度

① 谢绝无关人员进入牛场。必须进入者，须换鞋和穿戴工作服、帽。场外车辆、用具等不准进入场内。

② 不从疫区和市场上购买草料。

③ 本场工作人员进入生产区，也得更换工作服和鞋、帽。

④ 场内职工不得饲养任何自留牲畜或鸡鸭鹅猫狗等动物。

⑤ 牛场全体员工每年必须进行一次健康检查，发现结核病、布

氏杆菌病及其他传染病的患病的患者，应及时调离生产区，不得饲养牲畜。新来员必须进行健康检查，证实无结核病与其他传染病时才能上岗工作。

⑥ 不允许在生产区内宰杀或解剖牛，不把生肉带入生产区或牛舍。不得用未经煮沸的殘羹剩饭喂牛。

⑦ 消毒池的消毒药水要定期更换，保持有效浓度，一切人员进出门口时，必须从消毒池上通过。

⑧ 结合本地实际情况，合理适时地进行驱虫，一般春秋两季进行1次全群驱虫，常用驱虫药应用阿维菌素或伊维菌素粉针剂，按说明进行喂服或注射。

⑨ 按照牛的免疫程序，合理准确地进行免疫。

⑩ 粪便、污物进行无害化处理。粪便与污物含有大量病菌及虫卵，是各种传染病与寄生虫病发生的主要原因，所以，粪便与污物应集中并加入消毒剂堆积发酵，经过高温杀灭病源微生物及虫卵、以有效地防止各种传染病、寄生虫病的发生。

5. 消灭老鼠和蚊蝇等吸血昆虫

蚊、蝇等吸血性昆虫是传染病的媒介，因此，每周应用卫害净药物对牛舍进行喷洒，消灭蚊蝇、消灭老鼠，切断传播途径，保证牛群正常生长。

经验之二：肉牛场消毒绝不是可有可无

消毒是养牛场最常见的工作之一。保证养牛场消毒效果可以节省大量用于疾病免疫、治疗方面的费用。随着养牛业发展趋于集约化、规模化，养牛人必须充分认识到养牛场消毒的重要性。

但是很多养牛场经营者还对此认识不足，主要存在以下几个方面的问题。一是认为消毒可有可无。有的人认为牛是大型食草家畜，抗病力强，不像鸡那样易受疫病的威胁。消毒措施不全或根本没有。有的做消毒时应付了事，牛舍没有彻底清扫、冲洗干净，就急忙喷洒消毒剂，使消毒剂先与环境中存在的有机物结合，以致对微生物的杀灭作用大为降低，很难达到消毒效果；有的嫌麻烦不愿意做，有的隔三差五做一次。听说周围养牛场有疫情了，就做一做，没有疫情就不做。本场发生传染病了，就集中做几次，时间一长又不坚持做了；有的干脆就不做。有的虽然做了消毒，但结果牛还是得病了，所以就认为消毒没什么作用。二是不知道消毒方法。在消毒方法上，不懂得消毒程序，不知道怎样消毒，以为水冲干净、粪清干净就是消毒。有的养牛场配制消毒剂时任意增减浓度。消毒剂的配比浓度过低，不能杀灭病原微生物。虽然浓度越大对病原微生物杀灭作用越强，但是浓度增大的范围是有限的，不是所有的消毒剂超出限度就能提高消毒效力。因为各种化学消毒剂的化学特性和化学结构不同，对病原微生物的作用也是各不相同。三是不会选择消毒剂。消毒剂单一，不知道根据消毒对象选择合适的消毒剂。有的养牛场长期使用1～2种消毒剂，没有定期更换，致使病原体产生耐药性，影响消毒效果。有的贪图便宜，哪个便宜买哪个，从市场上购进无生产批号、无生产厂家、无生产日期的“三无”消毒剂，使用后不但没达到消毒目的，反而影响生产，造成经济损失。

随着养牛业的发展，牛群的扩大，牛的疾病也逐渐增多，且复杂多样。牛也有易发的常见病和传染病如流行性感冒、口蹄疫。尤其是牛的传染病，如果控制不当不仅会对牛场和专业户的生产带来严重损失，而且直接威胁着人们的健康。特别是在病菌病毒大量生长繁殖的夏、秋季节，更有传染病发生流行的可能性。而做好消毒工作是控制传染病的关键措施之一，绝对不能忽视。因此，切实做好消毒工作是减少经济损失、快速发展牛业的重要环节。

消毒的目的是消灭病原微生物，如果存在病原微生物就有传播的可能，最常见的疾病传播方式是牛与牛之间的直接接触，引入疾病的最大风险总是来自于感染的牛。其他能够传播疾病的方式包括：空气传播，例如来自相邻牛场的风媒传播；机械传播，例如通过车辆、机械和设备传播；人员，通过鞋和衣物；鸟、鼠、昆虫以及其他动物（家养、农场和野生）；污染的饲料、水、垫料等。

疾病要想传播，首先必须有足够的活体病原微生物接触到牛。生物安全就是要尽可能减少或稀释这种风险。因此，卫生、清洗消毒就成了生物安全计划不可分割的部分。

因此，一贯的、高水准的清洗消毒是打破某些传染性疾病在场内再度感染的循环周期的有效方式。所以，养牛场必须高度重视消毒工作。

经验之三：养牛场常用的消毒方法

1. 紫外线消毒

紫外线杀菌消毒是利用适当波长的紫外线能够破坏微生物机体细胞中的DNA（脱氧核糖核酸）或RNA（核糖核酸）的分子结构，造成生长性细胞死亡和（或）再生性细胞死亡，达到杀菌消毒的效果。牛场的大门、人行通道可安装紫外线灯消毒，工作服、鞋、帽也可用紫外线灯照射消毒（图5-1）。紫外线对人的眼睛有损害，要注意保护。

图5-1　养殖人员更衣室紫外线消毒

2. 火焰消毒

地面火焰消毒（图5-2）直接用火焰杀死微生物，适用于一些耐高温的器械（金属、搪瓷类）及不易燃的圈舍地面、墙壁和金属笼具的消毒。在急用或无条件用其他方法消毒时可采用此法，将器械放在火焰上烧灼1～2分钟。烧灼效果可靠，但对消毒对象有一定的破坏性。应用火焰消毒时必须注意房舍物品和周围环境的安全。对金属笼具、地面、墙面可用喷灯进行火焰消毒。

图 5-2 地面火焰消毒操作

3. 煮沸消毒

煮沸消毒是一种简单消毒方法。用煮沸消毒器（图 5-3）将水煮沸至 100℃，保持 5～15 分钟可杀灭一般细菌的繁殖体，许多芽孢需经煮沸 5～6 小时才死亡。在水中加入碳酸氢钠至 1%～2%浓度时，沸点可达 105℃，既可促进芽孢的杀灭，又能防止金属器皿生锈。在高原地区气压低、沸点低的情况下，要延长消毒时间（海拔每增高 300 米，需延长消毒时间 2 分钟）。此法适用于饮水和不怕潮湿耐高温的搪瓷、金属、玻璃、橡胶类物品的消毒。

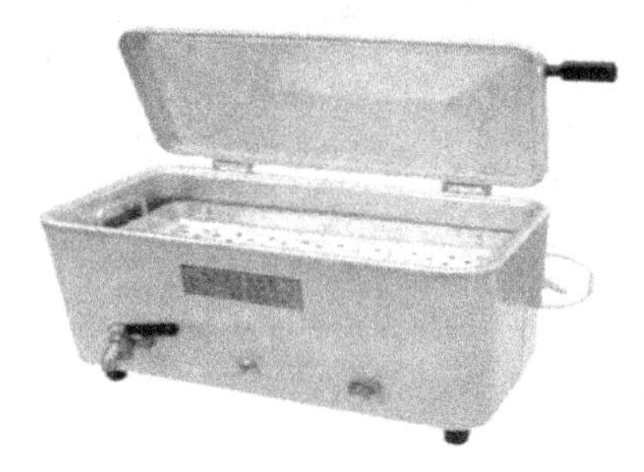

图 5-3 煮沸消毒器

煮沸前应将物品刷洗干净，打开轴节或盖子，将其全部浸入水中。锐利、细小、易损物品用纱布包裹，以免撞击或散落。玻璃、搪瓷类放入冷水或温水中煮；金属橡胶类则待水沸后放入。消毒时间均从水沸后开始计时。若中途再加入物品，则重新计时，消毒后及时取出物品。

4. 喷洒消毒

喷洒消毒此法最常用，将消毒剂配制成一定浓度的溶液，用喷雾器对消毒对象表面进行喷洒，要求喷洒消毒之前应把污物清除干净，因为有机物特别是蛋白质的存在，能减弱消毒剂的作用。顺序为从上

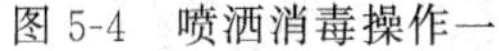

图 5-4 喷洒消毒操作一

图 5-5 喷洒消毒操作二

至下，从里至外。适用于牛舍（图 5-4）、场地（图 5-5）等环境。

5. 生物热消毒

生物热消毒（图 5-6）指利用嗜热微生物生长繁殖过程中产生的高热来杀灭或清除病原微生物的消毒方法。将收集的粪便堆积起来后，粪便中便形成了缺氧环境，粪中的嗜热厌氧微生物在缺氧环境中大量生长并产生热量，能使粪中温度达 60～75℃，这样就可以杀死粪便中病毒、细菌（不能杀死芽孢）、寄生虫卵等病原体。适用于污染的粪便、饲料及污水、污染场地的消毒净化。

6. 焚烧法

焚烧法是一种简单、迅速、彻底的消毒方法，是消灭一切病原微生物最有效的方法，因对物品的破坏性大，故只限于处理传染病动物尸体、污染的垫料、垃圾等。焚烧应在深坑焚烧后填埋（图 5-7）或在专用的焚烧炉（图 5-8）内进行。焚烧时要注意安全，须远离易燃易爆物品，如氧气、汽油、乙醇等。燃烧过程中不得添加乙醇，以免引起火焰上窜而致灼伤或火灾。对牛舍垫料、病牛死尸可进行焚烧处理。

图 5-6 堆肥发酵

图 5-7 深坑焚烧后填埋

图 5-8 焚烧炉焚烧

7. 深埋法

深埋法（图 5-9、图 5-10）是将病死牛、污染物、粪便等与漂白粉或新鲜的生石灰混合，然后深埋在地下 2 米左右之处。

图 5-9 深埋操作一

图 5-10 深埋操作二

8. 高压蒸汽灭菌法

高压蒸汽灭菌是在专门的高压蒸汽灭菌器（图 5-11）中进行的，

是利用高压和高热释放的潜热进行灭菌，是热力灭菌中使用最普遍、效果最可靠边的一种方法。其优点是穿透力强、灭菌效果可靠、能杀灭所有微生物。高压蒸汽灭菌法适用于敷料、手术器械、药品、玻璃器皿、橡胶制品及细菌培养基等的灭菌。

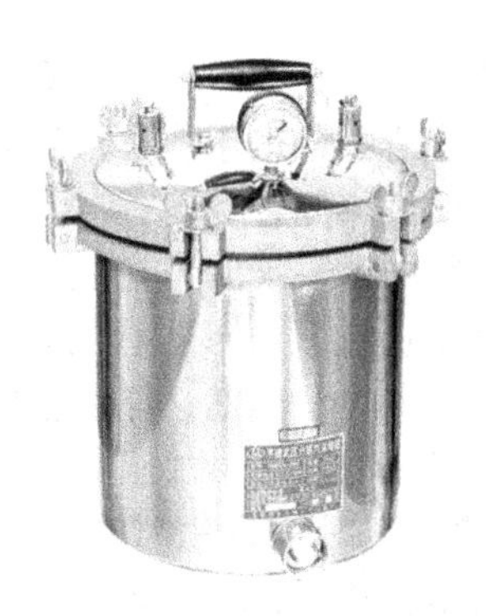

图 5-11　高压蒸汽灭菌器

9. 发泡消毒

发泡消毒法是把高浓度的消毒剂用专用发泡机制成泡沫散布牛舍内面及设施表面。主要用于水资源贫乏地区或为了避免消毒后的污水进入污水处理系统破坏活性污泥的活性以及自动环境控制牛舍，一般用水量仅为常规消毒法的 1/10。

经验之四：养殖场常用消毒剂及选用注意事项

消毒剂是指用于杀灭传播媒介上的微生物使其达消毒或灭菌要求的制剂。人们在消毒实践中，总要选择比较理想的化学消毒剂来使用。作为一个理想的化学消毒剂，应具备：能广谱地杀灭微生物、对畜禽无毒、无腐蚀性，对设备无污染、无腐蚀性，对设备无污染、具有洗涤剂作用、具有稳定性、作用迅速、不会因为有机物的存在而失去活性、能产生所期望的后效作用和廉价等。目前的化学消毒剂中，没有一种能够完全符合上述要求的。因此在使用中，只能根据被消毒物品性质、工作需要及化学消毒剂的性能来选择使用某种消毒剂。

一、常用化学消毒剂分类

常用化学消毒剂根据化学结构可分为碱类、过氧化剂类、卤素类、醇类、酚类、醛类、季铵盐等。

1. 碱类

主要包括氢氧化钠、生石灰等，一般具有较高消毒效果，适用于潮湿和阳光照不到的环境消毒，也用于排水沟和粪尿的消毒，但有一定的刺激性及腐蚀性，价格较低。

（1）氢氧化钠　俗称烧碱、火碱、片碱、苛性钠，为一种具有高腐蚀性的强碱，一般为片状或颗粒形态，易溶于水并形成碱性溶液，另有潮解性，易吸取空气中的水蒸气。能使蛋白质溶解，并形成蛋白化合物。可杀灭病毒、细菌和芽孢，加温为热溶液杀菌作用增加。但对皮肤、纺织品和铝制品腐蚀作用很大。配成2%热溶液，可喷洒消毒圈舍、场所、用具及车辆等。配成3%～5%热溶液，可喷洒消毒被炭疽芽孢污染的地面。消毒圈舍时，应先将畜禽赶（牵）出圈外，以半天时间消毒后，将消毒过的饲槽、水槽、水泥或木板圈地用清水冲洗后，再让畜禽进入。

（2）生石灰　又称氧化钙，为白色或灰白色块状或粉末，无臭，主要成分为氧化钙，易吸水，遇水生成氢氧化钙起消毒作用。氢氧根离子对微生物蛋白质具有破坏作用，钙离子也使细菌蛋白质变性而起到抑制或杀灭病原微生物的作用。生石灰加水生成的氢氧化钙对大多数细菌的繁殖体有效，但对细菌的芽孢和抵抗力较强的细菌如结核杆菌无效。因此常用于地面、墙壁、粪池和粪堆以及人行通道或污水沟的消毒。10%～20%石灰乳可用于涂刷墙壁、消毒地面。10%～20%的石灰乳配制方法是：取生石灰5千克加水5千克，待其化为糊状后，再加入40～45千克水搅拌均匀后使用。需现配现用。

2. 过氧化剂类

主要有双氧水、高锰酸钾、过氧化氢等。

（1）双氧水　也称过氧化氢溶液，在接触创面时，因分解迅速而产生大量气泡，机械松动脓块、血块、坏死组织及组织粘连的敷料，有利于清除创面，去除痂皮，尤其对厌氧菌感染的创面更有效。同时还具有除臭和止血作用。冲洗口腔或阴道黏膜用0.3%～1%溶液；

冲洗化脓创、恶臭面、溃疡和烧伤等用1%～3%溶液。

（2）高锰酸钾　为紫红色结晶体，易溶于水，溶液呈紫红色。由于容易氧化，不能久置不用，最好临用前配制成1∶5000溶液。它是一种强氧化剂，对有机物的氧化作用、抗菌作用均是表浅而短暂的。低浓度高锰酸钾溶液（0.1%）可杀死多数细菌的繁殖体，高浓度时（2%～5%）在24小时内可杀死细菌芽孢。在酸性条件下可明显提高杀菌作用，如在1%的高锰酸钾溶液中加入1%盐酸，30秒即可杀死许多细菌芽孢。常用于饮水消毒（0.1%）、与甲醛配合熏蒸消毒、化脓性皮肤病、慢性溃疡，浸泡或湿敷。注意如果配制的溶液太浓，呈深紫色，或未充分溶解，仍有小颗粒状的高锰酸钾，用在皮肤或创面上，常造成皮肤灼伤，呈点状坏死性棕黑色点状斑。因此应用时必须稀释至浅紫色，且不能久存。

预防感染用0.05%～0.2%的高锰酸钾溶液冲洗机体表面的啄伤、扎伤、溃疡的伤口，可促进愈合。

饲具消毒用0.05%的高锰酸钾溶液，既可对饮水器、食槽等饲具进行浸泡消毒，也可用作青绿饲料、入孵种蛋的浸泡消毒。

（3）过氧乙酸　又名过醋酸，无色透明，有强烈的刺激性醋酸气味的液体。溶于水、乙醇、甘油、乙醚。水溶液呈弱酸性。加热至110℃强烈爆炸。产品通常为32%～40%乙酸溶液。过氧乙酸是强氧化剂，易挥发，并有强腐蚀性。

为高效、速效、低毒、广谱杀菌剂，对细菌繁殖体、芽孢、病毒、霉菌均有杀灭作用。作为消毒防腐剂，其作用范围广，使用方便，对畜禽刺激性小，除金属外，可用于大多数器具和物品的消毒，常用作带畜禽消毒，也可用于饲养人员手臂的消毒。市售消毒用过氧乙酸多为20%浓度的制剂。

① 浸泡消毒：0.04%～0.2%溶液用于饲养用具和饲养人员手臂消毒。

② 空气消毒：可直接用20%成品，每立方米空间1～3毫升。最好将20成品稀释成4%～5%溶液后，加热熏蒸。

③ 喷雾消毒：5%浓度，对室内和墙壁、地面、门窗、笼具等表面进行喷洒消毒。

④ 带牛消毒：0.3%浓度用于带牛消毒，每立方米30毫升。

⑤ 饮水消毒：每升水加20%过氧乙酸溶液1毫升，让畜禽饮服，30分钟用完。

3. 卤素类

氟化钠对真菌及芽孢有强大的杀菌力，1%～2%的碘酊常用作皮肤消毒，碘甘油常用于黏膜的消毒。细菌芽孢比繁殖体对碘还要敏感2～8倍。还有漂白粉、碘酊、氯胺等。

（1）漂白粉　漂白粉是氢氧化钙、氯化钙和次氯酸钙的混合物，其主要成分是次氯酸钙，有效氯含量为30%～38%。漂白粉为白色或灰白色粉末或颗粒，有显著的氯臭味，很不稳定，吸湿性强，易受光、热、水和乙醇等作用而分解。漂白粉溶解于水，其水溶液可以使石蕊试纸变蓝，随后逐渐褪色而变白。遇空气中的二氧化碳可游离出次氯酸，遇稀盐酸则产生大量的氯气。国家规定漂白粉中有效氯的含量不得少于25%。

广泛使用漂白粉作为杀菌消毒剂，价格低廉、杀菌力强、消毒效果好。如用于饮用水和果蔬的杀菌消毒，还常用于游泳池、浴室、家具等设施及物品的消毒，还可用于废水脱臭、脱色处理上。在畜禽生产上一般用于饮水、用具、墙壁、地面、运输车辆、工作胶鞋等消毒。

（2）碘伏　别名强力碘。碘伏是单质碘与聚乙烯吡咯烷酮的不定型结合物。聚乙烯吡咯烷酮可溶解分散9%～12%的碘，此时呈现紫黑色液体。但医用碘伏通常浓度较低（1%或以下），呈现浅棕色。碘伏具有广谱杀菌作用，可杀灭细菌繁殖体、真菌、原虫和部分病毒。可用于畜禽舍、饲槽、饮水等的消毒。也可用于手术前和其他皮肤的消毒、各种注射部位皮肤消毒、器械浸泡消毒等。

4. 醇类

75%乙醇常用于皮肤、工具、设备、容器的消毒。

乙醇又称酒精，为无色透明的液体，易挥发、易燃烧，应在冷暗处避火保存。乙醇主要通过使细菌菌体蛋白质凝固并脱水而发挥杀菌或抑菌作用。以70%～75%乙醇杀菌力最强，可杀死一般病原菌的繁殖体，但对细菌芽孢无效。浓度超过75%时，由于菌体表层蛋白迅速凝固而妨碍乙醇向内渗透，杀菌作用反而降低。

乙醇对组织有刺激作用，浓度越大刺激性越强。因此，用本品涂擦皮肤，能扩张局部毛细血管，增强血液循环，促进炎性渗出物的吸收，减轻疼痛。常用70%～75%乙醇用于皮肤、手臂、注射部位、注射针头及小件医疗器械的消毒，不仅能迅速杀灭细菌，还具有清洁局部皮肤、溶解皮脂的作用。

5. 酚类

有苯酚、鱼石脂、甲酚等，消毒能力较强，但具有一定的毒性、腐蚀性，污染环境，价格也较高。

（1）复合酚　本品为深红褐色黏稠液，有特臭。消毒防腐药，能有效杀灭口蹄疫病毒，猪水泡病毒及其他多种细菌、真菌、病毒等致病微生物。用于畜禽养殖专用，用于畜禽圈舍、器具、场地排泄物等消毒。对皮肤、黏膜有刺激性和腐蚀性；不可与碘制剂合用；碱性环境、脂类、皂类等能减弱其杀菌作用。

苯酚为原浆毒。0.1%～1%溶液有抑菌作用；1%～2%溶液有杀灭细菌和真菌作用，5%溶液可在48小时内杀死炭疽芽孢。该品一般配成2%～5%溶液用于用具、器械和环境等的消毒。

（2）鱼石脂　内服为胃肠制酵药。外用对局部有消炎、消肿和促进肉芽生长等功效。用于慢性皮炎、蜂窝织炎等。

（3）来苏儿　又称煤酚皂液、甲酚皂液。为黄棕色至红棕色的黏稠澄清液体，有甲酚的臭味，能溶于水和甲醇中，含甲酚50%。甲酚是邻、间、对甲苯酚的混合物。杀菌力强于苯酚2倍，对大多数病原菌有强大的杀灭作用，也能杀死某些病毒及寄生虫，但对细菌的芽孢无效。对机体毒性比苯酚小。与苯酚相比，甲酚杀菌作用较强，毒性较低，价格便宜，应用广泛。但来苏儿有特异臭味，不宜用于肉、蛋或肉库、蛋库的消毒；有颜色，不宜用于棉毛织品的消毒。

可用于畜禽舍、用具与排泄物及饲养人员手臂的消毒。用于畜禽舍、用具的喷洒或擦抹污染物体表面，使用浓度为3%～5%，作用时间为30～60分钟。用于手臂皮肤的消毒浓度为1%～2%。消毒敷料、器械及处理排泄物用5%～10%水溶液。

6. 醛类

可消毒排泄物、金属器械，也可用于栏舍的熏蒸，可杀菌并使毒素下降。具有刺激性、毒性，长期会致癌，甲醛、戊二醛等。

（1）甲醛　又称福尔马林，无色水溶液或气体。有刺激性气味。能与水、乙醇、丙酮等有机溶剂按任意比例混溶。液体在较冷时久贮易混浊，在低温时则形成三聚甲醛沉淀。蒸发时有一部分甲醛逸出，但多数变成三聚甲醛。该品为强还原剂，在微量碱性时还原性更强。在空气中能缓慢氧化成甲酸。甲醛能使菌体蛋白质变性凝固和溶解菌体类脂，可以杀灭物体表面和空气中的细菌繁殖体、芽孢下真菌和病毒。杀菌谱广泛且作用强，主要用于畜禽舍、孵化器、种蛋、仓库及器械的消毒。应用上主要与高锰酸钾配合做熏蒸消毒。

（2）戊二醛　消毒作用比甲醛强 2～10 倍。可熏蒸消毒房间。喷洒、浸泡消毒体温计、橡胶与塑料制品等用 2%溶液，消毒 15～20 分钟。熏蒸消毒密闭空间用 10%甲醛溶液 1.06 毫升/立方米，密闭过夜。

7. 季铵盐

有新洁尔灭、百毒杀、洗必泰等，既为表面活性剂，又为卤素类消毒剂。主要用于皮肤、黏膜、手术器械、污染的工作服的消毒。

（1）新洁尔灭　新洁尔灭也称苯扎溴铵，为无色或淡黄色澄清液体，易溶于水，水溶液稳定，耐热，可长期保存而效力不变，对金属、橡胶和塑料制品无腐蚀作用。抗菌谱较广，对多种革兰氏阳性菌和革兰氏阴性细菌有杀灭作用。但对阳性细菌的杀菌效果显著强于阴性菌，对多种真菌也有一定作用，但对芽孢作用很弱。也不能杀死结核杆菌。本品杀菌作用快而强，毒性低对组织刺激性小，较广泛用于皮肤、黏膜的消毒，也可用于鹅用具和种蛋的消毒。

0.1%水溶液用于蛋的喷雾消毒和种蛋的浸涤消毒（浸涤时间不超过 3 分钟）。0.1%水溶液还可用于皮肤黏膜消毒。0.15%～2%水溶液可用于鹅舍内空间喷雾消毒。

避免使用铝制器皿，以防降低本品的抗菌活性，忌与肥皂、洗衣粉等正离子表面活性剂同用，以防对抗或减弱本品的抗菌效力。由于本品有脱脂作用，故也不适用于饮水的消毒。

（2）百毒杀　主要成分为双链季铵盐化合物，通常含量为 10%，是一种高效表面活性剂。无色、无味液体，性质稳定。本品无毒、无刺激性，低浓度瞬间能杀灭各种病毒、细菌、真菌等致病微生物，具有除臭和清洁作用。主要用于舍、用具及环境的消毒。也用于孵化室、饮水槽及饮水消毒。

疾病感染消毒时，通常用0.05%溶液进行浸泡、洗涤、喷洒等。平时定期消毒及环境、器具、种蛋消毒，通常按1∶600加水稀释；进行喷雾、洗涤、浸泡。饮水消毒，改善水质时，通常按1∶(2000～4000) 稀释。

(3) 洗必泰　也称氯已定，作用强于苯扎溴铵，作用迅速且持久，毒性低，无局部刺激作用。与苯扎溴铵联用呈相加效力。常用与皮肤、黏膜、术野、创面、器械、器具的消毒。黏膜及创面消毒用0.5%溶液；栏舍喷雾消毒、手术用具擦拭消毒用0.5%溶液；器械消毒用0.1%溶液浸泡消毒3分钟；手的消毒用0.02%溶液浸泡3分钟。

二、选择消毒剂时通常遵循的原则

常用消毒剂的选择与其他药物一样，化学消毒剂对微生物有一定选择性，即使是广谱消毒剂也存在这方面问题。因为不同种类的微生物（如细菌、病毒、真菌、霉形体等），或同类微生物中的不同菌株（毒株），或同种微生物的不同生物状态（如芽孢体和繁殖体等），对同种消毒剂的敏感性并不完全相同。如细菌芽孢对各种消毒措施的耐受力最强，必须用杀菌力强的灭菌剂、热力或辐射处理，才能取得较好效果。故一般将其作为最难消毒的代表。其他如结核杆菌对热力消毒敏感，而对一般消毒剂的耐受力却比其他细菌为强。真菌孢子对紫外线抵抗力很强，但较易被电离辐射所杀灭。肠道病毒对过氧乙酸的耐受力与细菌繁殖体相近，但季铵盐类对之无效。肉毒杆菌素易为碱破坏，但对酸耐受力强。至于其他细菌繁殖体和病毒、螺旋体、支原体、衣原体、立克次体对一般消毒处理耐受力均差。常见消毒方法一般均能取得较好效果。所以，在选择消毒剂时应根据消毒对象和具体情况而定。

选用的原则是首先要考虑该药对病原微生物的杀灭效力，在有效抗菌浓度时，易溶或混溶于水，与其他消毒剂无配伍禁忌。对大幅度温度变化显示长效稳定性，贮存过程中稳定。其次是对牛和人的安全性，在使用条件下高效、低毒、无腐蚀性，无特殊的嗅味和颜色，不对设备、物料、产品产生污染。同时还应具有来源广泛、价格低廉和使用方便等优点，才能选择使用。

三、使用消毒剂时的注意事项

① 将需要消毒的环境或物品清理干净，去掉灰尘和覆盖物，有利于消毒剂发挥作用。

② 养殖场应多备几种消毒剂，定期交替使用，以免产生耐药性。

③ 密切注意消毒剂市场的发展动态，及时选用和更换最佳的消毒新产品，以达最佳消毒效果。

经验之五：养牛场怎样合理确定消毒方式

消毒的目的是消灭被传染源散播于外界环境中的病原体，以切断传播途径，阻止疫病继续蔓延，是预防和控制疫病的重要手段。消毒要做到根据养牛场的不同时期和情况确定合理消毒方法，既有长期性的消毒，又有临时性的消毒，做到重点突出，兼顾全面。

1. 针对不同传播途径，采取不同消毒措施

① 通过消化道传播的疫病：对饲料、饮水及饲养管理用具进行消毒。

② 通过呼吸道传播的疫病：空气消毒。

③ 通过节肢动物或啮齿动物传播的疫病：杀虫、灭鼠。

2. 预防性消毒

每年春秋结合转饲、转场，对牛舍、场地和用具各进行1次全面大清扫、大消毒；以后牛舍每月消毒1次，厩床每天用清水冲洗，土面厩床要勤清粪、勤垫圈。产房每次产犊前都要彻底进行消毒。达到预防一般传染病的目的。

3. 随时消毒

在发生传染病时，为及时消灭刚从病畜体内排出的病原体而采取的消毒措施。对病牛和疑似病牛的分泌物、排泄物以及污染的土壤、

场地、圈舍、用具和饲养人员的衣服、鞋帽都要进行彻底消毒，而且要多次、反复地进行。

4. 终末消毒

在病畜解除隔离、痊愈或死亡后，或者传染病扑灭后及疫区解除封锁前，为了消灭疫区内可能残留的病原体所进行的全面彻底的大消毒。必须进行终末大消毒。消毒剂可以使用10%～20%石灰乳、2%～5%火碱、0.5%～1%过氧乙酸、1/300菌毒敌等。

牛粪内常含有大量的病原体和虫卵，应集中做无害化处理。

经验之六：怎样具体做好牛场消毒？

牛场消毒的目的是消灭传染源散播于外界环境中的病原微生物，切断传播途径，阻止疫病继续蔓延。牛场应建立切实可行的消毒制度，定期对牛舍地面土壤、粪便、污水、皮毛等进行消毒。

1. 牛舍消毒方法

牛舍除保持干燥、通风、冬暖、夏凉以外，平时还应做好消毒。一般分两个步骤进行：第一步先进行机械清扫；第二步用消毒液。牛舍及运动场应每周消毒一次，整个牛舍用2%～4%氢氧化钠消毒或用1∶(1800～3000)的百毒杀带牛消毒。

2. 进入场区之前的消毒方法

牛场应设有消毒通道（图5-12）和消毒室，消毒室的室内两侧、顶壁设紫外线灯，地面设消毒池，用麻袋片或草垫浸4%氢氧化钠溶液，入场人员要更换鞋，穿专用工作服，做好登记。

场大门设消毒池，经常喷4%氢氧化钠溶液或3%过氧乙酸等。消毒方法是将消毒液盛于喷雾器，喷洒天花板、墙壁、地面，然后再开门窗通风，用清水刷洗饲槽、用具，将消毒剂的药味除去。如牛舍有密闭条件，舍内无牛时，可关闭门窗，用福尔马林熏蒸消毒12～24小时，然后开窗通风24小时，福尔马林的用量为每立方米空间25～50毫升，加等量水，加热蒸发。一般情况下，牛舍消毒每周1次，每年再进行2次大消毒。产房的消毒，在产羔前进行1次，产羔

图 5-12 养牛场消毒通道

高峰时进行多次，产羔结束后再进行 1 次。在病牛舍、隔离舍的出入口处应放置浸有 4%氢氧化钠溶液的麻袋片或草垫，以免病原扩散。

3. 地面及粪尿沟的消毒方法

土壤表面可用 10%漂白粉溶液，4%福尔马林或 10%氢氧化钠溶液。停放过芽孢杆菌所致传染病（如炭疽）病牛尸体的场所，应严格加以消毒。首先用上述漂白粉溶液喷洒地面，然后将表层土壤掘起 30 厘米左右，撒上干漂白粉与土混合，将此表土妥善运出掩埋。

4. 牛舍墙壁和用具消毒方法

牛舍墙壁、牛栏等间隔 15～20 天定期用 15%的石灰乳或 20%的热草木灰水进行粉刷消毒。牛槽和用具用 3%的来苏儿溶液定期进行消毒。

5. 运动场消毒方法

清扫运动场，除净杂草后，用 5%～10%热碱水或撒布生石灰进行消毒。

6. 粪便无害化处理

牛的粪便要做无害化处理。无害化处理最实用的方法是生物热消毒法，发酵产生的热量能杀死病原体及寄生虫卵，从而达到消毒的目的。即在距牛场 100～200 米以外的地方设一堆粪场，将牛粪堆积起来，喷少量水，上面覆盖湿泥封严，堆放发酵 30 天以上，即可作肥料。

也可以实行生化处理，如沼化后发电，产生的沼液、沼渣等副产品经过稀释后还可用于养鱼。

7. 污水

最常用的方法是将污水引入处理池，加入化学药品（如漂白粉或其他氯制剂）进行消毒，用量视污水量而定，一般1升污水用2～5克漂白粉。

经验之七：影响消毒效果的主要因素

1. 消毒剂的选择是否正确

要选择对重点预防的疫病有高效消毒作用的消毒剂，而且要适合消毒的对象，不同的部位适合不同的消毒剂，地面和金属笼具最适合氢氧化钠，空间消毒最适合甲醛和高锰酸钾。

不同的消毒液对不同的病原体敏感性是不一样的，一般病毒对含碘、溴、过氧乙酸的消毒液比较敏感，细菌对含双链季铵盐类的消毒液比较敏感。所以，在病毒多发的季节或牛生长阶段（如冬春）应多用含碘、含溴的消毒液，而细菌病高发时（如夏季）应多用含双链季铵盐类的消毒液。对于球虫类的卵囊，则用杀卵囊药剂。

各种病原体只用一种消毒剂消毒不行，总用一种消毒液容易使病菌产生耐药性，同一批牛应交替使用2～3种消毒液。消毒液选择还要注意应选择不同成分而不是不同商品名的消毒液。因为市面上销售的消毒液很多是同药异名。

2. 稀释浓度是否合适

药液浓度是决定消毒剂对病原体杀伤力的第一要素，浓度过大或者过小都达不到消毒的效果，消毒液浓度并不是越高越好，浓度过高一是浪费，二会腐蚀设备，三还可能对牛造成危害。另外，有些消毒剂浓度过高反而会使消毒效果下降，如酒精在75%时消毒效果最好。对黏度大、难溶于水的药剂要充分稀释，做到浓度均匀。

3. 药液量是否足够

要达到消毒效果，不用一定量的药液将消毒对象充分湿润是不行的，通常每立方米至少需要配制200～300毫升的药液。太大会导致舍内过湿，用量小又达不到消毒效果。一般应灵活掌握，在牛发病期、温暖天气等情况下应适当加大用量，而天气冷、育肥后期用量应减少。只有浓度正确才能充分发挥其消毒作用。

4. 消毒前的清洁是否彻底

有机物的存在会降低消毒效果。对欲消毒的地面、门窗、用具、设备、屋顶等均须事先彻底消除有机物，不留死角，并冲洗干净。污物或残料灰尘、残料（如蛋白质）等都会影响消毒液的消毒效果，尤其消毒用具时，一定要先清洗再消毒，不能清洗消毒一步完成，否则污物或残料会严重影响消毒效果，使消毒不彻底。用高压加高温水，容易使床面黏着的污物和油污脱落，而且干得快，从而缩短了工作时间。此外，在水洗前喷洗净剂，不仅容易使床面黏着的牛粪剥落，同时也能防止尘埃的飞散。再则，在洗净时用铁刷擦洗，能有效地减少细菌数。

5. 消毒的时间是否足够

消毒剂与病原体的接触时间。任何消毒剂都需要同病原体接触一定的时间，才能将其杀死，一般为30分钟。

6. 消毒的环境温度和湿度是否满足

消毒剂的消毒效果与温度和湿度都有关。一般情况下，消毒液温度高，消毒效果可加大，温度低则杀毒作用弱、速度慢。实验证明，消毒液温度每提高10℃，杀菌效力增加1倍，但配制消毒液的水温不超过45℃为好。另外，在熏蒸消毒时，需将舍温提高到20℃以上，才有较好的效果，否则效果不佳（舍温低于16℃时无效）；很多消毒措施对湿度的要求较高，如熏蒸消毒时需将舍内湿度提高到60%～70%，才有效果；生石灰单独用于消毒是无效的，须洒上水或制成石灰乳等。所以消毒时应尽可能提高药液或环境的温度，以及满足消毒剂对湿度的要求。

7. pH值是否吻合

由于冲洗不干净，牛舍内的pH值偏高（8～9）呈碱性，而在酸性条件下才能有效的消毒剂此时其效果将受到影响。

8. 水的质量是否达标

所有的消毒剂性能在硬水中都会受到不同程度的影响，如苯制剂、煤酚制剂会发生分解，降低其消毒效力。

9. 消毒是否全面

一般情况下对牛的消毒方法有三种，即牛体（喷雾或药浴）消毒、饮水消毒和环境消毒。这三种消毒方法可分别切断不同病原的传播途径，相互不能代替。喷雾消毒可杀灭空气中、牛体表、地面及屋顶墙壁等处的病原体；饮水消毒可杀灭牛饮用水中的病原体并净化肠道，对预防牛肠道病很有意义；环境消毒包括对牛场地面、门口过道及运输车（料车、粪车）等的消毒。因此，只有用上述 3 种方法共同给牛消毒，才能达到消毒目的。

经验之八：牛的一般临床检查

牛的临床检查是掌握牛健康状况和及时发现牛病的最直接方法，作为养殖者必须懂得检查方法，并坚持经常性地做好检查。

接近前要了解牛的性情，是温顺还是暴烈；接近时由牛主人或饲养人员在旁协助，避免用粗鲁的动作接近动物，以温和的接近呼声从其侧前方慢慢接近；接近后用手轻轻抚摸动物的颈侧或背部，要仔细观察动物的反应，待其安静后再进行检查；检查时要注意其攻击人的习性，应将一只手置于动物的肩部或髋结节部，两脚呈“丁”字步或“稍息”姿势，一旦病畜剧烈骚动抵抗时，即可作为支点将其推向对侧并迅速离开。

按照先群体后个体、先整体后局部、从前到后、从左到右、从上到下、先静后动（先静止后牵溜）的原则进行检查。

一般检查主要包括整体检查、被毛检查、眼结膜检查、呼吸检查、体温检查、脉搏数检查、鼻液检查、口腔检查、嗳气检查、反刍检查、咳嗽检查、排粪检查和排尿检查等。

1. 整体检查

整体状态的检查主要在于观察动物的精神状态、营养及体格发育状况、姿势等。

2. 被毛检查

健康牛的被毛平顺而有光泽，每年春、秋两季脱换新毛。被毛粗乱、无光泽，易脱落，多见于营养不良、某些寄生虫病、慢性传染病。局部被毛脱落，可见于湿疹、疥癣等皮肤病。

3. 眼结膜检查

检查牛眼结膜，通常需检查牛的眼球结膜，即巩膜和眼睑结膜，巩膜检查是重点。检查眼结膜前首先应观察眼睑有无肿胀、损伤及分泌物的数量和性状，然后打开眼睑检查。检查时，检查者两手持牛角，使牛头转向侧方，巩膜自然露出（图 5-13）。或者检查者用大拇指将下眼睑压开。

图 5-13 眼结膜检查

结膜苍白、结膜弥漫性潮红和结膜黄染等变化，均属疾病状态。一般来说，结膜潮红是充血的象征，结膜苍白是贫血的象征，结膜发绀是缺氧的象征，结膜黄染为血液中胆红素含量增高的表示。眼睑肿胀并伴有羞明流泪是眼炎和结膜炎，大量的浆液性分泌物是轻度结膜炎，黄色、黏稠性的分泌物是化脓性结膜炎的标志。

眼结膜检查注意事项：应在适宜光线下，最好在自然光线下检查；不宜反复检查，检查时要进行两侧对照，注意观察有无分泌物及分泌物特点。

4. 呼吸检查

牛的呼吸检查主要检查呼吸方式和呼吸数。

呼吸数的检查应在牛安静时进行。测定时检查者站在牛的前侧方或者是后侧方，观察牛胸腹部的起伏运动，胸腹壁的一起一伏，即是一次呼吸。计算1分钟的呼吸次数，健康犊牛为每分钟20～50次，成年牛每分钟为15～35次。在炎热季节、外界温度过高、日光直射、圈舍通风不良时，牛的呼吸数增多。也可将手放于鼻孔上，感知呼吸气流或放于腹部，感知起伏运动来测定牛每分钟的呼吸次数。

健康牛的呼吸方式呈胸腹式，即呼吸时胸壁和腹壁的运动强度基本相等。检查牛的呼吸方式，应注意牛的胸部和腹部起伏动作的协调和强度。如出现胸式呼吸，即胸壁的起伏动作特别明显，多见于急性瘤胃臌气、急性创伤性心包炎、急性腹膜炎、腹腔大量积液等。如出现腹式呼吸，即腹壁的起伏动作特别明显，常提示病变在胸壁，多见于急性胸膜炎、胸膜肺炎、胸腔大量积液、心包炎及肋骨骨折、慢性肺气肿等。

5. 体温检查

体温是评价牛生命活动的重要指标。在正常情况下，除外界气候、运动、使役等环境条件的暂时影响外，体温一般变化在较为恒定的范围内，但病理过程则发生不同程度和形式的变化。因此，临床上测定这些指标在诊断牛的疾病、检疫等上有重要作用。

肉牛属于恒温动物，体温是产热与散热守恒的结果，正常的生理功能依赖于相对的体温恒定。肉牛的正常体温为37.5～39.5℃，黄牛的正常体温为37.5～39.0℃。

影响牛体温的因素有年龄、性别、品种、营养及生产性能，牛在兴奋、运动与使役、采食、反刍活动之后，外界气候条件（温度、湿度、风力等）和地区性的影响、昼夜温差等。健康牛的正常体温昼夜内略有变动，一般夜里1:00～上午9:00体温较低，中午以后体温略高，相差0.5℃左右，当体温高于正常为发热，见于各种病原体所引起牛的全身感染，也见于某些变态反应性疾病和内分泌代谢障碍性疾病。牛发生疾病的过程中，连续的体温动态变化曲线称为热型。根据体温升高的程度，将发热分为低热（超过正常体温0.5～1.0℃）、中热（超过正常体温1～2℃）、高热（超过正常体温2～3℃）、超高热（超过正常体温3℃）等；也可根据热型曲线，将发热分为稽留热、弛张热、间歇热、波状热、不规则热等。

体温降低（体温低下）机体产热不足，或体热散失过多，致使体温低于常温。见于某些中枢神经系统的疾病与中毒，重度的衰竭、营养不良及贫血等；频繁下痢的病畜，其直肠温可能偏低。顽固的低体温多提示预后不良。

检查体温一般是检查牛直肠内的温度。测温时先将体温表的汞柱甩至35℃以下，用酒精棉球擦拭消毒，必要时涂以润滑剂。然后检查者站于牛的正后方，用一手将尾根提起，另一手将体温计经肛门稍向前方插入直肠，停留3～5分钟后取出，用消毒棉球擦拭干净后再读取水银柱上刻度数。测定好后，要把体温计擦洗干净，甩下汞柱，以备用。

6. 脉搏数检查

在安静状态下检查牛的脉搏数。通常是触摸牛的尾中动脉（图5-14）。检查人站立在牛的正后方，左手将牛的毛根略微抬起，用右手的食指和中指压在尾腹面的尾中动脉上进行计数（图5-15）。计算1分钟的脉搏数。一般成年牛脉搏数为每分钟60～80次，青年牛70～90次，犊牛为90～110次。

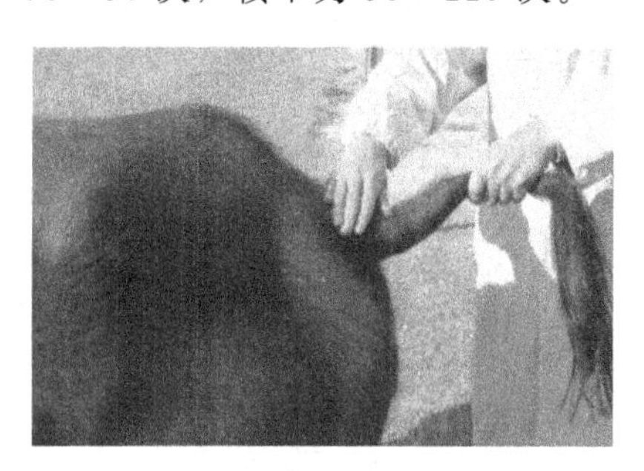

图5-14 脉搏的确定方法

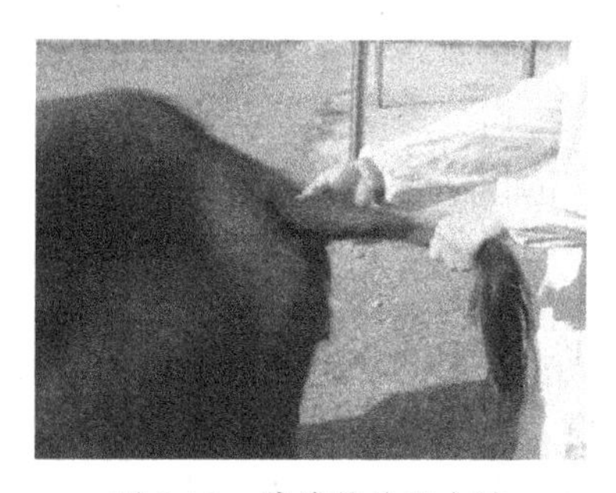

图5-15 脉搏的检查方法

脉搏增多（快脉）是心脏活动加快的结果。见于多数的发热性病、心脏病（如心衰、心肌炎、心包炎）、呼吸器官疾病、各型贫血及失血性病、伴有剧烈疼痛性的疾病（如腹痛症、四肢带痛性疾病）以及某些中毒病等；脉搏减少（慢脉）是心动徐缓的结果，通常预后不良。见于某些脑病（如脑肿瘤、脑脊髓等）及中毒（如洋地黄），也可见于胆血症（胆道阻塞性疾病）以及垂危病畜等。

7. 鼻液检查

健康牛有少量的鼻液，并常用舌头舔掉。如见较多鼻液流出则可能为病态。通常可见黏液性鼻液、脓性鼻液、腐败性鼻液、鼻液中混有鲜血、鼻液呈粉红色、铁锈色鼻液。鼻液仅从一侧鼻孔流出，见于单侧的鼻炎、副鼻窦炎。

8. 口腔检查

进行牛的口腔检查，用一只手的拇指和食指从两侧鼻孔捏住鼻中隔并向上提，同时用另一只手握住舌并拉出口腔外，即可对牛的口腔全面观察。健康牛口黏膜为粉红色，有光泽。口黏膜有水疱，常见于水泡性口炎和口蹄疫。口腔过分湿润或大量流涎，常见于口炎、咽炎、食道梗塞、某些中毒性疾病和口蹄疫。口腔干燥，见于热性病、长期腹泻等。当牛食欲下降或废绝或患有口腔疾病时，口内常发生异常的臭味。当患有热性病及胃肠炎时，舌苔常呈灰白或灰黄色。

9. 嗳气检查

健康牛一般每小时嗳气 20～40 次。嗳气时，可在牛的左侧颈静脉沟处看到由下而上的气体移动波，有时还可听到咕噜声。嗳气减少，见于前胃迟缓、瘤胃积食、真胃疾病、瓣胃积食、创伤性网胃炎、继发前胃功能障碍的传染病和热性病。嗳气停止，见于食道梗塞。严重的前胃功能障碍，常继发瘤胃臌气。当牛发生慢性瘤胃迟缓时，嗳出的气体常带有酸臭味。

10. 反刍检查

健康牛一般在喂后半小时至一小时开始反刍，通常在安静或休息状态下进行。每天反刍 4～10 次，每次持续 20～40 分钟，有时 1 小时，反刍时返回口腔的每个食团大约进行 40～70 次咀嚼，然后再咽下。

11. 咳嗽检查

健康牛通常不咳嗽，或仅发一两声咳嗽。如连续多次咳嗽，常为病态。通常将咳嗽分为干咳、湿咳和痛咳。干咳，声音清脆，短而干，疼痛比较明显。干咳常见于喉炎、气管异物、气管炎、慢性支气管炎、胸膜肺炎和肺结核病。温咳，声音湿而长、钝浊，随咳嗽从鼻孔流出大量鼻液。湿咳常见于咽喉炎、支气管炎、支气管肺炎。痛咳，咳嗽时声音短而弱，病牛伸颈摇头。痛咳见于呼吸道异物、异物性肺炎、急性喉炎、胸膜炎、创伤性网胃炎、创伤性心包炎等。此外，还可见经常性咳嗽，即咳嗽持续时间长，常见于肺结核病和慢性支气管炎。

12. 排粪检查

正常牛在排粪时，背部微弓起，后肢稍微开张并略往前伸。每天排粪10～18次。排粪带痛，在排粪时表现疼痛不安，弓腰努责，常见于腹膜炎、直肠损伤和创伤性网胃炎等。牛不断地做排粪动作，但排不出粪或仅排出很少量，见于直肠炎。病牛不采取排粪姿势，就不自主地排出粪便，见于持续性腹泻和腰荐部脊髓损伤。排粪次数增多，不断排出粥样或水样便，即为腹泻，见于肠炎、肠结核、副结核及犊牛副伤寒等。排粪次数减少、排粪量减少，粪便干硬、色暗，外表有黏液，见于便秘、前胃病和热性病等。

13. 排尿检查

观察牛在排尿过程中的行为与姿势是否异常。牛排尿异常有多尿、少尿、频尿、无尿、尿失禁、尿淋沥和排尿疼痛。

经验之九：肉牛正常的粪便是什么样的？

健康牛的粪便具有一定的形状（环圆形、扁圆形、馒头形）和硬度（软硬适中），无异臭。牛粪表面无黏液，更无血液，光滑，有光泽，褐黄色，一次排粪落在一起。

亚健康牛和病牛的牛粪表现如下。

① 粪干：如球状，牛采食量少，或发热，或严重缺水，或日粮为干硬粗饲料。

② 粪稀不成形：原因有气候突变引起消化不良的肠胃病；饲料霉变引起病菌侵犯的肠道病；精饲料过多引起的酸中毒症。

③ 牛粪表面有黏液或血液：缺乏运动或发热引起便秘。育肥牛

的年龄、饲料饲养条件、饮水量、病态等因素都会影响牛粪便的形状，尤其是疾病。

牛粪形状是牛健康状态的晴雨表，因此可根据牛粪的形状判断牛是否健康强壮，患的是什么病。饲养管理人员应早、中、晚三次观察牛粪，发现粪便异常时要及时采取诊断和治疗。

经验之十：别小看中药在防病中的作用

中草药是我国中医药中的国宝，有几千年的历史。中草药具有资源丰富、品种多、无耐药性、经济性、实用性、绿色性、低毒和低残留性等主要特点。具有促进动物生长发育、提高动物生产性能、增强动物体质、防病和治病等作用。畜禽用中草药制剂，有单方和复制剂，复方中有多味草药配伍，也有中西药配伍。通过加工或提取有效部分，制成散剂、丸剂、水剂、冲剂、酊剂、针剂等剂型。

科学研究证明，中草药防治牛疾病的优势主要表现在以下几个方面。一是中草药具有抗感染作用，许多清热药对多种病毒、细菌、真菌、螺旋体及原虫等有不同程度的抗生作用，若配伍或组成复方，其抗生范围可以互补、扩大并显示协同增效作用。二是中西药能相互取长补短，兼顾整体与局部，起到立体化协同治疗，减轻西药的毒副作用，增强免疫作用。许多中药对免疫器官的发育、白细胞及单核巨噬细胞系统细胞免疫、体液免疫、细胞因子的产生等有促进作用，由此提高机体的非特异性和特异性免疫力。三是抗应激和使机体在恶劣环境中的生理功能得到调节，并使之朝着有利方向发展，增强适应能力的作用。四是可起到一定的营养作用和可成为动物机体所需的物质。五是激素样作用和调整新陈代谢等。

中草药取自天然植物，所含成分保持了天然性及生物活性，经精制和科学配伍可长期使用，可起到防治疾病和改善生长的效果。中草药没有传统所用抗生素和化学合成类药物引起耐药性和药物残留等弊病，非常适合我国养殖业饲养模式和生产发展水平的需要。在我国养牛的历史上，中草药在防治牛病上也起到了重要的作用。

中草药在牛疾病防治中的应用非常广泛，治疗各种牛病，效果非常好。如乳炎康（复方蒲公英散），主要成分有丹参、蒲公英、夏枯草、柴胡、鱼腥草等，具有清热解毒、消肿散结、疏肝解郁、活血、祛瘀生新等功效，主治化脓性、急慢性乳腺炎、乳房肿胀、急慢性子宫炎、化脓性子宫炎、内膜炎等。穿甲乳肿消（通乳散），主要成分为天花粉、青半夏、王不留行、香附、肉桂、蒲公英、甲珠等数味中草药，临床使用对肉牛慢性、顽固性乳房炎，尤其对急慢性乳房炎引起的乳房肿块及口蹄疮病继发引起的乳肿，有显著的消肿效果，对慢性乳房炎引起的乳腺萎缩、肉变等有良好的治疗及预防效果，对衰老乳腺细胞具有激活的作用，在乳房炎治愈后能同时提高产奶量。消食平胃散主要成分为神曲、麦芽、山楂、厚朴、枳壳、陈皮、青皮、苍术、甘草，具有理气、行滞、消坚、促进反刍动物的胃肠活动功能，主治牛前胃弛缓、瘤胃积食、瘤胃鼓气。胃病舒（健胃散）主要成分为黄芩、陈皮、青皮、槟榔、六神曲等，可理气消食、清热通便，主治家畜消化不良、食欲减退、便秘等症。在全混合日粮中添加胃病舒（健胃散）、瘤胃优化素，可预防肉牛瘤胃疾病，促进瘤胃发育和健康。四胃康复散（消积散）主要成分为玄明粉、石膏、滑石、山楂、麦芽、六神曲等，通过舒张四胃幽门括约肌，迅速排空四胃，使位置变化的四胃容易回到原来的位置，对四胃积食、鼓气、积液、溃疡疗效显著。宫炎净（益母生化散）主要成分为益母草、当归、川芎、桃仁、甘草等，可活血祛瘀、温经止痛，专治肉牛气血不足、产后胎衣滞留、恶露不尽、难孕、低热、产后子宫疾病等。催衣排露散（扶正解毒散）主要成分为板蓝根、黄芪、淫羊藿、益母草等，应用于运动不足、营养不良、胎牛过大、难产、子宫炎症、胎盘炎等造成的胎衣不下、恶露不净和产后感染。促卵生情（催情散）主要成分为淫羊藿、阳起石、当归、香附、益母草、菟丝子等十几味中草药，主治不发情、发情不明显、持久黄体、久配不孕、卵巢机能减退、卵巢囊肿、卵巢静止、卵泡发育不全以及体虚受寒等症状，如配合对症使用生殖激素和营养添加剂，效果更好。气血宝（补中益气散）主要成分为党参、白术、甘草、当归、黄芪等，可补肾益气、扶元固肾、补脾健胃，主治肉牛等因肾亏、久病、消化不良、年老多产等导致气虚劳伤、气血不调、脱肛、子宫脱垂等症，也适用于不孕症、体虚盗汗、消化不良、长期瘦弱等。母牛产后缺乳用中药党参 18～24 克，川芎、炮穿山甲 15～45 克，熟地黄 30～90 克，黄芪、当归、白芍、阿胶、甘草各 15～60 克，加水煎熬，待温凉后取汁灌服。每天 1～2 剂，连服 3 天即可见效。

很多养牛的实践证明，在兽医临床上使用中草药防治牛病可以取得非常好的效果，对牛病的防控起到了非常重要的作用。尤其是实行绿色无公害养肉牛的养殖场不妨一试。

经验之十一：养牛场应预备的药物

规模化养牛场在肉牛饲养过程中，不可避免地面对各种牛病，需要采用相应的药物进行对症治疗。以下所列的药物，就是根据肉牛饲养中常出现的一些病症所常用的药物，而应准备的。

1. 常用抗生素

① 青霉素 G：对链球菌、肺炎球菌、面蓟球菌、脑膜炎球菌、钩端螺旋体、白喉杆菌、破伤风梭菌、炭疽杆菌和放线菌高度敏感。对结核杆菌、立克次体无效，对繁殖期细菌作用强。用量：0.5 万～1 万单位/千克体重、2～3 次/天。牛乳房灌注，挤奶后每个乳室 10 万单位，1～2 次。不宜口服，适宜肌肉注射，若静脉注射时，只用钠盐。

② 氨苄青霉素：用于牛严重感染肺炎、肠炎、败血症、泌尿道感染、犊牛白痢。片剂 0.25 毫克/片，每次内服量 12 毫克/天，2～3 次/天；肌肉注射或静脉注射量 4～15 毫克/千克体重，2～4 次/天。

③ 土霉素：对多种病原微生物和原虫都有效，用于治疗牛副伤寒、牛出血性败血症、牛布氏杆菌病、牛炭疽、牛子宫内膜炎等，对放线菌病、钩端螺旋体病、气肿疽病有一定疗效。内服用量：10～20 毫克/千克体重，分 2～3 次。肌肉或静脉注射量：2.5～5 毫克/千克体重。

④ 头孢菌素类：头孢菌素除用于青霉素的适应证外，也适用于耐药金色葡萄球菌、革兰氏阴性菌所致的严重呼吸道、泌尿道和乳腺的炎症。有时还用于铜绿假单胞菌的感染及敏感菌所致的中枢神经系

统感染如脑炎等。肌肉注射用量：25 毫克/千克体重，3 次/天。

⑤ 红霉素：用于治疗耐青霉素的葡萄球菌感染、溶血性链球菌引起的肺炎、子宫内膜炎、败血症。用量：内服 2.2 毫克/千克体重，每天 3～4 次；深层肌肉或静脉注射，2～4 毫克/千克体重。

⑥ 两性霉素 B：用于治疗胃肠道细菌感染，内服不易吸收；静脉注射治疗全身性真菌感染。本品不宜肌肉注射，配合阿司匹林、抗组胺药可减少不良反应。静注每次用量：0.125～0.5 毫克/千克体重，隔日 1 次，或每周 2 次，总量不能超过 8 毫克/千克体重。

⑦ 卡那霉素：主要应用于革兰氏阴性菌如大肠杆菌、沙门菌、布氏杆菌引起的败血症、呼吸道、泌尿系统及乳腺炎。用量：内服 3～6 毫克/千克体重，3 次/天；肌肉注射，10～15 毫克/千克体重，2 次/天。

⑧ 泰乐菌素：主要应用于胸膜肺炎、肠炎、子宫炎等。肌肉注射，1.5～2 毫克/千克体重，2 次/天。

2. 化学合成抗菌药

① 磺胺间甲氧嘧啶：各种全身或局部感染疗效良好，对弓形虫病效果更好。内服首次量 0.2 克/千克体重，维持量每次 0.1 克/千克体重。

② 磺胺二甲氧嘧啶：要用于呼吸道、泌尿道、消化道及局部感染，对球虫病、弓形虫病疗效较高。内服用量：0.1 克/千克体重，1 次/天。

③ 磺胺对甲氧嘧啶：用于泌尿道、皮肤及软组织感染。内服：首次量 0.2 克/千克体重，维持量减半。肌肉注射用量：每次 0.1～0.2 毫克/千克体重，2 次/天。

④ 磺胺嘧啶：治疗脑部细菌感染的首选药物。常用于霍乱、伤寒、出血性败血症、弓形虫病的治疗。内服首次量 0.14～0.2 克/千克体重，维持量 0.07～0.1 克/千克体重，每天 2 次。

⑤ 磺胺脒：适用于肺炎、腹泻等肠道细菌感染疾病。内服用量：0.1～0.3 克/千克体重，分 2～3 次服用。

⑥ 磺胺醋酰：主要用于眼部感染如结膜炎、角膜化脓性溃疡，常用 10%溶液或 30%软膏。

⑦ 诺氟沙星：用于敏感菌引起的泌尿道、呼吸道、消化道等感染及支原体疾病。内服用量：10 毫克/千克体重，2 次/天。肌肉注射用量：5 毫克/千克体重，2 次/天。

⑧ 环丙沙星：对革兰氏阳性菌和阴性菌都有较强的作用；对铜绿假单胞菌、厌氧菌有较强的抗菌活性，用于敏感菌引起的全身感染及霉形体感染。内服用量：2.5～5 毫克/千克体重，2 次/天。肌肉注射用量：2.5～5 毫克/千克体重。静脉注射：每次用量 2.5 毫克/千克体重，2 次/天。

⑨ 恩诺沙星：主要用于犊牛大肠杆菌、沙门菌、霉形体病感染。内服一次量 2.5 毫克/千克体重，2 次/天，连用 3～5 天。

3. 驱虫药

① 敌百虫：临床用于治疗各种线虫病，外用治疗牛皮蝇蛆和体虱等外寄生虫病，内服用量 10～50 毫克/千克体重；配成 2%溶液外用杀螨、蚊、蝇及虱、吸血昆虫。本品安全范围小，易引起中毒，可用阿托品解救。

② 左旋咪唑：主要用于驱除蛔虫、线虫；还可用于治疗肉牛乳房炎。无蓄积作用，超量会中毒，可用阿托品解救。内服用量 7.5 毫克/千克体重。

③ 阿维菌素：对多种线虫如血茅线虫、毛团属线虫、哥伦比亚结节虫及 4 期幼虫、副丝虫等都有良好的驱除作用；对螨、虱、蝇等也有较好效果；对吸虫和绦虫无效。内服用量：0.2 毫克/千克体重。皮下注射用量：每次 0.2 毫克/千克体重。

④ 硝氯酚：对肝片吸虫成虫有良效，对童虫仅部分有效。内服用量：3～7 毫克/千克体重。深层肌肉注射 0.5～1 毫克/千克体重，1 次/2 天，连用 2 次。

⑤ 吡喹酮：理想的广谱灭绦、抗吸虫及血吸虫用药。用于动物血吸虫病、绦虫病和囊尾蚴病。内服用量：10～35 毫克/千克体重，1 次/天，连用 3 天。静脉注射或肌肉注射 10～20 毫克/千克体重，1 次/天，连用 2～4 天。

⑥ 氯硝柳胺：主要驱除肠内绦虫，如莫尼茨绦虫。临床上给药前空腹 1 夜。对前后盘吸虫、双门吸虫及具幼虫也有驱杀作用，也可

用于灭钉螺。内服用量：60～70 毫克/千克体重。

⑦ 氯苯胍：对多种球虫及弓形虫有效。内服量：40 毫克/千克体重，1 次/4 天，4 天为 1 疗程，隔 5～6 天再用 1 疗程。

⑧ 盐酸氨丙啉：主要对柔嫩和毒害艾美尔球虫有高效抗杀作用。内服或混饲给药 25～66 毫克/千克体重，1～2 次/天。

⑨ 盐雷素：抗革兰氏阳性菌和梭菌，对厌氧菌高效。用于球虫病防治，盐霉素饲料拌药用量为犊牛 20～50 毫克/千克饲料。

⑩ 贝尼尔：治疗焦虫、锥虫都有作用，特别适合对其他药物耐药的虫株。肌肉注射用量：3.5 毫克/千克体重。

4. 作用于消化系统的药物

① 龙胆及其制剂：用于食欲减少、消化不良等症。龙胆末口服用量为 20～50 克；龙胆酊内服用量为 50～100 毫升。

② 大黄及其制剂：大黄小剂量时健胃，中剂量时收敛止泻，大剂量时泻下。主要用于健胃。大黄末内服健胃用量为 20～40 克；复方大黄酊内服用量为 30～100 毫升。

③ 陈皮酊：用于食欲不振、消化不良、积食臌气、咳嗽多痰等症。内服用量：30～100 毫升。

④ 人工盐：小剂量可健胃、中和胃酸，用于消化不良、胃肠弛缓；大剂量缓泻，用于便秘。健胃内服用量：50～150 克。

⑤ 鱼石脂：用于瘤胃膨胀、急性胃扩张、前胃弛缓、胃肠臌气、消化不良和腹泻；配合泻药治疗便秘；外用治疗各种慢性炎症。内服用量：10～30 克/次。

⑥ 胃复安：用于治疗牛前胃弛缓、胃肠活动减弱、消化不良、肠膨胀及止吐。内服用量：犊牛 0.1～0.3 毫克/千克体重，牛 0.1 毫克/千克体重，2～3 次/天；肌肉或静脉注射用量同片剂。

⑦ 芒硝：小剂量内服有健胃作用，大剂量可使肠内渗透压提高，保持大量水分，增加肠内容积，稀释肠内容物软化粪便，促进排粪。临床常用于治疗大肠便秘（用 6%～8%溶液），排除肠内毒物或辅助驱虫药排出虫体、治疗牛第三胃阻塞（用 25%～30%溶液）、冲洗化脓创和瘘管，促进淋巴外渗，排除细菌和毒素，清洁创面，促进愈合。内服用量健胃 15～50 克；泻下 400～800 克。

⑧ 液体石蜡：适用于小肠便秘，作用缓和，安全性大，孕牛可用，不宜反复多次使用。内服用量：500～1000 毫升/次。

⑨ 食用植物油：适用于瘤胃积食、小肠便秘、大肠阻塞。内服用量：500～1000 毫升/次。

⑩ 鞣酸蛋白：主要用于急性肠炎和非细菌性腹泻。内服用量：10～20 克。

5. 呼吸系统用药

① 氯化氨：主要用于呼吸道炎症初期、痰液黏稠而不易排出的病牛，也可用于纠正碱中毒。禁止与磺胺药物合用，不可与碱及重金属盐配合使用。内服用量：10～25 克/次。

② 复方甘草合剂：主要作为祛痰、镇咳药，具有镇咳、祛痰、解毒、抗炎、平喘的作用，用于一般性咳嗽。内服用量：50～100 毫升/次。

③ 氨茶碱：用于痉挛性支气管炎，急慢性支气管哮喘，心衰气喘；可辅助治疗心性水肿；用于利尿，宜深部肌肉或静脉注射，不宜与维生素、盐酸四环素等酸性药物配伍使用。肌肉或静脉注射用量：1～2 克/次。

6. 生殖系统用药

① 黄体酮：使子宫内膜及腺体生长，抑制子宫肌收缩，以利受精卵及胎儿生长发育；在雌激素共同作用下，使乳腺发育；用于先兆性流产的保胎药和同期发情药。肌肉注射，15～25 毫克/次，必要时间隔 5～10 天可重复应用。泌乳牛禁用。

② 醋酸甲地孕酮：为高效黄体激素。用于母畜同期发情、早期流产和先兆性流产等。内服 15～20 毫克/次。

③ 促卵泡素：促进卵泡的生长和发育，在小剂量黄体生成素的协同作用下，可促使卵泡分泌雌激素，引起母牛发情。静脉、肌肉或皮下注射用量：10～50 毫克。

④ 马促性腺激素：用于促进母畜发情和排卵；在牛胚胎移植技术中促使母牛超数排卵。皮下注射或静脉注射 1000～2000 单位。

⑤ 注射用绒促性素：具有促促卵泡素和黄体激素的作用。用于促进母畜卵成熟、排卵（或超数排卵）和形成黄体；增强同期发情的

同期排卵效果，治疗性机能减退。肌肉注射1000～1500单位。

⑥ 催产素：用于子宫颈已开放，但娩出无力的难产排除死胎或胎衣、产后止血和促进产后子宫复原。还可促进生乳素分泌，引起排乳。肌肉注射、静脉注射或皮下注射，缩宫用75～100单位。催乳用10～20单位。催产素20单位+维生素E 100毫克，混入10%葡萄糖注射液500毫升，静滴后按摩母畜乳房，治产后缺乳症。

7. 解热镇痛抗炎药

① 扑热息痛：主要用于解热镇痛。内服用量：10～20毫克/千克体重。

② 阿司匹林：有较强的解热镇痛、抗炎抗风湿作用，用于发热、风湿症和神经、肌肉、关节疼痛。内服用量：15～30毫克/千克体重。

③ 消炎痛：用于治疗风湿性关节炎、神经痛、腱鞘炎、肌肉损伤等。内服用量：1毫克/千克体重。

④ 安乃近：解热镇痛，抗炎抗风湿，解除胃肠道平滑肌痉挛。皮下或肌肉注射3～10克/次。

8. 解毒药

① 阿托品：对有机磷和拟胆碱药中毒有解毒作用。用于缓解胃肠平滑肌的痉挛性疼痛，解救有机磷和拟胆碱药中毒；亦可于麻醉前给药，减少呼吸道腺体分泌，还可用于缓慢型心律失常。皮下或肌肉注射用量：15～30毫克。抢救休克和有机磷农药中毒，用量酌情加大。

② 碘解磷定：有机磷中毒的解毒药，用于有机磷杀虫剂中毒的解救。静脉注射用量：15～30毫克/千克体重。

③ 双解磷：作用与碘解磷定相似，肌肉注射或静脉注射用量：3～6克/千克体重。

④ 解氟灵：有机氟杀虫药和毒鼠药氟乙酰胺、氟乙酸钠的解毒药。肌肉注射用量：0.1～0.3毫克/千克体重。

⑤ 亚甲蓝：小剂量可用于亚硝酸盐中毒的解救，大剂量可用于氰化物中毒的解救。静脉用量：亚硝酸盐中毒牛1～2毫克/千克体重；氰化物中毒牛25～10毫克/千克体重。

⑥ 亚硝酸钠：用于氰化物中毒的解救。静脉用量：2 克/次。

⑦ 二巯基丁二酸钠：主要用于锑、汞、铅、砷等中毒的解救。静脉注射用量：20 毫克/千克体重，临用前用生理盐水稀释成 5%～10%溶液，急性中毒，4 次/天，连用 4 天；对于慢性中毒，1 次/天，5～7 天为一个疗程。

经验之十二：养殖场苍蝇的解决办法

① 及时清除舍内粪便污水，应特别注意死角中的粪便和污水，尽可能保持粪便干燥，尽可能做到每天清理一次。搞好舍内外的清洁卫生，定期消毒。妥善处理清除的粪便，及时拉走并进行无害化处理。场内的废旧垫料和病死畜禽也要妥善处理。

② 对墙面、过道、天花板、门窗、料位、饲料桶、饮水器等所有苍蝇可能栖身的地方用左旋氯菊酯喷施，可有效杀灭外来苍蝇，有效期长达 45～60 天。

③ 定期进行环境消毒。使用含氯的消毒剂，利用氯的特殊气味苍蝇不喜欢从而起到趋散的作用。

④ 在饲料中添加环丙氨嗪 5～10 毫克/千克，按说明使用，隔周饲喂或连续饲喂 4～6 周。环丙氨嗪通过饲料途径饲喂动物，进入动物体内基本不被吸收，绝大部分都以药物原型的形式随粪便排出体外，分布于动物的粪便中，直接阻断幼虫（蛆）的神经系统的发育，使得幼虫（蛆）不能蜕皮而直接死亡，从而使蝇蛆不能蜕变成苍蝇，在粪便中发挥彻底的杀蝇蛆作用，能够从根本上控制苍蝇的产生，达到彻底控制苍蝇的目的。环丙氨嗪必须采用逐级混合的办法搅拌均匀后使用；在 4 月中旬苍蝇季节开始前应及时使用。

经验之十三：牛的各种注射方法

注射是治疗牛病和对牛进行免疫接种的最主要方式，常用的注射方法有肌肉注射、静脉注射、皮下注射、皮内注射、瓣胃注射、瘤胃穿刺和气管内注射等。

1. 肌肉注射

由于肌肉内血管丰富，注入药液后吸收很快，另外，肌肉内的感觉神经分布较少，注射引起的疼痛较轻。一般药品都可肌肉注射。肌肉注射是将药液注于肌肉组织中，一般选择在肌肉丰富的臀部和颈侧（图 5-16、图 5-17）。注射前，调好注射器，抽取所需药液，对拟注射部位剪毛消毒，然后将针头垂直刺入肌肉适当深度，待牛安静之后，接上注射器，回抽活塞无回血即可注入药液。注射后拔出针头，注射部位涂以碘酊或酒精。注意，在注射时不要把针头全部刺入肌肉内，一般为 3～5 厘米，以免针头折断时不易取出。过强的刺激药如水合氯醛、氯化钙、水杨酸钠等，不能进行肌肉注射。

图 5-16 肌肉注射操作一

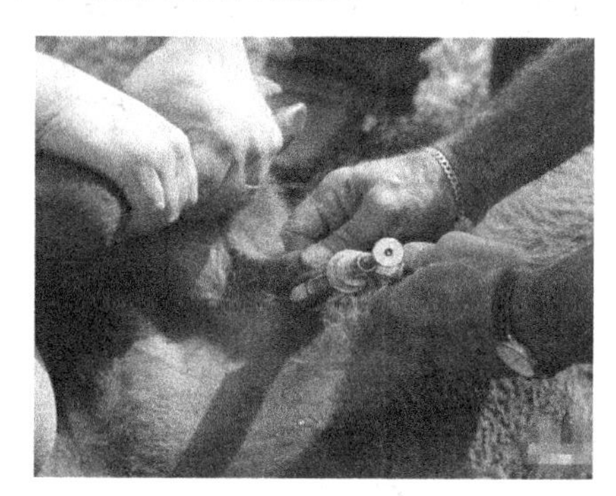

图 5-17 肌肉注射操作二

2. 静脉注射

静脉注射是利用药品注入血管后随血流迅速遍布全身，药效迅速，药物排泄快的特点，常用于急救、输血、输液及不能肌肉注射的药品。静脉注射的部位为左侧或右侧颈静脉沟的上 1/3 和中 1/3 交界处的颈静脉血管（图 5-18、图 5-19）。注射前切实固定好牛头，并使颈部稍偏向一侧。局部剪毛消毒，注射针头为 12 号或 16 号，针柄套上 6 厘米左右长的乳胶管，消毒备用。注射时术者右手持针，左手紧压颈静脉沟的中 1/3 处，确认静脉充分鼓起后，在按压点上方约 2 厘米处，立即于进针部消毒，然后右手迅速将针垂直或呈 45°角刺入静脉内，如准确无误，血液呈线状流出，将针头继续顺血管推进 1～2

厘米。术者放开左手，接上盛有药液的注射器或输液管。用输液管输液时，可用手持或夹子将输液管前端固定在颈部皮肤上（图 5-20）。缓缓注入药液。注射完毕，迅速拔出针头，用酒精棉球压住针孔，按压片刻，最后涂以碘酒。

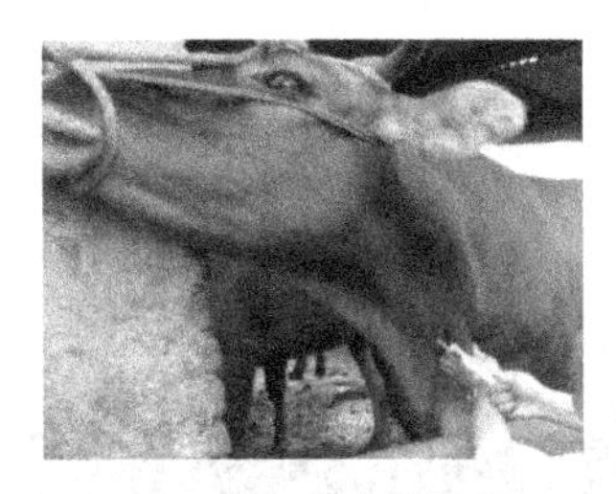

图 5-18　静脉注射操作一

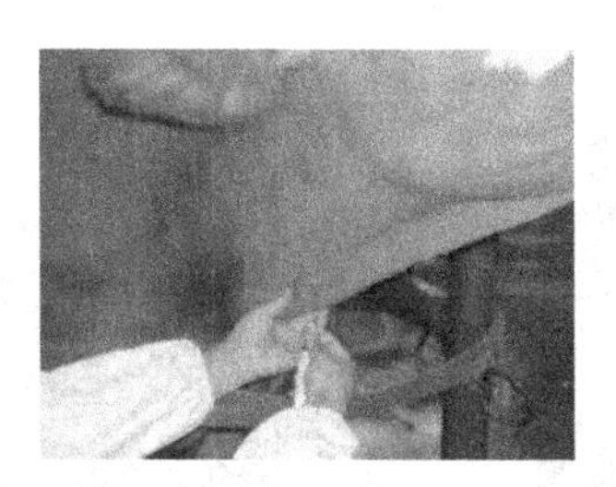

图 5-19　静脉注射操作二

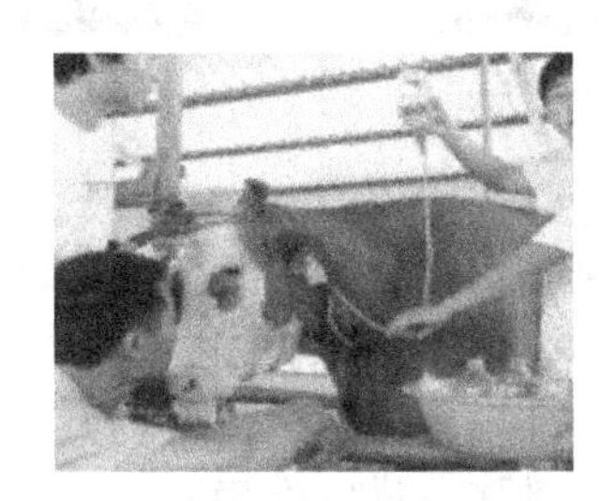

图 5-20　静脉输液操作

注射过程中如发现推不动药液、药液不流或出现注射部位肿胀时，采取如下措施：一是因针头贴到血管壁上，此时可轻轻转动针头，即可恢复正常；二是因针头移出血管外，此时可轻轻转动注射器稍微后拉或前推，出现回血再继续注射；三是拔出后重新刺入。

注射时，对牛要确实保定，针刺部位要准确，动作要利索，避免多次刺扎。注入大量药液时速度要慢，以每分钟 30～60 滴、每分钟 20～30 毫升为宜，药液应加温至 35～38℃。一定要排净注射器或胶管中的空气。注射刺激性的药液时不能漏到血管外。油类制剂不能静脉注射。

3. 皮下注射

皮下注射就是将药物注入皮下结缔组织中，由于皮下有脂肪层，注入的药物吸收比较慢。注射部位一般在牛颈部侧面皮肤松弛的部位

（图 5-21、图 5-22）。用 5%碘酒消毒注射部位，注射时左手食指、拇指捏起皮肤使之成皱襞，右手持注射器，使针头和皮肤呈 45°角刺入，皮下，顺皮下向里深入约 3 厘米皱襞皮下注入药液，然后用碘酒消毒注射部位。常用于各种疫苗、菌苗等注射及肾上腺素和阿托品等。

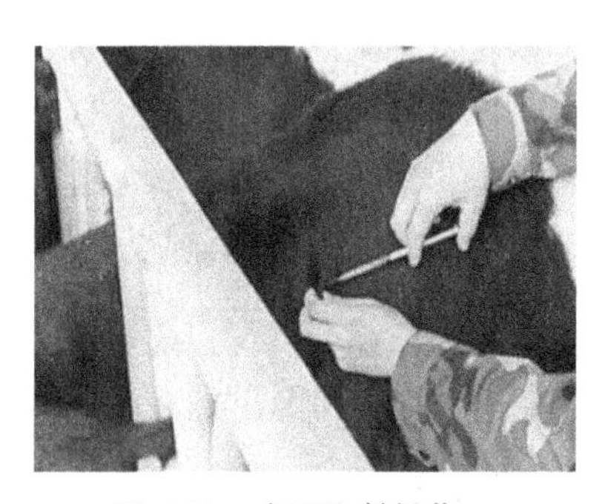
图 5-21 皮下注射操作一

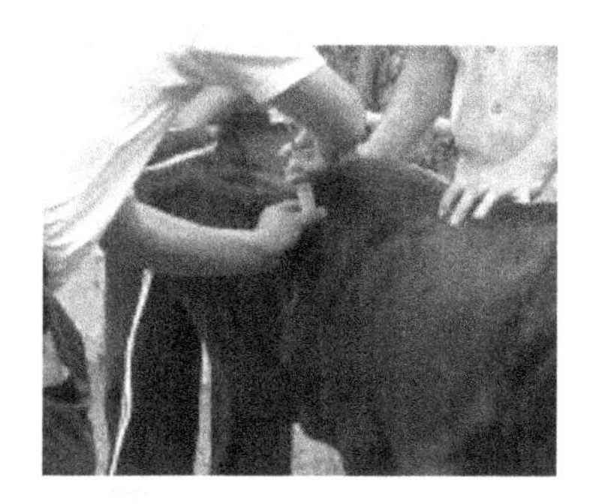
图 5-22 皮下注射操作二

4. 皮内注射

本注射方法为牛结核菌素试验等常用的方法，其部位为颈部皮肤（图 5-23）或尾根两侧皮肤。左手将皮肤捏成皱襞，右手持 1 毫升注射器和 7 号左右针头。几乎使针头和注射皮面呈平行刺入，针进入皮内后，左手放松，右手推注。进针准确时，注射后皮肤表面呈一小圆丘状（图 5-24）。

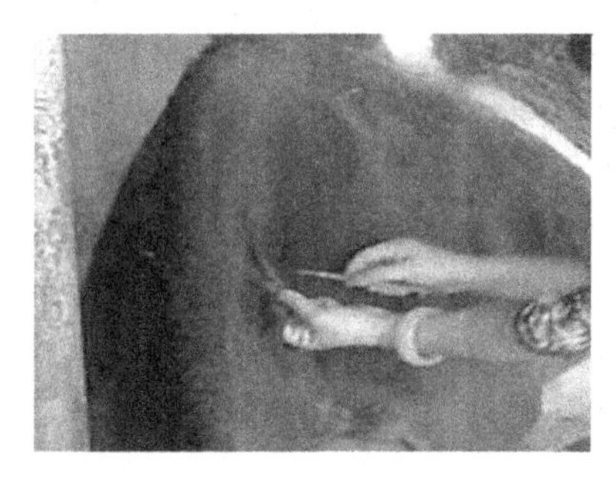
图 5-23 皮内注射

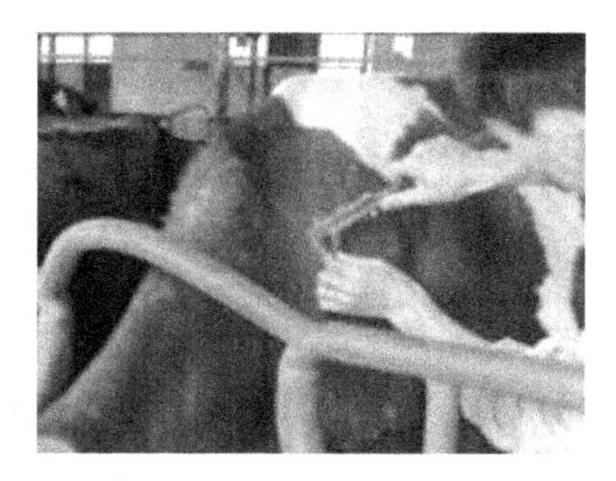
图 5-24 查看注射结核菌素结果

5. 瓣胃注射

瓣胃注射的目的是治疗牛瓣胃阻塞。注射部位为牛右侧第 8～9

肋间的肩关节水平线上下各 2 厘米处。用长约 15 厘米的 18 号针头在上述部位刺入，针头向左侧肘头方向进针，针刺破皮后，再用手辅依次刺入肋间肌、胸膜和瓣胃，深度一般 8～12 厘米（视牛肥瘦和膘情而定），当感觉到有阻力和刺穿瓣胃内草团的“沙沙”音时，表明针已进入瓣胃内（图 5-25、图 5-26），然后安上盛有灭菌蒸馏水的注射器反复抽吸（注入吸出），针管内有浅绿色或淡黄色胃内容物时，证明针已插入第三胃，然后注入生理盐水 10～15 毫升，并倒抽所注液体 5 毫升左右，证明针头确实注入瓣胃内（液体中有混浊的食物沉渣时），将药物注入其中。注完后用手指堵住针尾慢慢拔出针头，术部涂碘酊。

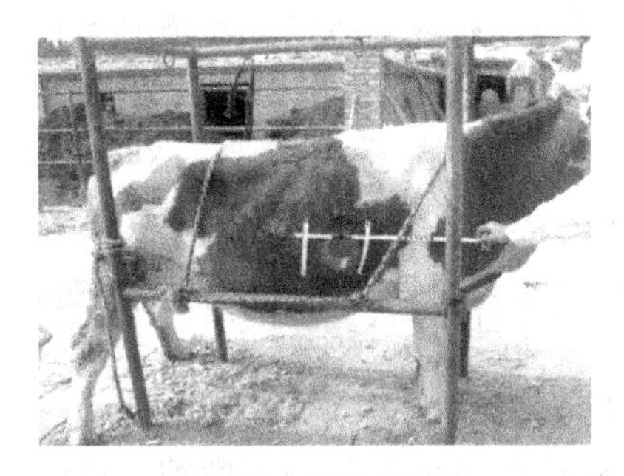

图 5-25　注射点定位

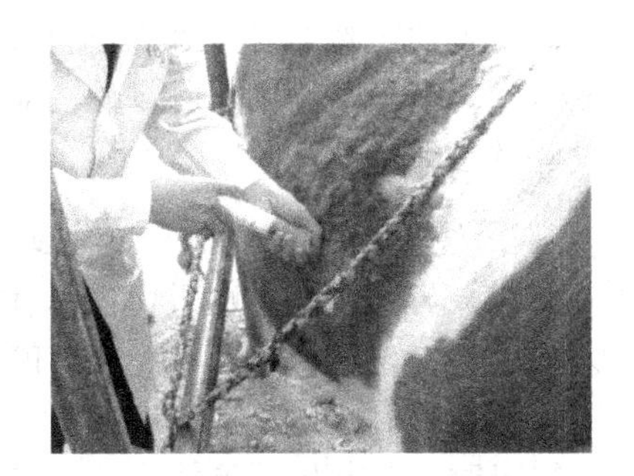

图 5-26　瓣胃注射操作

要求穿刺部位要正确，严格无菌操作，最好是几次穿刺用一个针眼，以防过多刺伤腹壁和胃壁，引起不良的后果；进针时宜张紧皮肤进针，这样注射后，皮肤针眼与内部肌肉针眼错位，防止气胸出现。

6. 瘤胃穿刺术

瘤胃穿刺主要用于瘤胃急性臌气时的放气。通常穿刺的部位是左肷部臌气最高处（图 5-27、图 5-28）。将欲进针处消毒，稍向上推动皮肤。右手持穿刺针、套管针或 16 号注射针头，向牛体内侧入即可放气。放气时切勿太快。如针被阻塞，可用针芯或消毒后的细铁丝透通。

7. 气管内注射

气管内注射常用于肺部驱虫，治疗气管和肺部疾病。站立保定好动物，抬高头部，术部剪毛消毒，用手保定气管。治疗气管炎时，针

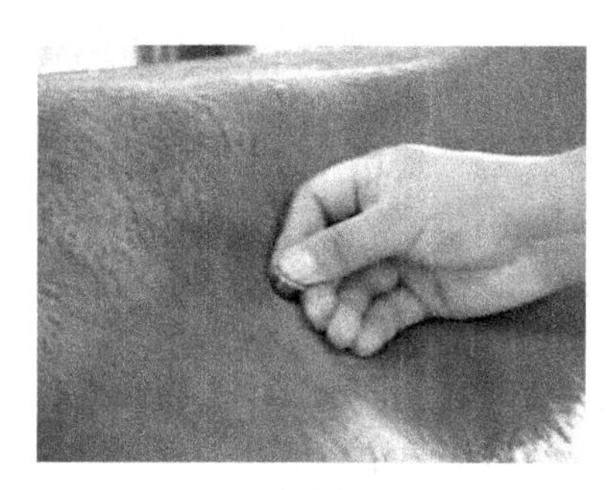
图 5-27 瘤胃穿刺操作一

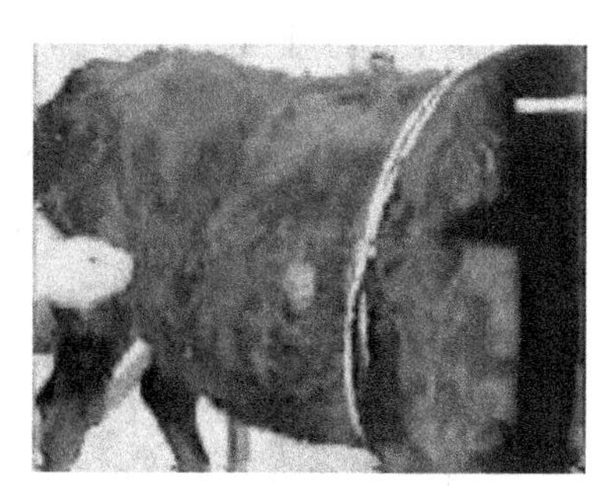
图 5-28 瘤胃穿刺操作二

头刺入第 3～4 软骨环之间。治疗肺炎时，在接近胸腔处的气管内注射。注射的药液加温至 38℃左右，以免冷药液刺激气管黏膜而将药液咳出。病畜咳嗽剧烈时，先注射 2%普鲁卡因 5～10 毫升，以减低气管敏感性。

8. 注射时易发生的问题和处理方法

（1）药液外漏　在进行静脉注射时针头移出血管，药液漏（流）入皮下。发现这种情况，要立即停止注射，用注射器尽量抽出漏出的药液。如果氯化钙、葡萄糖酸钙、水合氯醛、高渗盐水等强刺激类药物漏出时，向漏出部位注入 10%的硫代硫酸钠或 10%硫酸钠（或硫酸镁）10～20 毫升。也可用 5%的硫酸镁局部热敷，以促进漏液的吸收，缓解疼痛，并避免发生局部坏死。

（2）针头折断　一般在肌肉注射时发生。由于动物骚动不安，肌肉紧张或注射时用力不匀造成。一旦发生，尽快取出断针。当断针露出皮肤时，用止血钳等器械夹住断头拔出。断头在深部时，保定动物，局部麻醉后，在针眼处手术切开取出。

经验之十四：牛的投药方法

对牛进行预防性用药，多数都采取经口投服。如病牛尚有食欲，药量较少并且无特殊气味，可将其混入饲料或饮水中让其自由采食，但对于饮食欲废绝的病牛或投喂药量较大，并有特殊气味的情况，有必要采取人工强制投药方式。

1. 灌药法

灌药（图 5-29）多用橡皮瓶或长颈玻璃瓶和竹筒。一人牵住牛鼻绳，抬高牛头，必要时使用鼻钳。术者一手从牛的一侧口角伸入，打开口腔，另一手持盛满药液的药瓶从另一侧口角伸入，并送向舌背部，待吞咽后继续灌至药液完。

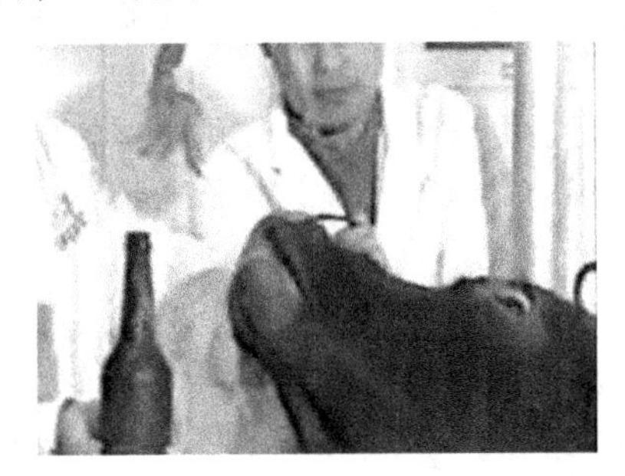

图 5-29 灌药操作

2. 片剂、丸剂、舔剂投药法

操作者用一只手从一侧口角伸入打开口腔，另一只手持药片，药丸或用竹片刮取舔剂自另一侧口角送入舌面，使口闭合，待其自行咽下。如有丸剂投药器，则先将药丸装入投药器内，操作者持投药器自牛一侧口角伸入并送至舌根部，随即将药丸打（推）出，抽出投药器，待其自行咽下。

3. 胃导管投药法

操作者立于牛头一侧，一只手握住鼻端，另一只手持胃导管从鼻腔一侧插入。胃导管前端到达咽喉部时，稍停或轻轻抽动胃导管（也可以从外面轻轻触摸咽喉部）以引起其吞咽，随即插入。插入时，如牛比较安静，在导管外端可听到不规则“咕噜”音，但无气流冲耳，在导管外端可嗅闻到有胃酸臭味，将导管外端放入盆内水中，随着牛的呼吸运动盆内的水无连续气泡等，可确定胃导管在食道内。之后接上漏斗，进行灌药。为保证灌药的安全，可先投入少量清水，证明无误后再行灌药。灌完药液后再灌少量的清水，并从胃导管外端用嘴吹入气体，然后慢慢抽出胃导管。

经验之十五：孕牛用药有讲究

母牛怀孕后，各器官发生一定的生理变化，对药物的反应与未孕母牛不完全相同，药物的分布和代谢也受妊娠的影响。因此，孕畜临床不合理用药将会导致胚胎死亡、流产、死胎和胎儿畸形，造成医源性疾病。

发生疾病时要考虑副作用与毒害作用。首先要考虑药物对胚胎和胎牛有无直接或间接的危害作用。其次是药物对母牛有无副作用与毒害作用。

早期用药要慎重。一切从保胎原则出发，当发生疾病必须用药时，可选用不会引起胚胎早期死亡和致畸作用的常用药物。

用药剂量要准确。剂量不宜过大，时间不宜过长，以免药物蓄积作用而危害胚胎和胎儿。

选准用药时间，一般在白天发作或白天转重的疾病，以及病在四肢、血脉的病牛，均应早上服药；若属于阴虚的疾病，如脾虚泄泻、阴虚盗汗、肺虚咳嗽，多在夜间发作或加重，均应在晚上给药；健脾理气药、涩肠止泻药，在饲喂前给药可提高疗效；治疗瘤胃疾病可喂帮助消化的药物，如消化酶。在饲喂间给药效果最好；对一些刺激性强的药物，饲喂后给药可缓解对胃的刺激；慢性疾病，饲喂后服药，缓慢吸收，作用持久；当然，患疾病、重病及对服药时间无严格要求的一般疾病，可在任何时间服药。

慎用全身麻醉药、驱虫剂和利尿剂。禁用有直接或间接影响生殖机能的药物，如前列腺素、肾上腺皮质激素和促肾上腺皮质激素、雌激素。严禁使用子宫收缩的药物，如催产素及垂体后叶制剂，麦角制剂，氨甲酰胆碱和毛果芸香碱。使用中药时应禁用活血祛瘀、行气破滞、辛热、滑利的中药，如桃红、红花、乌头等。对云南白药、地塞米松等也应慎重使用。

如果不是十分严重的病，不要使用抗生素，如果非用抗生素不可，最好选用针剂注射方式给药。因为牛是多胃动物，口服给药时，抗生素会把肉牛瘤胃的部分有益微生物杀死，从而造成肉牛瘤胃中微生物群落失衡。小犊牛在瘤胃微生物群落还未建立起来之前，为了防病、促进生长，适量饲喂一些抗生素是可以的，但长到7～8个月时就不要再喂，以免影响瘤胃微生物，引起消化机能障碍。

有人认为，孕畜用药都是有害，这种观念要改变。延误孕牛的治疗，反而损害母牛的健康，造成母牛与胎牛双亡现象。因此，孕牛患病时应积极用药治疗，确保母体健康。

经验之十六：护理高热病牛“六多”

高热是牛患重病的表现，特别是高热过久时，牛体各系统器官的功能及代谢都会发生障碍，营养消耗增加，消化功能减弱，畜体消瘦，以致引起并发症。因此，对高热的病牛，除及时请兽医诊疗外，对病牛应加强护理，给予好的居住和饮食条件，帮助病牛与有害因子作斗争，迅速康复。

（1）多休息　牛舍应保持清洁卫生和安静的良好环境，让病牛多休息，减少肌肉活动，降低病牛体力的消耗，减少热量的产生。病牛睡眠时不要打扰，较好的睡眠，可明显增强牛体的免疫力，提高抵抗力。

（2）多饮水　病牛发热后，牛体营养物质消耗多，口干舌燥，食欲降低，以致厌食。所以，应满足水的供应，否则将加剧病情。要多饮水，以补充体液，促使肠道毒素排出，在饮水中加入适量的糖、盐更好。

（3）多通风　牛怕热，夏季气温高时，可打开前后门窗通风，加速空气对流，有利于畜体散发热量。天太热的中午和下午3时前，可开机送风，以加大气流和通风量，有利于降低牛体温。环境温度过高或过低，都对病牛不利。

（4）多冷敷　病牛体温过高时，除用药外，可用冰水、冷水冷敷头部，如果配合刷拭牛体效果更好。冷水要5分钟左右换一次，以保持冰凉，保护病牛脑细胞和下丘脑体温调节中枢的正常功能，防止丧失调节体温的能力。但胃寒或打寒战的病牛忌用。

（5）多喂料　病牛高热减食后，要多喂适口、易消化、有营养和有咸味的好饲料，再多喂些青饲料，以满足病畜的营养需要，增强抗病能力。必要时饲喂调理肠胃的药物，以增强食欲。一旦病牛吃料量有所增加，说明病情大有好转。

（6）多看护　对高热病牛要加强护理，要有专人看护，尤其是重症病牛，每天早晨和午后测 2 次体温，以掌握病牛的热型和体温的变化，并做好病历记录。退热后的病牛常伴有大量出汗，要用干净毛巾及时擦干。注意观察，防止病牛虚脱和体温骤降。特别是大风降温天气或夏秋季阴雨天气和气温下降的夜间，要做好保温措施，防止病牛因着凉感冒再次发热而加重病情，以避免一病没好又添一病。

经验之十七：免疫接种后出现免疫反应的处置经验

1. 观察免疫接种后动物的反应

免疫接种后，在免疫反应时间内，要观察免疫动物的饮食、精神状况等，并抽查检测体温，对有异常表现的动物应予登记，严重时应及时救治。

（1）正常反应　是指疫苗注射后出现的短时间精神不好或食欲稍减等症状，此类反应一般可不做任何处理，可自行消退。

（2）严重反应　主要表现在反应程度较严重或反应动物超过正常反应的比例。常见的反应有震颤、流涎、流产、瘙痒、皮肤丘疹、注射部位出现肿块、糜烂等，最为严重的可引起免疫动物的急性死亡。

（3）合并症　只个别动物发生的综合症状，反应比较严重，需要及时救治。

① 血清病：抗原抗体复合物产生的一种超敏反应，多发生于一次大剂量注射动物血清制品后，注射部位出现红肿、体温升高、荨麻疹、关节痛等，需精心护理和注射肾上腺素等。

② 过敏性休克：个别动物于注射疫苗后 30 分钟内出现不安、呼吸困难、四肢发冷、出汗、大小便失禁等，需立即救治。

③ 全身感染：指活疫苗接种后因机体防御机能较差或遭到破坏时发生的全身感染和诱发潜伏感染，或因免疫器具消毒不彻底致使注射部位或全身感染。

④ 变态反应：多为荨麻疹。

2. 处理动物免疫接种后的不良反应

① 免疫接种后如产生严重不良反应，应采用抗休克、抗过敏、抗炎症、抗感染、强心补液、镇静解痉等急救措施。

② 对局部出现的炎症反应，应采用消炎、消肿、止痒等处理措施；对神经、肌肉、血管损伤的病例，应采用理疗、药疗和手术等处理方法。

③ 对合并感染的病例用抗生素治疗。

3. 不良免疫反应的预防

为减少、避免动物在免疫过程中出现不良反应，应注意以下事项。

① 保持动物舍温度、湿度、光照适宜，通风良好；做好日常消毒工作。

② 制定科学的免疫程序，选用适宜的毒力或毒株的疫苗。

③ 应严格按照疫苗的使用说明进行免疫接种，注射部位要准确，接种操作方法要规范，接种剂量要适当。

④ 免疫接种前对动物进行健康检查，掌握动物健康状况。凡发病的，精神、食欲、体温不正常的，体质瘦弱的、幼小的、年老的、怀孕后期的动物均应不予接种或暂缓接种。

⑤ 对疫苗的质量、保存条件、保存期均要认真检查，必要时先做小群动物接种实验，然后再大群免疫。

⑥ 免疫接种前，避免动物受到寒冷、转群、运输、脱水、突然换料、噪声、惊吓等应激反应。可在免疫前后 3～5 天在饮水中添加速溶多维，或维生素 C、维生素 E 等以降低应激反应。

⑦ 免疫前后给动物提供营养丰富、均衡的优质饲料，提高机体非特异免疫力。

经验之十八：牛结核病的防治

牛结核病（bhovine tuberculosis）主要是由牛型结核分枝杆菌引起的一种人兽共患的慢性传染病。其病理特征是多种组织器官形成肉芽肿，干酪样和钙化结节；临床特征表现为贫血、渐进性消瘦、体虚乏力、精神萎靡不振和生产力下降。世界动物卫生组织（OIE）将其列为B类动物疫病，我国将其列为二类动物疫病。

本病奶牛最易感，其次为水牛、黄牛、牦牛。人也可感染。结核病病牛是本病的主要传染源。牛型结核分枝杆菌随鼻汁、痰液、粪便和乳汁等排出体外，健康牛可通过被污染的空气、饲料、饮水等经呼吸道、消化道等途径感染。

潜伏期一般为10～45天，有的可长达数月或数年。通常呈慢性经过。临床以肺结核、乳房结核和肠结核最为常见。

① 肺结核：以长期顽固性干咳为特征，且以清晨最为明显。患畜容易疲劳，逐渐消瘦，病情严重者可见呼吸困难。

② 乳房结核：一般先是乳房淋巴结肿大，继而后方乳腺区发生局限性或弥漫性硬结，硬结无热无痛，表面凹凸不平。泌乳量下降，乳汁变稀，严重时乳腺萎缩，泌乳停止。

③ 肠结核：消瘦，持续下痢与便秘交替出现，粪便常带血或脓汁。

由于本病无明显的季节性和地区性，多为散发。不良的环境条件以及饲养管理不当可促使结核病的发生。如饲料营养不足，矿物质、维生素的不足；厩舍阴暗潮湿、牛群密度过大；阳光不足，运动缺乏，环境卫生差，不消毒，不定期检疫等。因此，通常采取加强检疫，防止疾病传入，扑杀病牛，净化污染群，培育健康牛群，同时加强消毒等综合性防疫措施。

同时，由于牛结核病不能根治，加上治疗费用开支较大，一般患本病的牛不予治疗，应按照《牛结核病防治技术规范》的要求进行处理。

1. 健康牛群（无结核病牛群）

平时加强防疫、检疫和消毒措施，防止疾病传入。每年春秋各进行一次变态反应方法检查。引进牛时，应首先就地检疫，确认为阴性方可购买；运回后隔离观察1个月以上，再进行一次检疫，确认健康方可混群饲养。禁止结核病人饲养牛群。若检出阳性牛，则该牛群应按污染牛群对待。

2. 污染牛群

每年应进行四次检疫。对结核菌素阳性牛立即隔离，一般不予保留饲养，以根绝传染源；对临床检查为开放性结核病牛立即扑杀。凡判定为疑似反应牛，在25～30天进行复检，其结果仍为疑似反应时，可酌情处理。在健康牛群中检出阳性反应牛时，应在30～45天后复检，连续三次检疫不再发现阳性反应牛时，方可认为是健康牛群。

3. 培育健康犊牛

当牛群中病牛多于健康牛时，可通过培育健康犊牛的方法更新牛群。方法：设置分娩室，病牛分娩前，消毒乳房及后躯，犊牛出生后立即与母牛分开，用2%～5%来苏儿消毒全身，擦干，送往犊牛预防室，喂初乳5天，然后饲喂健康牛乳或消毒乳。犊牛在隔离饲养的6个月中要连续检疫三次，在生后20～30天进行第一次检疫，100～120天进行第二次检疫，6月龄时进行第三次检疫。根据检疫结果分群隔离饲养，阳性反应者淘汰。

4. 消毒措施

每季度定期大消毒1次。牛舍、运动场每月消毒2～3次，饲养用具每周消毒2～3次，产房每周进行一次大消毒，分娩室在临产牛生产前及分娩后各进行一次消毒。养殖场以及牛舍入口设置消毒池。进出车辆与人员要严格消毒。消毒剂要定期更换，以保证一定的药效。粪便生物热处理方可利用。检出病牛后进行临时消毒。常用消毒剂有10%漂白粉、3%福尔马林、3%氢氧化钠溶液、5%来苏儿。

5. 工作人员

牛场工作人员，每年要定期进行健康检查。发现有患结核病的应及时调离岗位，隔离治疗。工作人员的工作服、用具要保持清洁，不得带出牛场。

经验之十九：牛布氏杆菌病的防治

布氏杆菌病是由布氏杆菌属细菌引起的人兽共患的常见传染病。

我国将其列为二类动物疫病。在家畜中牛、羊最易发生，而且极易使接触病牛、羊的人发生布氏杆菌病，遭受疾病的痛苦折磨。在临床上，虽然猪等其他家畜也可感染发病，但是与牛、羊相比却轻得多。

母牛较公牛易感，犊牛对本病具有抵抗力。随着年龄的增长，抵抗力逐渐减弱，性成熟后，对本病最为敏感。病畜可成为本病的主要传染源，尤其是受感染的母畜，它们在流产和分娩时，将大量布氏杆菌随着胎儿、胎水和胎衣排出体外，流产后的阴道分泌物以及乳汁中都含有布氏杆菌。易感牛主要是由于摄入了被布氏杆菌污染的饲料和饮水而感染。也可通过皮肤创伤感染。布氏杆菌进入牛体后，很快在所适应的组织或脏器中定居下来。病牛将终生带菌，不能治愈，并且不定期地随乳汁、精液、脓汁，特别是母畜流产的胎儿、胎衣、羊水、子宫和阴道分泌物等排出体外，扩大感染。人的感染主要是由于手部接触到病菌后再经口腔进入体内而发生感染。近年来，由于市场经济活跃，牛、羊买卖频繁，使牛、羊布氏杆菌病的发生出现了明显的上升趋势，而且人患此病的数量也在不断增加。目前此病已成为最重要的人兽共患病。

牛感染布氏杆菌后，潜伏期通常为 2 周至 6 个月。主要临床症状为母牛流产，也能出现低烧，但常被忽视。妊娠母牛在任何时期都可能发生流产，但流产主要发生在妊娠后的第 6～8 个月。流产过的母牛，如果再次发生流产，其流产时间会向后推迟。流产前可表现出临产时的症状，如阴唇、乳房肿大等。但在阴道黏膜上可以见到粟粒大的红色结节，并且从阴道内流出灰白色或灰色黏性分泌物。流产时常见有胎衣不下。流产的胎牛有的产前已死亡；有的产出虽然活着，但很衰弱，不久即死。公牛患本病后，主要发生睾丸炎和附睾炎。初期睾丸肿胀、疼痛，中度发热和食欲不振。3 周以后，疼痛逐渐减轻；表现为睾丸和附睾肿大，触之坚硬。此外，病牛还可出现关节炎，严重时关节肿胀疼痛，重病牛卧地不起。牛流产 1～2 次后，可以转为正常产，但仍然能传播本病。

本病从临床上不易诊断，但是根据母牛流产和表现出的相应临床变化，应该怀疑有本病的存在。本病必须通过试验室检查。

在本病诊断中应用较广的是试管凝集试验和平板凝集试验，尤其是后者，由于其方法简便、需要设备少、敏感较强、易于操作，常被基层兽医站和饲养场兽医室广泛采用，但是凝集试验并不能检出所有患病牲畜，而且可能出现非特异性凝集反应，影响结果的判定。补体结合反应具有高度异性，但操作较为复杂，基层兽医站通常难以承担。所以，对本病的诊断程序应按如下进行：根据临床变化，疑似本病存在时，应立即采血，分离血清，进行血清凝集试验。阳性病牛血清和疑似病牛血清，迅速送至上级兽医部门做补体结合反应，进行最后确诊。

因本病在临床上，一方面难以治愈，另一方面原则上不允许治疗，所以发现病牛后，应采取严格的隔离、扑杀措施，彻底销毁病牛尸体及其污染物。所以，应从源头上控制本病的发生。

① 引进牛时须先调查疫情，不从流行布氏杆菌病的单位引进牛只；还必须经过布氏杆菌病检疫，证明无病才能引进。新引进的牛入进入肉牛养殖场时隔离检疫 1 个月，经结核菌素和布氏杆菌病血清凝集试验，都呈阴性反应，才能转入健康牛群。

② 认真管好牲畜、粪便和水源。发现流产母牛要立即隔离，对流产胎牛、胎衣及羊水等污物都要严密消毒。

③ 对种公牛每年进行两次定期检疫，检出的阳性牛要隔离饲养或交商业部门收购处理；阳性种公牛要淘汰，以便控制传染源，逐步净化。

④ 认真落实以免疫为主的综合防治措施，逐步控制和消灭布氏杆菌病，对健康牛的免疫按照农业部关于印发《常见动物疫病免疫推荐方案（试行）》的通知（2014 年 3 月 12 日）要求的布氏杆菌病免疫方案执行。

全国区域划分：一类地区是指北京、天津、河北、内蒙古、山西、黑龙江、吉林、辽宁、山东、河南、陕西、新疆、宁夏、青海、甘肃等 15 个省份和新疆生产建设兵团。以县为单位，连续 3 年对牛羊实行全面免疫。牛、羊种公畜禁止免疫。奶畜原则上不免疫，个体病原阳性率超过 2%的县，由县级兽医主管部门提出申请，报省级兽医主管部门批准后实施免疫。免疫前监测淘汰病原阳性畜。已达到或提前达到控制、稳定控制和净化标准的县，由县级兽医主管部门提出申请，报省级兽医主管部门批准后可不实施免疫。

连续免疫 3 年后，以县为单位，由省级兽医主管部门组织评估考核达到控制标准的，可停止免疫。

二类地区是指江苏、上海、浙江、江西、福建、安徽、湖南、湖北、广东、广西、四川、重庆、贵州、云南、西藏等15个省份。原则上不实施免疫。未达到控制标准的县，需要免疫的由县级兽医主管部门提出申请，经省级兽医主管部门批准后实施免疫，报农业部备案。

净化区是指海南省。禁止免疫。

免疫程序是经批准对布氏杆菌病实施免疫的区域，按疫苗使用说明书推荐程序和方法，对易感家畜先行检测，对阴性家畜方可进行免疫。

使用疫苗：布氏杆菌活疫苗（M5株或M5-90株）用于预防牛、羊布氏杆菌病；布氏杆菌活疫苗（S2株）用于预防山羊、绵羊、猪和牛的布氏杆菌病；布氏杆菌活疫苗（A19株或S19株）用于预防牛的布氏杆菌病。

发病处理如下。

① 任何单位和个人发现疑似疫情，应当及时向当地动物防疫监督机构报告。动物防疫监督机构接到疫情报告并确认后，按《动物疫情报告管理办法》及有关规定及时上报。

② 发现疑似疫情，畜主应限制动物移动；对疑似患病动物应立即隔离。动物防疫监督机构要及时派员到现场进行调查核实，开展实验室诊断。确诊后，当地人民政府组织有关部门按下列要求处理：对患病动物全部扑杀；对受威胁的畜群（病畜的同群畜）实施隔离，可采用圈养和固定草场放牧两种方式隔离；隔离饲养用草场，不要靠近交通要道，居民点或人畜密集的地区。场地周围最好有自然屏障或人工栅栏。

③ 患病动物及其流产胎儿、胎衣、排泄物、乳、乳制品等按照GB 16548—2006《畜禽病害肉尸及其产品无害化处理规程》进行无害化处理。

④ 开展流行病学调查和疫源追踪；对同群动物进行检测。

⑤ 对患病动物污染的场所、用具、物品严格进行消毒。饲养场的金属设施、设备可采取火焰、熏蒸等方式消毒；养畜场的圈舍、场地、车辆等，可选用2%烧碱等有效消毒剂消毒；饲养场的饲料、垫

料等，可采取深埋发酵处理或焚烧处理；粪便消毒采取堆积密封发酵方式。皮毛消毒用环氧乙烷、福尔马林熏蒸等。

⑥ 发生重大布病疫情时，当地县级以上人民政府应按照《重大动物疫情应急条例》有关规定，采取相应的扑灭措施。

经验之二十：牛口蹄疫病的防治

口蹄疫（foot and mouth disease，FMD）俗名“口疮”、“蹄癀”，是由口蹄疫病毒引起的以偶蹄动物为主的急性、热性、高度传染性疫病，往往造成大流行，不易控制和消灭，世界动物卫生组织（OIE）将其列为必须报告的动物传染病，我国规定为一类动物疫病。

口蹄疫病毒可侵害多种动物，但主要为偶蹄兽。家畜以牛易感（奶牛、牦牛、犏牛最易感，水牛次之），其次是猪，再次是绵羊、山羊和骆驼。仔猪和犊牛不但易感而且死亡率也高。野生动物也可感染发病。隐性带毒者主要为牛、羊及野生偶蹄动物，猪不能长期带毒。

牛的潜伏期1～7天，平均2～4天。病牛精神沉郁，闭口，流涎，开口时有吸吮声，体温可升高到40～41℃。发病1～2天后，病牛齿龈、舌面、唇内面可见到蚕豆至核桃大的水疱，涎液增多，并呈白色泡沫状挂于嘴边。采食及反刍停止。水疱约经一昼夜破裂，形成溃疡，呈红色糜烂区，边缘整体，底面浅平，这时体温会逐渐降至正常。在口腔发生水疱的同时或稍后，趾间及蹄冠的柔软皮肤上也发生水疱，也会很快破溃，然后逐渐愈合。有时在乳头皮肤上也可见到水疱。本病一般呈良性经过，经1周左右即可自愈；若蹄部有病变则可延至2～3周或更久；死亡率1%～2%，该病型叫良性口蹄疫。

有些病牛在水疱愈合过程中，病情突然恶化，全身衰弱、肌肉发抖，心跳加快、节律不齐，食欲废绝、反刍停止，行走摇摆、站立不稳，往往因心肌炎引起心脏麻痹而突然死亡，这种病型叫恶性口蹄疫，病死率高达25%～50%。

哺乳犊牛患病时，往往看不到特征性水疱，主要表现为出血性胃肠炎和心肌炎，死亡率很高。

传染源主要为潜伏期感染及临床发病动物。感染动物呼出物、唾液、粪便、尿液、乳、精液及肉和副产品均可带毒。畜产品、饲料、草场、饮水和水源、交通运输工具、饲养管理用具，一旦污染病毒，均可成为传染源。康复期动物可带毒。

易感动物可通过呼吸道、消化道、生殖道和伤口感染病毒，通常以直接或间接接触（飞沫等）方式传播，或通过人或犬、蝇、蜱、鸟等动物媒介，或经车辆、器具等被污染物传播。如果环境气候适宜，病毒可随风远距离传播。

本病传播虽无明显的季节性，但冬、春两季较易发生大流行，夏季减缓或平息。

因为本病具有流行快、传播广、发病急、危害大等流行特点，疫区发病率可达50％～100％，犊牛死亡率较高。所以，必须高度重视本病的防治工作。由于目前还没有口蹄疫患畜的有效治疗药物。国际动物卫生组织和各国都不主张，也不鼓励对口蹄疫患畜进行治疗，重在预防。

1. 发生疫情处理措施

发生口蹄疫后，应迅速报告疫情，划定疫点、疫区，按照“早、快、严、小”的原则，及时严格封锁，病畜及同群畜应隔离急宰，同时对病畜舍及污染的场所和用具等彻底消毒。对疫区和受威胁区内的健康易感畜进行紧急接种，所用疫苗必须与当地流行口蹄疫的病毒型、亚型相同。还应在受威胁区的周围建立免疫带以防疫情扩散。在最后一头病畜痊愈或屠宰后14天内，未再出现新的病例，经大消毒后可解除封锁。

2. 做好免疫

（1）疫苗的选择　免疫所用疫苗必须经农业部批准，由省级动物防疫部门统一供应，疫苗要在2～8℃下避光保存和运输，严防冻结，并要求包装完好，防止瓶体破裂，途中避免日光直射和高温，尽量减少途中的停留时间。

（2）免疫接种　免疫接种要求由兽医技术人员具体操作（包括饲养场的兽医）。接种前要了解被接种动物的品种，健康状况、病史及免疫史，并登记造册。免疫接种所使用的注射器、针头要进行灭菌处理，一畜一换针头，凡患病、瘦弱、临产母畜不应接种，待病畜康复或母畜分娩后，仔猪达到免疫日龄再按时补免。

（3）免疫程序　散养畜：每年采取两次集中免疫（5月份，11月份），坚持月月补针，免疫率必须达到100%。母牛分娩前2个月接种一次；犊牛4月龄首免，6个月后二免，以后每6个月免疫一次。如供港或调往外省的牛，出场前4周加强免疫一次。外购易感动物，48小时内必须免疫（20～30天后加强免疫）。

3. 坚持做好消毒

该病毒对外界环境的抵抗力很强，含病毒组织或被病毒污染的饲料、皮毛及土壤等可保持传染性数周至数月。在冰冻情况下，血液及粪便中的病毒可存活120～170天。对日光、热、酸、碱敏感。故2%～4%氢氧化钠、3%～5%福尔马林、0.2%～0.5%过氧乙酸、5%氨水、5%次氯酸钠都是该病毒的良好消毒剂。饲养场必须建立严格的消毒制度。大门，生产区门口要设置宽同大门，长为机动车轮一周半的消毒池，池内的消毒剂为2%～3%的氢氧化钠，消池内消毒剂定期更换，保持有效浓度。畜舍地面，选择高效低毒次氯酸钠消毒剂每周一次，周围环境每2周进行一次。发生疫情时可选用2%～3%的氢氧化钠消毒，早、晚各一次。

4. 严格执行卫生防疫制度

不从病区引购牛只，不把病牛引进入场。为防止疫病传播，严禁羊、猪、猫、犬混养。保持牛床、牛舍的清洁、卫生；粪便及时清除；定期用2%苛性钠对全场及用具进行消毒。

经验之二十一：牛病毒性腹泻-黏膜病的防治

牛病毒性腹泻-黏膜病（bovine viral diarrhea-mucosal disease，BVD-MD）简称牛病毒性腹泻或牛黏膜病。该病是以发热、黏膜糜烂溃疡、白细胞减少、腹泻、免疫耐受与持续感染、免疫抑制、先天性缺陷、咳嗽、怀孕母牛流产、产死胎或畸形胎为主要特征的一种接触性传染病。

本病对各种牛易感，绵羊、山羊、猪、鹿次之，家兔可实验感染。患病动物和带毒动物通过分泌物和排泄物排毒。急性发热期病牛血中大量含毒，康复牛可带毒6个月。主要通过消化道和呼吸道而感染，也可通过胎盘感染。本病常年发生，多发于冬季和春季。新疫区急性病例多，大小牛均可感染，发病率约为5%，病死率90%～100%，发病牛以6～18个月居多。老疫区急性病例少，发病率和病死率低，隐性感染在50%以上。

潜伏期7～10天。

① 急性型：病牛突然发病，体温升高至40～42℃，持续4～7天，有的呈双相热。病牛精神沉郁，厌食，鼻腔流鼻液，流涎，咳嗽，呼吸加快。白细胞减少（可减至3000个/立方毫米）。鼻、口腔、齿龈及舌面黏膜出血、糜烂。呼气恶臭。通常在口内损害之后常发生严重腹泻，开始水泻，以后带有黏液和血。有些病牛常引起蹄叶炎及趾间皮肤糜烂坏死，从而导致跛行。急性病牛恢复的少见，常于发病后5～7天死亡。

② 慢性型：发热不明显，最引人注意的是鼻镜上的糜烂。口内很少有糜烂。眼有浆液性分泌物。鬐甲、背部及耳后皮肤常出现局限性脱毛和表皮角质化，甚至破裂。慢性蹄叶炎和趾间坏死导致蹄冠周围皮肤潮红、肿胀、糜烂或溃疡，跛行。间歇性腹泻。多于发病后2～6个月死亡。

母牛在妊娠期感染本病时常发生流产，或产下有先天性缺陷的犊牛。最常见缺陷的是小脑发育不全。

绵羊通常为隐性感染，但妊娠12～80天之间的绵羊感染后，可能导致胎儿死亡、流产或早产或产足月羔羊。

主要病变在消化道和淋巴组织。特征性损害是口腔（内唇、切齿齿龈、上颚、舌面、颊的深部）食道黏膜有糜烂和溃疡，直径1～5毫米，形状不规则，是浅层性的，食道黏膜糜烂沿皱褶方向呈直线排列。第四胃黏膜严重出血、水肿、糜烂和溃疡。蹄部、趾间皮肤糜烂、溃疡和坏死。肠系膜淋巴结肿胀。犊牛小脑发育不全，亦常见大脑充血、脊髓出血。

由于BVDV普遍存在，而且致病机理复杂，给该病的防治带来很大困难，目前尚无有效的治疗方法，控制的最有效办法是对经鉴定为持续感染的动物立即屠杀及疫苗接种。应注意本病与牛瘟、口蹄疫、恶性卡他热、牛传染性鼻气管炎、水泡性口炎、蓝舌病等相区别。

1. 防制措施

防制本病应加强检疫，防止引入带毒牛、羊或造成本病的扩散。一旦发病，病牛隔离治疗或急宰；同群牛和有接触史的牛群应反复进行临床学和病毒学检查，及时发现病牛和带毒牛。持续感染牛应淘汰。

加强对牛群的饲养管理，保持牛舍干燥、清洁、卫生，通风保暖。定期消毒牛舍、场地及用具。

2. 做好免疫接种

用弱毒疫苗对断奶前后数周内的牛只进行预防接种。对受威胁较大的牛群应每隔3～5年接种1次，对育成母牛和种公牛应于配种前再接种1次，多数牛可获得终生免疫。也有报道称，用猪瘟兔化弱毒疫苗给发生过病毒性腹泻的牛群接种，可获得较好的免疫效果。如果应用灭活疫苗，可在配种前给牛免疫接种2次。

3. 治疗方法

本病在目前尚无有效疗法。只能在加强监护、饲养以增强牛机体抵抗力的基础上，进行对症治疗。针对病牛脱水、电解质平衡紊乱的情况，除给病牛输液扩充血容量外，还可投服收敛止泻药（如药用炭、硅碳银），可缩短恢复期，减少损失。并配合应用广谱抗生素或磺胺类药物，可减少继发性细菌感染。

硫酸庆大霉素120万国际单位后海穴注射；硫酸黄连素0.3～0.4克、10%葡萄糖注射液500毫升；0.2%氧沙星葡萄糖注射液或诺氟沙星葡萄糖注射液300毫升；新促反刍液（5%氯化钙200毫升、30%安乃近30毫升、10%盐水300毫升），分三步静脉点滴。也可饮2%白矾水，灌牛痢方（白头翁、黄连、黄柏、秦皮、当归、白芍、大黄、茯苓各30克，滑石粉200克、地榆50克、金银花40克）均有疗效。

经验之二十二：牛流行热的防治体会

牛流行热（bovine epizootic fever）又称三日热或暂时热，是由牛流行热病毒引起牛的一种急性热性传染病。其特征是高热，流泪，流涎，流鼻汁，呼吸促迫，后躯僵硬，跛行。一般为良性经过，经2～3天恢复。本病的传染力强，呈流行性或大流行性。

本病主要侵害奶牛和黄牛，水牛较少感染。以3～5岁牛多发，1～2岁牛和6～8岁牛次之，犊牛和9岁以上牛少发。野生动物中，南非大羚羊、猬羚可感染本病，并产生中和抗体，但无临诊症状。在自然条件下，绵羊、山羊、骆驼、鹿等均不感染。绵羊可人工感染并产生病毒血症，继则产生中和抗体。

病牛是本病的主要传染源。病毒主要存在于高热期病牛的血液中。吸血昆虫（蚊、蠓、蝇）叮咬病牛后再叮咬易感的健康牛而传播，故疫情的存在与吸血昆虫的出没相一致。实验证明，病毒能在蚊子和库蠓体内繁殖。本病的发生具有明显的周期性和季节性，通常每3～5年流行一次，北方多于8～10月份流行，南方可提前发生。

潜伏期3～7天。发病突然，体温升高达39.5～42.5℃，维持2～3天后，降至正常。在体温升高的同时，病牛流泪、畏光、眼结膜充血、眼睑水肿。呼吸促迫，80次/分以上，听诊肺泡呼吸音高亢，支气管呼吸音粗粝。食欲废绝，咽喉区疼痛，反刍停止。多数病牛鼻炎性分泌物成线状，随后变为黏性鼻涕。口腔发炎、流涎，口角有泡沫。病牛呆立不动，强使行走，步态不稳，因四肢关节浮肿、僵硬、疼痛而出现跛行，最后因站立困难而倒卧。有的便秘或腹泻。尿少，暗褐色。妊娠母牛可发生流产、死胎，泌乳量下降或停止。多数病例为良性经过，病程3～4天；少数严重者于1～3天内死亡，病死率一般不超过1%。

急性死亡的自然病例，上呼吸道黏膜充血、肿胀，有点状出血，可见有明显的肺间质气肿，还有一些牛可有肺充血与肺水肿。淋巴结充血、肿胀和出血。实质器官混浊、肿胀。真胃、小肠和盲肠呈卡他性炎症和渗出性出血。

根据大群发生，迅速传播，有明显的季节性，多发生于气候炎热、雨量较多的夏季，发病率高，病死率低，结合临床上高热、呼吸迫促、眼鼻口腔分泌增加、跛行等做出初步诊断。

防治措施如下。

1. 注意和牛副流行性感冒、牛传染性鼻气管炎和茨城病等疾病相区别

(1) 牛副流行性感冒 是由副流感病毒Ⅲ型引起，分布广泛，传播迅速，以急性呼吸道症状为主，类似牛流行热。但是本病无明显的季节性，同居可感染，多在运输之后发生，故又称运输热；有乳房炎症状，无跛行。

(2) 牛传染性鼻气管炎 是由牛疱疹病毒Ⅰ型引起的一种急性热性接触性传染病。临床上主要表现流鼻汁、呼吸困难、咳嗽，特别是鼻黏膜高度充血、鼻镜发炎，有红鼻子病之称。伴发结膜炎、阴道炎、包皮炎、皮肤炎、脑膜炎等症状；发病无明显的季节性，但多发于寒冷季节。

(3) 茨城病 在发病季节、症状和经过等方面于牛流行热相似。但是本病在体温降至正常之后出现明显的咽喉、食道麻痹，在低头时瘤胃内容物可自口鼻反流出来，而且诱发咳嗽。

2. 加强饲养管理

由于牛流行热病毒属弹状病毒科，狂犬病毒属的成员。成熟病毒粒子含单股 RNA，有囊膜。对酸碱敏感，不耐热，耐低温，常用消毒剂能迅速将其杀灭。所以，应坚持做好牛舍及周围环境经常性的消毒。搞好牛舍内外环境清洁卫生，对牛舍地面、饲槽要定期用 2%氢氧化钠溶液消毒。依据流行热病毒由蚊蝇传播的特点，克每周 2 次用杀虫剂喷洒牛舍和周围排粪沟，以杀灭蚊蝇、切断传染途径。

3. 治疗方法

早发现、早隔离、早治疗，合理用药，护理得当，是防治本病的重要原则。本病尚无特效治疗药物，只能进行对症治疗：退热、抗菌消炎、抗病毒，清热解毒。如用 10%水杨酸钠注射液 100～200 毫升、40%乌洛托品 50 毫升、5%氯化钙 150～300 毫升，加入葡萄糖液或葡萄糖盐水内静脉注射（简称水乌钙疗法）和新促反刍液（见牛黏膜病）分两步静脉注射；肌肉注射蛋清 20～40 毫升或安痛定注射液 20 毫升，喂青葱 500～1500 克等均有疗效。

经验之二十三：牛巴氏杆菌病的防治体会

牛巴氏杆菌病是由多杀性巴氏杆菌引起的一种败血性传染病。急性经过主要以高热、肺炎或急性胃肠炎和内脏广泛出血为主要特征，呈败血症和出血性炎症，故称牛出血性败血病，简称牛出败。

本菌为条件病原菌，常存在于健康畜禽的呼吸道，与宿主呈共栖状态。当牛饲养饲养管理不良时，如寒冷、闷热、潮湿、拥挤、通风不良、疲劳运输、饲料突变、营养缺乏、饥饿等因素使机体抵抗力降低，该菌乘虚侵入体内，经淋巴液入血液引起败血症，发生内源性传染。病畜由其排泄物、分泌物不断排出有毒力的病菌，污染饲料、饮水、用具和外界环境，主要经消化道感染，其次通过飞沫经呼吸道感染健康家畜，亦有经皮肤伤口或蚊蝇叮咬而感染的。该病常年可发生，在气温变化大、阴湿寒冷时更易发病；常呈散发性或地方流行性发生。

潜伏期2～5天。根据临床表现，本病常表现为急性败血型、浮肿型、肺炎型。

① 急性败血型：病牛初期体温可高达41～42℃，精神沉郁、反应迟钝、肌肉震颤，呼吸、脉搏加快，眼结膜潮红，食欲废绝，反刍停止。病牛表现为腹痛，常回头观腹，粪便初为粥样，后呈液状，并混杂黏液或血液且具恶臭。一般病程为12～36小时。

② 浮肿型：除表现全身症状外，特征症状是颌下、喉部肿胀，有时水肿蔓延到垂肉、胸腹部、四肢等处。眼红肿、流泪，有急性结膜炎。呼吸困难，皮肤和黏膜发绀、呈紫色至青紫色，常因窒息或下痢虚脱而死。

③ 肺炎型：主要表现纤维素性胸膜肺炎症状。病牛体温升高，呼吸困难，痛苦干咳，有泡沫状鼻汁，后呈脓性。胸部叩诊呈浊音，有疼感。肺部听诊有支气管呼吸音及水泡性杂音。眼结膜潮红，流泪。有的病牛会出现带有黏液和血块的粪便。本病型最为常见，病程一般为3～7天。

防治措施如下。

1. 加强饲养管理

主要是加强饲养管理，消除发病诱因，增强抵抗力。避免各种应激，增强抵抗力，避免拥挤和受寒，为肉牛创造舒适的生长环境。

2. 加强牛场清洁卫生和定期消毒

由于该菌抵抗力弱，在干燥和直射阳光下很快死亡，高温立即死亡，一般消毒液均能迅速杀死。因此牛场应坚持做好牛舍内外环境的清洁卫生和消毒工作。

3. 做好免疫接种

每年春、秋两季定期预防注射牛出败氢氧化铝甲醛灭活苗，体重在 100 千克以下的牛，皮下或肌肉注射 4 千克，100 千克以上者 6 毫升，免疫力可维持 9 个月。

4. 治疗方法

发现病牛立即隔离治疗，并进行消毒。健康牛群立即接种疫苗或用药物预防。感染病牛早期应用血清、抗生素或抗菌药治疗效果好。血清和抗生素或抗菌药同时应用效果更佳。血清可用猪、牛出败二价或牛、猪、绵羊三价血清，做皮下、肌肉或静脉注射，小牛 20～40 毫升，大牛 60～100 毫升，必要时重复 2～3 次；抗生素常用土霉素 8～15 克，溶解在 5%葡萄糖 1000～2000 毫升，静注，每日 2 次；10%磺胺嘧啶钠注射液 200～300 毫升，40%乌洛托品注射液 50 毫升，加入 10%葡萄糖溶液内静脉注射，每日 2 次；普鲁卡因青霉素 300 万～600 万国际单位、链霉素 300 万～400 万国际单位，肌注，每日 1～2 次；环丙沙星每千克体重 2 毫克，加入葡萄糖内静脉注射，每日 2 次。对症治疗对疾病恢复很重要，强心用 10%樟脑磺酸钠注射液 20～30 毫升或安钠咖注射液 20 毫升，每日肌注 2 次；如喉部狭窄，呼吸高度困难时，应迅速进行气管切开术。

经验之二十四：养肉牛场寄生虫病的防治措施

寄生虫病的防治同样必须贯彻“预防为主、防重于治”的方针，进行综合防治。具体落实应紧抓三个环节，即要控制和消灭传染来源、切断传播途径、保护易感动物。

1. 预防措施

（1）预防性驱虫　根据各地寄生虫病发生和流行的季节动态及气候环境变化，选择在发病高潮到来之前应用化学药物对家畜进行驱虫，以达到家畜受危害最小，病原扩散最小的目的。常用方法如下。

① 定期驱虫：一般每年两次，一次在秋末冬初，另一次在冬末春初或春末夏初。

② 成熟期前驱虫：指在家畜体内的虫体尚未发育成熟之前，使用药物将其驱掉。

（2）消灭疾病传播所需的中间宿主或媒介　要根据中间宿主或媒介的生物学特性采取相应的措施。

（3）粪便生物热处理　就是将粪便堆成一定的体积密封，通过其中产生的热量和氨气将虫体或虫卵杀死。无论是健康家畜的粪便还是患病家畜的粪便，都应进行生物热处理。

（4）保护易感动物　即要对家畜采取一些保护性的措施。一是使用化学药物，如在皮下埋植或在反刍兽的瘤胃中投放药物慢性释放控制装置以防止寄生虫感染。二是使用寄生虫疫苗（虫苗）或抗体。

（5）加强检疫　防止病原扩散。

2. 治疗方法

治疗患病家畜不仅是挽救患病家畜的措施，而且通过治好了病畜可以减少病原体对环境的污染，有积极的预防意义。

（1）治疗原则　特效药物驱虫与对症治疗相结合。在运用这个原则时，要根据“急则治其标，缓则治其本”的原则来确定是先特效药物驱虫还是先对症治疗。特效药物驱虫是治本，对症治疗是治标。

（2）特效药物的选择原则　高效、低毒、广谱、价廉、使用方便。

（3）驱虫注意事项

① 用药量要按规定剂量准确投放。

② 应在专门场所内进行驱虫，并在其中停留3～5天，使被驱除的虫体全部排出在该场所内。

③ 所有排泄物、分泌物都要进行生物热处理并对驱虫场所进行消毒。

④ 大规模驱虫之前，必须先进行小群试验，以取得药效和安全性等方面的经验。

经验之二十五：犊牛消化不良的防治体会

犊牛消化不良症是消化机能障碍的统称，是哺乳期犊牛常见的一种胃肠疾病，其特征为出现不同程度的腹泻。该病对犊牛的生长发育危害极大，必须弄清引发该病的原因，及时治愈，并采取综合防治措施。

病因较多，主要有母畜与幼畜饲养管理不当。发病多在吸吮母乳不久，或过1～2天发病。犊牛吃不到初乳或量不足，使体内形成抗体的免疫球蛋白来源贫乏，导致犊牛抗病力低。如乳头或喂乳器不洁，人工给乳不足，乳的温度过高或过低，由哺乳向喂料过渡不好等，均可引起该病发生；妊娠母畜的不全价营养。尤其是蛋白质、维生素、矿物质缺乏，可使母畜的营养代谢紊乱，影响胎儿正常发育，犊牛发育不良、体质衰弱，抵抗力低下；犊牛周围环境不良。如温度过低、圈舍潮湿、缺乏阳光、闷热拥挤、通风不良等。

该病以腹泻为特征，初期犊牛精神尚好，以后随病情加重出现相应症状。腹泻粪便呈粥状、水样，呈黄色或暗绿色，肠音高朗，有臌气及腹痛症状。脱水时，心跳加快，皮无弹性，眼球下陷，衰弱无力，站立不稳。当肠内容物发酵腐败，毒素吸收出现自体中毒时，可出现神经症状，如兴奋、痉挛，严重时嗜睡、昏迷。

由于本病主要是饲养管理不当或细菌感染引起。如母牛营养不足，使初生犊牛体弱，抵抗力低，过迟喂给初乳或喂奶、不定时、不定量，饲料奶质不佳，犊牛舔污物等，均可为引发本病的因素。因此，应从以下几个方面做好防治工作。

（1）加强母畜妊娠期饲养管理，尤其妊娠后期应给予充足的营养，保证蛋白质、维生素及矿物质的供应量。

（2）改善卫生条件及饲养护理措施，圈舍既要防寒保暖，又要通风透光。定期清洗消毒，更换垫草等。

（3）犊牛出生后要尽早吃到并吃足初乳。

（4）治疗方法

① 施行饥饿疗法：禁乳 8～10 小时，此间可口服补液盐，即氯化钠 3.5 克、氯化钾 1.5 克、碳酸氢钠 2.5 克、葡萄糖 20 克，加水至 1000 毫升，按 50～100 毫升/千克体重标准补给。

② 排除胃肠内容物：用缓泻剂或温水灌肠排除胃肠内容物，促进消化，可补充胃蛋白酶和适量 B 族维生素、维生素 C。

③ 服用抗菌药物：为防止肠道感染可服用卡那霉素 0.005～0.01 克/千克体重。为防止肠内腐败、发酵，也可适当用克辽林、鱼石脂、高锰酸钾等防腐制酵药物。

经验之二十六：犊牛下痢的防治体会

犊牛下痢是一种发病率高、病因复杂、难以治愈、死亡率高的疾病。临床上主要表现为伴有腹泻症状的胃肠炎，全身中毒和机体脱水。研究表明，轮状病毒和冠状病毒在生后初期的犊牛腹泻发生中，起到了极为重要的作用，病毒可能是最初的致病因子。虽然它并不能直接引起犊牛死亡，但这两种病毒的存在，能使犊牛肠道功能减退，极易继发细菌感染，尤其是致病性大肠杆菌，引起严重的腹泻。另外，母乳过浓、气温突变、饲养管理失误，卫生条件差等对本病的发生，都具有明显的促进作用。犊牛下痢尤其多发于集约化饲养的犊牛群中。

本病多发于生后第 2～5 天的犊牛。病程 2～3 天，呈急性经过。病犊牛突然表现精神沉郁，食欲废绝，体温高达 39.5～40.5℃，病后不久，即排灰白、黄白色水样或粥样稀便，粪中混有未消化的凝乳块。后期粪便中含有黏液、血液、假膜等，粪色由灰色变为褐色或血样，具有酸臭或恶臭气味，尾根和肛门周围被稀粪污染，尿量减少。约 1 天后，病犊背腰拱起，肛门外翻，常见里急后重，张口伸舌，哞叫，病程后期牛常因脱水衰竭而死。

本病可分为败血型、肠毒血型和肠型。

① 败血型：主要见于7日龄内未吃过初乳的犊牛，为致病菌由肠道进入血液而致发的，常见突然死亡。

② 肠毒血型：主要见于生后7日龄吃过初乳的犊牛，致病性大肠杆菌在肠道内大量增殖并产生肠毒素，肠毒素吸收入血所致。

③ 肠型（白痢）：最为常发，见于7～10日龄吃过初乳的犊牛。

病死犊牛由于腹泻，而使机体脱水消瘦。病变主要在消化道，呈现严重的卡他性、出血性炎症。肠系膜淋巴结肿大，有的还可见到脾肿大，肝脏与肾脏被膜下出血，心内膜有点状出血。肠内容物如血水样，混有气泡。

由于本病发病以1月龄以内的为最多，致命的腹泻多发生在出生后的前2周，主要是初乳喂量不足、饲养员不固定、饲养环境突变、牛舍阴暗潮湿、阳光不足、通风不良、外界环境的改变（如气温骤变、寒冷、阴雨潮湿、运动场泥泞等），使犊牛抵抗力降低，成为发病诱因。生产实践中往往是由于饲养管理不当而使犊牛更易患中毒性下痢。大肠杆菌是引起新生犊牛下痢的主要病源菌。因此，应加强犊牛饲养管理和尽早对犊牛进行投服抗生素药物两方面做好预防工作。

1. 加强犊牛饲养管理

犊牛出生1小时内必须喂初乳，初乳量可稍大，连喂3～5天以便获得免疫抗体；坚持“四定”、“四看”、“二严”。四定即定温、定时、定量、定饲养员；四看即看食欲、看精神、看粪便、看天气变化；二严即严格消毒、严禁饲喂变质牛奶；保持犊牛舍清洁、通风、干燥、牛床、牛栏、运动场应定期用2%火碱水冲刷，褥草应勤换，冬季要做好防寒保暖工作。新生犊牛最好圈养在单独畜栏内，在放入新生犊牛前犊牛栏必须消毒并空放3周，防止病菌交叉感染。应将下痢小牛与健康犊牛完全隔离。

2. 对刚出生的犊牛尽早投服预防剂量的抗生素药物

对刚出生的犊牛尽早投服预防剂量的氯霉素或痢菌净等抗生素药物，对于防止本病的发生具有一定的效果。

3. 早期发现

通常小牛食欲很好，小牛生病的第一征兆可以在饲喂时察觉到，如果小牛食欲差或无饥饿感，就意味着有毛病，如并发下列症状可能会发生腹泻，口鼻干燥，鼻孔流浓涕，粪便干硬，体温升高（肛温高于39℃）。若发现小牛食欲差并出现上述任一症状，应减少牛奶喂量，喂补液盐加温水，并找兽医早期治疗。如能早期诊断并能配合防治措施，犊牛临床型腹泻和死亡率会急剧下降。

4. 怀孕母牛预防接种

可以给怀孕期的母牛注射用当地流行的致病性大肠杆菌株所制成的菌苗。在本病发生严重的地区，应考虑给妊娠母牛注射轮状病毒和冠状病毒疫苗。如牛轮状病毒和冠状病毒疫苗，给孕母牛接种以后，能有效控制犊牛下痢症状的发生。

5. 发病治疗方法

治疗本病时，最好通过药敏试验，选出敏感药物后，再行给药。临床上常选用下列药物治疗本病。

（1）肌肉注射喹诺酮类药物　如乳酸环丙沙星，犊牛1天2次，每次每千克体重7.5毫克，可配合硫酸阿托品对症注射治疗；或者用氟哌酸，犊牛每头每次内服10片，即2.5克，每日2～3次。

（2）氟苯尼考　每千克体重10毫克，每天2天肌肉注射1次。也可用庆大霉素、氨苄青霉素等。

抗菌治疗的同时，还应配合补液，以强心和纠正酸中毒。

（1）口服ORS液（氯化钠3.5克、氯化钾1.5克、碳酸氢钠2.5克、葡萄糖20克，加常水至1000毫升）供犊牛自由饮用，或按每千克体重100毫升，每天分3～4次给犊牛灌服，即可迅速补充体液，同时能起到清理肠道的作用。

（2）6%低分子右旋糖酐、生理盐水、5%葡萄糖、5%碳酸氢钠各250毫升、氢化可的松100毫克、维生素C 10毫升，混溶后，给犊牛一次静脉注射。轻症每天补液一次，重危症每天补液两次。补液速度以30～40毫升/分为宜。

经验之二十七：牛前胃阻塞的防治体会

前胃弛缓是由各种病因导致前胃神经兴奋性降低，肌肉收缩力减弱，瘤胃内容物运转缓慢，微生物区系失调，产生大量发酵和腐败的物质，引起消化障碍，食欲、反刍减退，乃至全身机能紊乱的一种疾病。本病是耕牛、奶牛的一种多发病。本病的特征是食欲减退、前胃蠕动减弱、反刍、嗳气减少或废绝。

一、引起牛前胃阻塞的病因

1. 原发性前胃弛缓

（1）引起神经兴奋性降低的因素　①长期饲喂粉状饲料或精饲料等体积小的饲料使内容物对瘤胃刺激较小；②长期饲喂单一或不易消化的粗饲料，如麦糠、秕壳、半干的山芋藤、紫云英、豆秸等；③突然改变饲养方式，饲料突变，频繁更换饲养员和调换圈舍；④矿物质和维生素缺乏，特别是缺钙时，血钙水平低，致使神经-体液调节机能紊乱，引起单纯性消化不良；⑤天气突然变化等情况；⑥长期重度使役或长时间使役、劳役与休闲不均等；⑦采食了有毒植物如醉马草、毒芹等。

（2）引起纤毛虫活性和数量改变的因素　①长期大量服用抗菌药物；②长期饲喂营养价值不全的饲料等；③长期饲喂变质或冰冻饲料。

2. 应激因素的影响

应激在本病的发生上起重要作用，如严寒、酷暑、饥饿、疲劳、分娩、断乳、离群、恐惧等。

3. 继发性前胃弛缓

常继发于热性病、疼痛性疾病，以及多种传染病、寄生虫病和某些代谢病（骨软症、酮病）过程中及瓣胃与真胃阻塞、真胃炎、真胃溃疡、创伤性网胃炎-腹膜炎、胎衣不下、误食胎衣、中毒性疾病过程中。

二、前胃阻塞的临床症状

（1）急性型前胃阻塞表现　病畜食欲减退或废绝，反刍减少、短促、无力，嗳气增多并带酸臭味；奶牛和奶山羊泌乳量下降；体温、呼吸、脉搏一般无明显异常；瘤胃蠕动音减弱，蠕动次数减少，波长缩短（少于10秒）；触诊瘤胃，其内容物坚硬或呈粥状。病初粪便变化不大，随后粪便变为干硬、色暗，被覆黏液；如果伴发前胃炎或酸中毒时，病情急剧恶化，呻吟、磨牙，食欲废绝，反刍停止，排棕褐色糊状恶臭粪便；精神沉郁，黏膜发绀，皮温不均，体温下降，脉率增快，呼吸困难，鼻镜干燥，眼窝凹陷。

（2）慢性型前胃阻塞表现　多是继发性的。病畜食欲不定，发生异嗜；反刍不规则，短促、无力或停止，嗳气减少。病情时好时坏，日渐消瘦，被毛干枯、无光泽，皮肤干燥、弹性减退；精神不振，体质虚弱。瘤胃蠕动音减弱或消失，内容物黏硬或稀软，瘤胃轻度臌胀；还有原发病的症状。老牛病重时，呈现贫血与衰竭，并常有死亡发生。

三、防治措施

预防本病主要是改善饲养管理，注意饲料的选择、保管，防止霉败变质；注意精、粗饲料的比例，钙、磷比例，以保证机体获得必要的营养物质，不可任意增加饲料用量或突然变更饲料种类；建立合理的使役制度，休闲时期，应注意适当运动；避免不利因素刺激和干扰，尽量减少各种应激因素的影响。

本病的治疗原则是除去病因，加强护理，增强前胃机能，制止腐败发酵，改善瘤胃内环境，恢复正常微生物区系，对症治疗。

（1）除去病因，加强护理　病初绝食1～2天，保证充足的清洁饮水，以后给予适量的易消化的青草或优质干草。轻症病例可在1～2天内自愈。

（2）缓泻　可用硫酸钠（或硫酸镁）300～800克、液体石蜡500～2000毫升、植物油500～1000毫升。盐类泻剂于病初只用一次，以防引起脱水和前胃炎。

（3）止酵　大蒜头200～300克或大蒜酊100毫升、95%酒精或白酒100～150毫升加水服、松节油20～30毫升，一次内服。也可用苦味酊50～100毫升一次内服。

（4）促进前胃蠕动

① 食饵疗法：给病畜适口性好的草料，通过口腔的活动反射性地引起胃肠蠕动。

② 促反刍液：5%氯化钙200～300毫升，10%氯化钠注射液300～500毫升，10%安钠咖注射20～30毫升，1次静脉注射，每日

1次。如果将10%安钠咖注射更换为30%安乃近（新促反刍液）再加入糖液内静注则疗效更好。

③ 拟胆碱药物：新斯的明20～30毫克，1次肌肉注射。氨甲酰胆碱（比赛可灵）2～3毫克，1次皮下注射。0.25%比塞可灵10～20毫升，一次肌肉注射。毛果芸香碱30～50毫克1次皮下注射，0.2%硝酸士的宁5～10毫升，1次皮下注射或脾俞穴注射。

④ 中药：槟榔80克、马钱子8克、番木鳖酊50～80毫升。

⑤ 刺激性兴奋剂：0.1%硫酸铜液2000～4000毫升内服。

（5）改善瘤胃内环境，恢复正常微生物区系 首先校正瘤胃内环境的pH值，若pH>7时以食用醋洗胃，若pH<7以碳酸氢钠洗胃，若渗透压较高时以清水洗胃，待瘤胃内环境接近中性，渗透压适宜的时候给病牛投服健康牛反刍食团或灌服健康牛瘤胃液4～8升。另外用酵母粉300克，红糖250克，95%酒精或龙胆酊、陈皮酊50～100毫升，混合加常水适量，1次内服，也有助于恢复正常微生物区系，有效的治疗该病。酵母粉500克、滑石粉500克，加温更有良效。

（6）对症疗法 继发性臌胀的病牛，清油750毫升、大蒜头200克（捣碎水调服）、食醋500毫升，加水适量灌服。当病畜呈现轻度脱水和自体中毒时，应用25%葡萄糖注射液500～1000毫升，40%乌洛托品注射液20～50毫升，20%安钠咖注射液10～20毫升，静脉注射。或静注5%碳酸氢钠500～1000毫升。重症病例应先强心、补液，再洗胃。

（7）止痛与调节神经机能疗法 对于一些病久的或重病的畜体来讲，可静脉注射安溴50～150毫升或0.25%盐酸普鲁卡因100～200毫升，也可以肌肉注射盐酸异丙嗪250～500毫克或30%安乃近30～50毫升或安痛定20毫升。

（8）中药处方

处方1：当归（油炒）100～200克，番泻叶60～80克，茯苓30～40克，山楂、麦芽、神曲各60克，桔梗30克，杏仁30克，枳实30克，木香20～30克，厚朴30克，香附子30克，二丑30克，槟榔60克，大黄30克，炒马钱子5～8克。研末开水冲或水煎，加食用油250～500毫升或石蜡油500毫升，灌服。本方适用于粪少而干的，体质虚弱者加党参、黄芪等以扶正。

处方2：椿皮散即椿皮、莱菔子、枳壳各60克，常山、柴胡各25克，甘草15克。研末开水冲服。如加苦参50克、三仙各50克疗效更好。

处方3：白术（炒）60～90克、茯苓30～45克、川木香30克、槟榔80克、山楂80克、神曲100克、半夏30克、枳实30克、连翘30克、莱菔子80克、厚朴30克、马钱子8克。研末开水冲服或水煎服。本方适用于粪便稀软者。

经验之二十八：牛瘤胃臌气的防治体会

瘤胃臌气又称瘤胃臌胀，主要是因采食了大量容易发酵的饲料，在瘤胃内微生物的作用下异常发酵，迅速产生大量气体，致使瘤胃急剧膨胀，膈与胸腔脏器受到压迫，呼吸与血液循环障碍，发生窒息现象的一种疾病。临床上以呼吸极度困难，反刍、嗳气障碍、腹围急剧增大等症状为特征。按病因分为原发性臌胀和继发性臌胀；按病的性质分为泡沫性臌胀和非泡沫性臌胀。按病的速度分为急性臌胀和慢性臌胀。

瘤胃臌胀主要是因采食大量的水分含量较高的容易发酵的饲草、饲料，如幼嫩多汁的青草或者经雨、露、霜、雪侵蚀的饲草、饲料而引起；采食了霉败饲草和饲料，如品质不良的青贮饲料、发霉饲草和饲料引起；饲喂后立即使役或使役后马上喂饮；突然更换饲草和饲料或者改变饲养方式，特别是舍饲转为放牧时或由一牧场转移到另一牧场，更容易导致急性瘤胃臌胀的发生；采食了大量含蛋白质、皂苷、果胶等物质的豆科牧草，如新鲜的豌豆蔓叶、苜蓿、草木樨、红三叶、紫云英、豆面等，或者喂饲多量的谷物性饲料，如玉米粉、小麦粉等也能引起泡沫性臌气。继发性瘤胃臌胀，常继发于食道阻塞、前胃弛缓、创伤性网胃炎、瓣胃与真胃阻塞、发热性疾病等疾病。

瘤胃臌胀通常在采食易发酵饲料后不久发病，甚至在采食中发病。表现不安或呆立，食欲废绝，口吐白沫，回顾腹部；腹部迅速膨大，左肷窝明显突起，严重者高过背中线；腹壁紧张而有弹性，叩诊呈鼓音；瘤胃蠕动音初期增强，常伴发金属音，后期减弱或消失；因腹压急剧增高，病畜呼吸困难，严重时伸颈张口呼吸，呼吸数增至每分钟 60 次以上；心跳加快，可达每分钟 100 次以上；病的后期，心力衰竭，静脉怒张，呼吸困难，黏膜发绀；目光恐惧，全身出汗，站立不稳，步态蹒跚，最后倒地抽搐，终因窒息和心脏麻痹而死亡。

慢性瘤胃臌胀表现为瘤胃中度膨胀，时胀时消，常为间歇性反复发作，呈慢性消化不良症状，病畜逐渐消瘦。

诊断要点如下。

① 采食大量易发酵产气饲料。

② 腹部迅速膨大，左肷窝明显突起，严重者高过背中线；腹壁紧张而有弹性，叩诊呈鼓音；病畜呼吸困难，严重时伸颈张口呼吸。

③ 瘤胃穿刺检查：泡沫性臌胀，只能断断续续地从套管针内排出少量气体，针孔常被堵塞而排气困难；非泡沫性臌胀，则排气顺畅，臌胀明显减轻。

④ 胃管检查：非泡沫性臌胀时，从胃管内排出大量酸臭的气体，臌胀明显减轻；而泡沫性臌胀时，仅排出少量带泡沫气体，而不能解除臌胀。

加强饲喂管理是防止本病发生的关键。禁止饲喂发霉、腐败、冰冻、分解的块根植物及毒草，冰冻的饲料应经过蒸煮再予饲喂。尽量不喂或少喂堆积发酵或被雨露浸湿的青草。在饲喂易发酵的青绿饲料时，应先饲喂干草，然后再饲喂青绿饲料。由舍饲转为放牧时，最初几天要先喂一些干草后再出牧，并且还应限制放牧时间及采食量。不让牛进入到苕子地、苜蓿地暴食幼嫩多汁豆科植物。舍饲育肥动物，应该在全价日粮中至少含有 10%～15%的粗料。

本病的治疗原则是加强护理，排除气体，止酵消沫，恢复瘤胃蠕动和对症治疗。治疗上根据病情的缓急、轻重以及病性的不同，采取相应有效的措施进行排气减压。

防止过多饲喂易发酵的幼嫩多汁或沾有雨水的饲草。在喂时把含水分过多的青草给予晾晒，以便减少含水量。尽量不要堆积青草，以防青草发酵。

（1）排气减压

① 口衔木棒法：对较轻的病例，可使病畜保持前高后低的体位，在小木棒上涂鱼石脂（对役畜也可涂煤油）后衔于病畜口内（图 5-30、图 5-31），同时按摩瘤胃或踩压瘤胃，促进气体排出。

图 5-30 自制开口器实物

图 5-31 自制开口器操作示意

② 胃管排气法：严重病例，当有窒息危险时，应实行胃管排气法，操作方法同送胃管的方法。

③ 瘤胃穿刺排气法：严重病例，当有窒息危险且不便实施或不能实施胃管排气法时应瘤胃穿刺排气法，操作方法是用套管针、一个或数个 20 号针头插入瘤胃内放气即可。以上这些方法仅对非泡沫性臌胀有效。

④ 手术疗法：当药物治疗效果不显著时，特别是严重的泡沫性臌胀，应立即施行瘤胃切开术，排气与取出其内容物。病势危急时可用尖刀在左肷部插入瘤胃，放气后再设法缝合切口。

（2）止酵消沫

① 泡沫性臌胀可用二甲基硅油 25～50 克，加水 500 毫升一次灌服；滑石粉 500 克、丁香 30 克（研细）温水调服；植物油或石蜡油，牛 100 毫升，一次灌服，如加食醋 500 毫升，大蒜头 250 克（捣烂）效果更好。

② 止酵可用甲醛 20～60 毫升，加常水 3000 毫升灌服；鱼石脂 15～30 克，一次灌服；松节油 30 毫升，一次灌服；95%酒精 100 毫升，一次灌服或瘤胃内注入。

注意：煤油、汽油、甲醛、松节油、来苏儿虽能消胀，但因有怪味，一旦病畜死亡，其内脏、肉均不能食用，故一般少用。

（3）排除胃内容物　可用盐类或油类泻剂如硫酸镁800克，加常水3000毫升溶解后，一次灌服；增强瘤胃蠕动，促进反刍和嗳气，可使用瘤胃兴奋药、拟胆碱药等进行治疗。此外，调节瘤胃内容物pH值可用3%碳酸氢钠溶液洗涤瘤胃。

注意全身机能状态，及时强心补液，进行对症治疗。

（4）慢性瘤胃臌胀多为继发性瘤胃臌胀　除应用急性瘤胃臌胀的疗法，缓解臌胀症状外，还必须彻底治疗原发病。

经验之二十九：牛瘤胃积食的防治体会

瘤胃积食又称急性瘤胃扩张，是反刍动物贪食大量粗纤维饲料或容易臌胀的饲料引起瘤胃扩张，瘤胃容积增大，内容物停滞和阻塞以及整个前胃机能障碍，形成脱水和毒血症的一种严重疾病。临床上以瘤胃体积增大且较坚硬，病牛呻吟、不吃为特征。

瘤胃积食主要是由于贪食大量粗纤维饲料或容易臌胀的饲料如小麦秸秆、山芋豆藤、老苜蓿、花生蔓、紫云英、谷草、稻草、麦秸、甘薯蔓等再加之缺乏饮水，难以消化所致；过食精料如小麦、玉米、黄豆、麸皮、棉籽饼、酒糟、豆渣等。因误食大量塑料薄膜而造成积食。突然改变饲养方式以及饲料突变、饥饱无常、饱食后立即使役或使役后立即饲喂等因素引起本病的发生。各种应激因素的影响如过度紧张、运动不足、过于肥胖等引起本病的发生。

常在饱食后数小时或1～2天内发病。食欲废绝、反刍停止、空嚼、磨牙。腹部膨胀，左肷部充满，触诊瘤胃，内容物坚实或坚硬，有的病畜触诊敏感，有的不敏感，有的坚实，拳压留痕，有的病例呈粥状；瘤胃蠕动音减弱或消失。有的病畜不安，目光凝视，拱背站立，回顾腹部或后肢踢腹，间或不断的起卧。病情严重时常有呻吟、流涎、嗳气，有时作呕或呕吐。病畜发生腹泻，少数有便秘症状。

瘤胃积食也常常继发于前胃弛缓、创伤性网胃腹膜炎、瓣胃阻塞、皱胃阻塞、胎衣不下、药呛肺等疾病。

诊断要点：一是有过食饲料特别是易膨胀的食物或精料；二是食

欲废绝，反刍停止，瘤胃蠕动音减弱或消失，触诊瘤胃内容物坚实或有波动感；三是体温正常，呼吸、心跳加快；有酸中毒导致的蹄叶炎使病畜卧地不起的现象。

本病预防的关键是建立合理的饲养管理制度，防止牛过食。精饲料、糟粕类饲料喂量应加工调制，按规定喂量供给，不突然变换饲料，充分饮水，适当运动；同时还要加强饲料保管和牛的管理，防止牛脱缰过食。避免外界各种不良因素的影响和刺激。

治疗原则是加强护理，增强瘤胃蠕动机能，排出瘤胃内容物，制止发酵，对抗组胺和酸中毒，对症治疗。

治疗方法如下。

（1）按摩疗法　在牛的左肷部用手掌、拳、木棒与木板（二人抬）、布带（二人拉）按摩瘤胃，每次 5～10 分钟，每隔 30 分钟按摩一次。结合灌服大量的温水，则效果更好。

（2）腹泻疗法　硫酸镁或硫酸钠 500～800 克，加水 1000 毫升，液体石蜡或植物油 1000～1500 毫升，给牛灌服，加速排出瘤胃内容物。

（3）促蠕动疗法　可用兴奋瘤胃蠕动的药物，如 10%高渗氯化钠 300～500 毫升，静脉注射，同时用新斯的明 20～60 毫升，肌注能收到好的治疗效果。

（4）洗胃疗法　用直径 4～5 厘米、长 250～300 厘米的胶管或塑料管一条，经牛口腔导入瘤胃内，然后来回抽动，以刺激瘤胃收缩，使瘤胃内液状物经导管流出。若瘤胃内容物不能自动流出，可在导管另一端连接漏斗，向瘤胃内注温水 3000～4 000 毫升，待漏斗内液体全部流入导管内时，取下漏斗并放低牛头和导管，用虹吸法将瘤胃内容物引出体外。如此反复，即可将精料洗出。

（5）病牛饮食欲废绝、脱水明显时，应静脉补液，同时补碱，如 25%的葡萄糖 500～1000 毫升，复方氯化钠液或 5%糖盐水 3～4 升，5%碳酸氢钠液 500～1000 毫升等，一次静脉注射。

（6）切开瘤胃疗法　重症而顽固的积食，应用药物不见效果时，或怀疑为食入塑料薄膜而造成的，且病畜体况尚好时，应及早施行瘤胃切开术，取出瘤胃内容物，填满优质的草，用 1%温食盐水冲洗，并接种健畜瘤胃液。

经验之三十：牛瘤胃酸中毒的防治体会

瘤胃酸中毒又称急性碳水化合物过食，是因采食大量的谷类或其他富含碳水化合物的饲料后，导致瘤胃内产生大量乳酸而引起的一种急性代谢性酸中毒。其特征为消化障碍、瘤胃运动停滞、脱水、酸血症、运动失调甚至瘫痪、衰弱、休克，常导致死亡。

1. 常见的病因

① 饲养管理不当使牛闯进厨房或住宅、饲料房、粮食或饲料仓库或晒谷场，播种时的种子袋没有管好，在短时间内采食了大量的人的食物如面、米、豆腐、馍馍等；谷物或豆类如大麦、小麦、玉米、稻谷、高粱及甘薯干，特别是粉碎后的谷物，畜禽的配合饲料，在瘤胃内高速发酵，产生大量的乳酸而引起瘤胃酸中毒。

② 舍饲肉牛若不按照由高粗饲料向高精饲料逐渐变换的方式，而是突然饲喂高精饲料而草不足时，易发生瘤胃酸中毒。

③ 现代化肉牛生产中常因饲料混合不匀，而使采入精料含量多的牛发病。

④ 在农忙季节，给耕牛突然补饲谷物精料，豆糊、玉米粥或其他谷物，因消化机能不相适应，瘤胃内微生物群系失调，迅速发酵形成大量酸性物质而发病。

⑤ 当牛采食发酵后的甜菜渣、淀粉渣、酒渣、醋渣也发病。

⑥ 当牛采食苹果、青玉米、甘薯、马铃薯、甜菜时也可发病。

2. 临床症状

本病多数呈现急性经过，一般 24 小时发生，有些特急性病例可在采食谷类饲料后 3～5 小时内无明显症状而突然死亡或仅见精神沉郁、昏迷，而后很快死亡。本病的主要症状及发病速度与饲料的种类、性质及食入的量有关，以玉米、大米、大麦及小麦的发病较快而且严重，食入加工粉碎的饲料比饲喂未经粉碎的饲料发病快。

① 急性型：步态不稳，呼吸急促，往往在发现症状后 1～2 小时死亡。临死前张口吐舌，高声哞叫，摔头蹬腿，卧地不起，从口内流

出泡沫状含血液体。

② 亚急性型：食欲废绝、精神沉郁、呆立、不愿行走、眼窝凹陷、肌肉震颤。病情较重者瘫痪卧地，头向背侧弯曲呈角弓反张样，四肢直伸，呻吟，磨牙，眼睑闭合，呈睡状。

3. 诊断要点

一是根据脱水，瘤胃胀满，大量出汗，卧地不起，多为躺卧，四肢伸直，心跳多在百次以上，呼吸加快，口流涎沫；二是有过食豆类、谷类或含丰富碳水化合物饲料的病史；三是瘤胃液 pH 值下降至 4.5～5.0，尿液 pH 值 5.0～5.6，血液 pH 值降至 6.9 以下，血液乳酸升高等。

4. 防治措施

应加强饲料管理，合理调制加工饲料，正确组合日粮，严格控制谷物精料的饲喂，防止偷食精料。日粮供应要合理，精粗饲料比例要平衡，肉牛由高粗饲料向高精饲料的变换要逐步进行，应有一个适应期。耕牛在农忙季节的补料亦应逐渐增加，不可突然一次补给较多的谷物或豆类。防止牛闯入饲料房、仓库、晒谷场，暴食谷物、豆类及配合饲料。特别需要注意的是此病犊牛发生率较高，原因是犊牛未上绳拴系，散放养，饲养管理疏忽或饲养员缺乏经验等，需要对犊牛进行重点看管。

治疗原则是加强护理，清除瘤胃内容物，纠正酸中毒，补充体液，恢复瘤胃蠕动。

（1）缓解体内酸中毒

① 静脉注射 5%碳酸氢钠 1000～1500 毫升，每日 1～2 次；10%氯化钠 500 毫升，每日 1～2 次。

② 补液：常用复方生理盐水或葡萄糖生理盐水，输液量根据脱水程度而定，输液时可加入安钠咖。心跳在百次以上者可加 654-2 100～200 毫克。

（2）消除瘤胃中的酸性产物

① 导胃与洗胃：用大口径胃导管以 1%～3%碳酸氢钠或 5%氧化镁液，温水反复冲洗瘤胃，冲洗后瘤胃内可投服碳酸氢钠或氧化镁 300～500 克。轻症病例，可内服氢氧化镁、碳酸氢钠各 300～500

克，加水 4～8 升，灌服。

② 调节瘤胃液 pH 值：投服碱性药物，如滑石粉 500～800 克、碳酸氢钠 300～500 克或氧化镁 300～500 克，以及碳酸钙 200～300 克等，每天 1 次。

③ 使用缓泻剂：如石蜡油 1000～1500 毫升，大黄苏打片 300～500 克。

④ 提高瘤胃兴奋性：可用比塞可灵或新斯的明、毛果芸香碱皮下注射。

⑤ 手术疗法：采食精料过多，产酸严重，无法经洗胃与泻下消除的，对生命构成威胁的宜及早的行瘤胃切开术，排空内容物，用 3%碳酸氢钠或温水洗涤瘤胃数次，尽可能彻底地洗去乳酸。然后，向瘤胃内放置适量轻泻剂和优质干草，条件允许时可给予正常瘤胃内容物。

（3）恢复瘤胃内容物的体积及瘤胃内微生物群活性　应喂以品质良好的干草，对牛无食欲的应耐心的强行喂食，为了恢复瘤胃内微生物群活性，可投服健康牛瘤胃液 5～8 升。

（4）加强护理　在最初 18～24 小时要限制饮水量。在恢复阶段，应喂以品质良好的干草而不应投食谷物和配合精饲料，以后再逐渐加入谷物和配合饲料。

经验之三十一：牛食道阻塞的防治体会

食道阻塞俗称“草噎”，是食道被食团或异物突然阻塞的一种严重食道疾病。主要是由于饥饿导致吃草太多太急，吞咽过猛，使食团或块根、块茎类饲料未经咀嚼而下咽引起。另外，食道麻痹、食道痉挛、食道狭窄等也可引起本病。

1. 造成食道阻塞的病因

① 容易引发食道阻塞的物质有甘薯、马铃薯、甜菜、苹果、玉米穗、豆饼块、花生饼等大块的饲料和破布、塑料薄膜、毛线球、木片或胎衣、煤块、小石子等异物。

② 由于缺乏维生素、矿物质、微量元素，引起异食癖的容易吞食异物而发生。

③ 引起食道阻塞发生的条件是咀嚼不充分，引起咀嚼不充分原因有：饥饿状态下采食过急；在采食中，因突然受到惊吓；抢食或偷食；采食习惯，牛羊采食时速度快，咀嚼极少，所以很容易阻塞。

④ 引起吞咽过程受阻，这种情况主要继发于食道狭窄、食道麻痹、食道炎等疾病。

2. 临床症状

其临床特征是采食过程中突然停止采食，惊恐不安，摇头缩颈，张口伸舌，大量流涎，频繁呈现吞咽动作。颈部食道阻塞时，外部触诊可感阻塞物；胸部食道阻塞时，在阻塞部位上方的食道内积满唾液，触诊能感到波动并引起哽噎运动。胃管探诊，当触及阻塞物时，感到阻力，不能推进送入瘤胃中。由于嗳气障碍而易发生瘤胃臌胀，经瘤胃穿刺，病情缓解后，不久又发生急性瘤胃臌气。

3. 诊断要点

一是大量流涎、吞咽障碍、瘤胃臌气多突然发病；二是触诊，颈部食道阻塞时可感阻塞物；胸部食道阻塞时，在阻塞部位上方的食道内积满唾液，触诊能感到波动；三是导管探诊，当触及阻塞物时，感到阻力，不能推进送入瘤胃中；四是X射线检查，在完全性阻塞或阻塞物质地致密时，阻塞部呈块状密影。

注意本病要与流涎、瘤胃臌气两症状共有的疾病进行区别诊断。一是有机磷中毒，瞳孔缩小，腹痛，呼吸困难，全身颤抖、抽搐；二是食道狭窄，病情发展缓慢，常常表现假性食道阻塞症状，但饮水和流体饲料可以咽下；三是破伤风，头颈伸直，两耳直立，牙关紧闭，四肢强直如木马状。

4. 防治措施

加强饲养管理，定时饲喂，防止饥饿后抢食；合理加工调制饲料，块根、块茎及粗硬饲料要切碎或泡软后喂饲；秋收时当牛路过种有马铃薯和萝卜的地时应格外小心；妥善管理饲料堆放间，防止偷食或骤然采食；要积极治疗异食癖的病畜。

治疗原则是解除阻塞，疏通食道，消除臌气，防止窒息死亡，加强护理和预防并发症的发生。

(1) 瘤胃臌气严重有窒息死亡危险的应首先穿刺放气。

(2) 除噎法

① 挤压法：当采食块根、块茎饲料而阻塞于颈部食道时，将病畜横卧保定，用平板或砖垫在食道阻塞部位；然后以手掌抵于阻塞物下端，朝咽部方向挤压，将阻塞物挤压到口腔，即可排出。若为谷物与糠麸，病畜站立保定，双手从左右两侧挤压阻塞物，促进阻塞物软化，使其自行咽下。

② 推送法：即将胃管插入食道内抵住阻塞物，徐徐把阻塞物推入胃中。此法主要用于胸部、腹部食道阻塞。在下送时先灌一定量的植物油或液体石蜡效果更好。

③ 打气法：把打气管接在胃管上（犊牛用口吹），然后适量打气，并趁势推动胃管，将阻塞物推入胃内。但要注意，不能打气过多和推送过猛，以免食道破裂。

④ 打水法：一般方便的方法是将胃管的一端连接与自来水龙头上，另一端送入食道内，待确定胃管与阻塞物接触之后，迅速打开自来水并顺势将阻塞物送入瘤胃内。

⑤ 虹吸法：当阻塞物为颗粒状或粉状饲料时，除“挤压法”外，还可使用用清水反复泵吸或虹吸，把阻塞物洗出，或者将阻塞物冲下。

⑥ 药物疗法：在食道润滑状态下，皮下注射3%盐酸毛果芸香碱3毫升，促进食道肌肉收缩和分泌，经3～4小时奏效。

⑦ 掏噎法：近咽部食道阻塞，在装上开口器后，可徒手或借助器械取出阻塞物；也可以用长柄钳（长50厘米以上）夹出或用8号铁丝拧成套环送入食道套出阻塞物。

⑧ 碎噎法：对容易碎的阻塞物如甘薯、马铃薯、苹果、嫩玉米穗、豆饼块、花生饼引起的噎症，可用两块对准阻塞物将其砸碎或将病牛右侧侧卧保定在阻塞物的下方垫一块砖头用另一块砖头对准阻塞物将其砸碎并送入瘤胃中。

⑨ 民间法：先灌入少量植物油，稍待片刻后，将缰绳拴在左前肢系凹部，使牛头尽量低下，然后驱赶前进，借助颈部肌肉收缩，使阻塞物咽入胃内。

⑩ 手术疗法：当采取上述方法不见效时，应施行手术疗法。采用食道切开术，或开腹按压法治疗。也可施行瘤胃切开术，通过喷门将阻塞物排除。近咽部食道阻塞：在装上开口器后，可徒手或借助器械取出阻塞物。

经验之三十二：牛创伤性网胃腹膜炎的防治体会

创伤性网胃腹膜炎又称金属器具病或创伤性消化不良，是由于金属异物混杂在饲料内，被误食后进入网胃，导致网胃和腹膜损伤及炎症的一种疾病。本病主要发生于牛，间或发生于羊。

1. 造成创伤性网胃腹膜炎病因

因为牛在采食时，不能用唇辨别混于饲料中的金属异物，而且食物又不能在口腔中咀嚼完全便迅速囫囵吞下，所以只要草料中有金属异物就可能将其吞下。容易混入异物的情况是：对金属管理不完善；在建筑工地附近、路边或工厂周围等金属多的地方放牧；饲料加工、堆放、运输、包装、管理不善；没有消除金属异物的装备；工作人员携带别针、注射针头、发卡、大头钉等保管不善；用具的金属松动掉落。常见金属异物包括铁钉、碎铁丝、缝针、别针、注射针头、发卡及钢笔尖、回形针、牙签、大头钉、指甲剪、铅笔刀和碎铁片等。各种因素如妊娠、分娩、爬跨、跳跃、瘤胃臌气等造成腹内的压升高是本病的发生的诱因。

2. 临床症状

病牛采食时随同饲料吞咽下的金属异物，在未刺入胃壁前，没有任何临床症状。通常存留在网胃内的异物，当分娩阵痛，瘤胃积食以及其他致使腹腔内压增高的因素影响下，突然呈现临床症状。病初，一般多呈现前胃弛缓，食欲减退，有时有异食癖，瘤胃收缩力减弱，因受到抑制而弛缓，不断嗳气，常常呈现间歇性瘤胃臌胀。肠蠕动音减弱，有时发生顽固性便秘，后期下痢，粪有恶臭，肉牛的泌乳量减少。由于网胃疼痛，病牛有时突然骚动不安。病情逐渐增剧并因网胃和腹膜或胸膜受到金属异物损伤，呈现各种异常临床症状。

（1）姿势异常 站立时，常采取前高后低的姿势，头颈伸展，两眼半闭，肘关节向外展、拱背，不愿移动。

（2）运动异常 牵病牛行走时，怕上下坡，在砖石或水泥路面上行走时止步不前。

（3）起卧异常 当卧地、起立时，因感疼痛，极为谨慎，肘部肌肉颤动，甚至呻吟和磨牙。

（4）叩诊异常 叩诊网胃区，即剑状软骨左后部腹壁，病牛感疼痛，呈现不安、呻吟、躲避或退让。

（5）反刍吞咽异常 有些病例反刍缓慢，间或见到吃力地将网胃中食团逆呕到口腔，并且吞咽动作常有特殊表现，颜貌忧苦，吞咽时缩头伸颈、停顿，很不自然。

（6）全身机能状态 体温、呼吸、脉搏在一般病例无明显变化，但在网胃穿孔后，最初几天体温可能升高至40℃以上，其后将至常温，转为慢性过程，无神无力，消化不良，病情时而好转，时而恶化，逐渐消瘦。

单纯性创伤性网胃炎是极其少见的，其往往有创伤性心包炎、创伤性腹膜炎、创伤性肺炎、创伤性胃穿孔、创伤性真胃阻塞等需要注意判断。

3. 诊断要点

① 呈现顽固性前胃迟缓久治不愈。

② 实验室检查：病的初期，白细胞总数升高，中性粒细胞增至45%～70%、淋巴细胞减少至30%～45%，核左移。

③ X射线检查：根据X射线影像，可确定金属异物损伤网胃壁的部位和性质。

④ 金属异物探测器检查，可查明网胃内金属异物存在的情况。

由于本病临床特征不突出，一般病例，都具有顽固性消化机能不良现象，容易与胃肠道其他疾病混淆 。唯有反复临床检查，结合病史进行论证分析，予以综合判定，才能确诊。本病的诊断应根据饲料管理情况，结合病情发展过程进行。姿态与运动异常、顽固性前胃弛缓、逐渐消瘦、网胃区触诊有痛感以及长期治疗不见效果，也是为本病的基本症状。

4. 鉴别诊断

注意本病与急性局限性网胃腹膜炎、弥漫性网胃腹膜炎、创伤性网胃心包炎和创伤性真胃阻塞的鉴别诊断。

① 急性局限性网胃腹膜炎：病畜食欲减退或废绝，肘部外展，不安，拱背站立，不愿活动，起卧时极为谨慎，不愿走下坡路、跨沟或急转弯；瘤胃蠕动减弱，轻度臌气，排粪减少；网胃区触诊，病牛呈敏感反应，且发病初期表现明显。泌乳量急剧下降；体温升高，但部分病例几天后降至常温。有的病例金属刺到腹壁时，皮下形成脓肿。

② 弥漫性网胃腹膜炎：全身症状明显，体温升高至40～41℃，脉率、呼吸增快，食欲废绝，泌乳停止；胃肠蠕动音消失，粪便稀软而少；病畜不愿起立或走动，时常发出呻吟声，在起卧和强迫运动时更加明显。由于腹部广泛性疼痛，难以用触诊的方法检查到网胃局部的腹痛。疾病后期，反应迟钝，体温升高至40℃，多数病畜出现休克症状。

③ 创伤性网胃心包炎：除创伤性网胃炎的症状之外，病牛颌下、胸前水肿，心音混浊并伴有击水音或金属音。

④ 创伤性真胃阻塞：右侧真胃处突出，触诊成面袋状，消瘦，泌乳量少，间歇性厌食，瘤胃蠕动减弱，间歇性轻度臌气，久治不愈。

5. 防治措施

预防上，加强日常性饲养管理工作，注意饲料选择和调理，防止饲料中混杂金属异物。采取预防牛食入金属异物的措施。一是给牛戴磁铁笼；二是饲料自动输送线或青贮塔卸料机上安装大块电磁板；三是加强饲养管理，修理牛舍及有关工具时，要及时把在地上的铁钉及铁线残段等金属异物拾起，不在饲养区乱丢乱放各种金属异物，不在房前屋后、铁工厂、垃圾堆附近放牧和收割饲草；四是喂牛羊时用磁性搅拌工具反复搅拌；五是对野干草收购要严格把关，对一些野干草中有较多杂质，如小竹片、铁丝、金属异物等要拒收，现在牧场中肉牛吃野干草较多，因此这方面要更加注意；六是定时检查，及时治疗。定期应用金属探测器检查牛群，并应用金属异物摘除器从瘤胃和网胃中摘除异物。如用取铁器不能将铁器全部取出，可在牛胃中放置磁管，以吸附牛胃中残存的铁。

（1）保守疗法　将病牛立于斜坡上或斜台上，保持前驱高后躯低的姿势，减轻腹腔脏器对网胃的压力，促使异物退出网胃壁。

（2）为使异物被结缔组织包围、减轻炎症、疼痛，改善症状，可用“水乌钙疗法”（10%水杨酸钠 100～200 毫升，40%乌洛托品 50 毫升，5%氯化钙 100～300 毫升，加入葡萄糖内静注）、新促反刍液（5%氯化钙 200～300 毫升，10%氯化钠注射液 300～500 毫升，30%安乃近注射 20～30 毫升，1 次静脉注射，每日 1 次）和抗生素三步疗法。抗生素常用庆大霉素 100 万～150 万国际单位或丁胺卡那霉素 5 克或青霉素 500 万～1500 万国际单位，均加在葡萄糖液内静脉注射，连用 2～3 次，疗效十分显著。如效果不显著，除交换使用抗生素外，可改第三步为黄色素（0.5%黄色素 100～150 毫升加入葡萄糖内）。

（3）用特别磁铁经口投入网胃中，吸取胃中金属异物，同时青链霉素肌肉注射，效果更好。

（4）手术取出金属异物　施行瘤胃切开术，从网胃壁上摘除金属异物。对于患创伤性网胃炎的肉牛要及时手术取铁，造成创伤性心包炎的肉牛要及时淘汰，以免造成更大的损失。

经验之三十三：牛蹄部疾病的防治体会

牛蹄的保健是保证牛健康的重要原因之一，尤其是母牛，母牛蹄部疾病的发病率仅次于乳房疾病，是影响母牛健康和生产性能的常见病。加强牛蹄部保健，及时防治蹄部疾病，可有效减少牛蹄部疾病的发生，提高牛的利用年限，降低因蹄变形、蹄病造成的淘汰率，提高肉牛养殖的经济效益。

1. 蹄病发生的原因

（1）与营养的关系　不平衡的营养水平在很大程度上会导致蹄病

发生。产前精料喂量过多，过量补喂蛋白质或已霉变的粗、精饲料易造成蹄叶炎发生，母牛过于肥胖，产后胎衣下不，子宫炎和酮病瘤胃酸中毒发病增多，而这些疾病可致使蹄病的发生。饲料矿物质缺乏，特别是钙、磷含量不足，比例不当，致使钙、磷代谢紊乱，临床上出现骨质疏松症，而导致蹄病的发生。

（2）与圈舍的关系　母牛一般都采用圈养且牛舍地面多用水泥硬化。长时间站立或卧在硬度大的地面上，造成蹄部机械性摩擦、压迫跗关节而引起挫伤、炎症。牛舍阴暗潮湿，通风不良，氨气浓度过高，在氨的作用下，蹄底角质变性分解呈粉状，故在临床上出现“粉蹄”；炎热多雨季节，牛圈泥泞，粪尿堆积发酵，牛蹄受污物浸渍，角质变软，抵抗力下降，促使蹄病发生；生长期立于水泥地等较硬地面上，可使角质过度磨损，引起蹄底发生严重挫伤；圈舍过小，牛密度过大，母牛缺少运动，蹄角质过度生长，出现变形、蹄裂。

（3）与季节的关系　夏秋季因饲喂青绿多汁饲料，牛粪稀、尿多，潮湿环境适合病原菌生长，易使蹄部皮肤疏松、角质变软而发病。另外，牛经过6～8月份的高温高湿气候后，体质下降，蹄部易发生病变，故本病夏秋季节发病率较高。

（4）与管理的关系　养殖者缺乏牛蹄保健观念，修蹄不及时或不修蹄，蹄受多种因素影响，表现异常角质形成，出现蹄变形，则促使蹄病的发生。牛集中饲养时环境因素、圈舍运动场不消毒、不清扫，致使传染病、寄生虫病流行和传播，常会引起蹄病出现，如口蹄疫、坏死杆菌病、牛病毒性腹泻、锥虫病等。

（5）与疾病的关系　母牛产犊后，若发生子宫内膜炎、乳房炎、产后综合征等疾病时可继发蹄病，此时母牛身体虚弱，蹄病也较难治疗。

（6）与遗传育种的关系　在生产实践中，养殖场可通过淘汰有明显肢蹄缺陷，特别是那些蹄变形严重，经常发生跛行的母牛及其后代，或使牛群肢蹄状况得到改善。

2. 蹄病诊断

（1）站立检查　牛站立于平坦地面，注意观察前、后、左、右肢的负重姿势，牛吃料时观察有无频频提脚，前肢交叉，拱背，脚尖着地，蹄冠红肿等现象。可根据负重情况判断患肢，再依照患肢负重姿势判断患病部位，如患肢前伸则病变位于蹄前部或蹄尖部，患肢后踏则病变位于蹄的后部，患肢外展则可能蹄外侧壁发生炎症。

（2）运动检查 患蹄病牛只步样跛行证明已进入病后期，因此平常巡视时就应留意牛只步样，以及早发现患牛。一侧前肢负重瞬间，牛低头说明该侧为健肢，若抬头则为患肢。一侧后肢负重瞬间，该侧臀部下沉说明为健肢，否则为患肢。另外，牛只运步缓慢、步履蹒跚、喜卧、口沫分泌增加等情况也应引起注意。

（3）修蹄时的检查 已患肢蹄病的牛，应进行修蹄治疗。牛固定于修蹄架上后，先查蹄温，可用手背感触蹄前壁、蹄侧壁、蹄踵和蹄冠的温度，温度高证明局部有炎症。对蹄底采用痛觉检查法：先用检蹄钳对蹄壁各处施行短而断续的敲打，有痛觉的说明趾（指）有病变。

3. 护蹄方法

① 供应平衡日粮，满足肉牛对各种营养成分的需求，其中特别注意精粗比、碳氮比和钙磷比。

② 保持圈舍、运动场清洁、干燥，不用炉渣、石子铺运动场。保持蹄部卫生，夏天用清水每日冲洗。牛床的坡度不要太大，坡度过大会造成如牛蹄畸形或肢蹄病。可在牛床上垫胶皮垫，防止肉牛打滑和冻蹄及蹄部的磨损。

③ 建立修蹄制度，每年春、秋季各检查和整蹄1次。

④ 坚持用药物浴蹄：浴蹄药物选择3%～5%福尔马林或5%硫酸铜。治蹄方法有喷洒治蹄和浸泡浴蹄。喷洒治蹄，用清水清洗蹄部泥土粪尿等脏物，将药液直接喷洒蹄部，夏秋季每5～7天喷洒一次，冬春季可适当延长时间。浸泡浴蹄，在牛必经处设蹄浴池（长3～5米、宽1米、深15厘米），放置药液量为蹄浴池深度，约10厘米，每日过蹄浴池，每周换药液一次。

⑤ 对患有肢蹄病的牛要及时治疗。

经验之三十四：日射病及热射病的防治体会

日射病和热射病是由于急性热应激引起的体温调节机能障碍的一

种急性中枢神经系统疾病。日射病是牛羊在炎热的季节中，头部持续受到强烈的日光照射而引起脑及脑膜充血和脑实质的急性病变，导致中枢神经系统机能障碍性疾病。热射病是牛所处的外界环境气温高，湿度大，产热多，散热少，体内积热而引起的严重中枢神经系统机能紊乱的疾病。临床上日射病和热射病统称为中暑。牛中暑是夏、秋季的常发病，特别是役用牛和犊牛易发。牛中暑若防治不及时，往往造成死亡或严重影响农事的进行，应引起高度重视。

1. 发病病因

在高温天气和强烈阳光下使役、驱赶、奔跑、运输等常常可发病。集约化养殖场饲养密度过大、潮湿闷热、通风不良、牛体质衰弱或过肥、出汗过多、饮水不足、缺乏食盐等是引起本病的常见原因。

2. 临床症状

在临床实践中，日射病和热射病常同时存在，因而很难精确区分。

① 日射病：突然发生，病初精神沉郁，四肢无力，步态不稳，共济失调，突然倒地，四肢作游泳样运动。病情发展急剧，呼吸中枢、血管运动中枢、体温调节中枢机能紊乱、甚至麻痹。心力衰竭，静脉怒张，脉微弱，呼吸急促而节律失调，结膜发绀，瞳孔初散大、后缩小。皮肤、角膜、肛门反射减退或消失，腱反射亢进，常发生剧烈的痉挛或抽搐而迅速死亡。

② 热射病：突然发病，体温急剧上升，高达41℃以上，皮温增高，出现大汗或剧烈喘息。病畜站立不动或倒地张口喘气，两鼻孔流出粉红色、带小泡沫的鼻液。心悸亢进，脉搏疾速，达每分钟100次以上。眼结膜充血。后期病畜呈昏迷状态，意识丧失，四肢划动，呼吸浅而疾速，节律不齐，脉不感手，第一心音微弱，第二心音消失，血压下降。

日射病和热射病均病情发展急剧，常常因来不及治疗而发生死亡。早期采取急救措施可望痊愈，若伴发肺水肿，多预后不良。

根据发病季节，病史资料和体温急剧升高，心肺机能障碍和倒地昏迷等临床特征，可以确诊。

3. 防治措施

加强高温季节的饲养管理是防止牛发生本病的关键。牛舍建造要较宽敞、凉爽和通风，禁止用油毛毡和塑膜盖牛舍屋顶。防止日光直射头部。役用牛在炎热季节应早晚干活，中午休息，使用中也应不时休息并适当多饮水。夏秋季牛要拴在阴凉处休息，要常洗刷牛体，保持清洁凉爽。炎热季节车船运输牛应在早、晚进行并防过于拥挤；不可较长时间在水泥、沙（石）地上行走。高温时役牛干活前应灌饮3～4小瓶“十滴水”（兑入500～1000毫升凉水）。

治疗原则是加强护理、促进降温、减轻心肺负荷、镇静安神、纠正水盐代谢和酸碱平衡紊乱。

① 消除病因和加强护理：应立即停止一切应激，将病畜移至阴凉通风处，若病畜卧地不起，可就地搭起遮阴棚，保持安静。

② 降温疗法：不断用冷水浇洒全身，或用冷水灌肠，口服1%冷盐水，或于头部放置冰袋，亦可用酒精擦拭体表。

③ 泻血：体质较好者可泻血适量（牛1000～2000毫升），同时静脉注射等量生理盐水，以促进机体散热。

④ 缓解心肺机能障碍：对心功能不全者，可注射安钠咖等强心剂。为防止肺水肿，静脉注射地塞米松。

⑤ 静脉注射20%甘露醇或25%山梨醇500～1000毫升或50%葡萄糖液300～500毫升，可降低颅内压。

⑥ 镇静：当病畜烦躁不安和出现痉挛时，可口服或直肠灌注水合氯醛黏浆剂或肌肉注射氯丙嗪或少量静松灵。

⑦ 缓解酸中毒：当确诊病畜已出现酸中毒，可静脉注射5%碳酸氢钠注射液，牛300～600毫升。

经验之三十五：胎衣不下的防治体会

胎衣不下又称为胎膜停滞，是指母畜分娩后不能在正常时间内将胎膜完全排出。一般正常排出胎衣的时间，大约在分娩后，牛为12小时。母畜在娩出胎儿后，胎衣在第三产程的生理时限内未能排出。出现胎衣不下的一般病牛没有全身症状，但食欲和产奶量下降。当子宫出现弛缓或外伤时，可出现全身症状。胎膜排出前子宫颈闭锁，可造成严重的子宫炎并伴有全身症状。本病多发生于具有结缔组织绒毛膜胎盘类型的反刍动物，尤以不直接哺乳或饲养不良的乳牛多见。初产牛对胎衣不下耐受力较差，尤其是胎衣部分不下，子宫颈口闭锁时，初产牛会发生极其严重的全身症状。

1. 发病病因

牛发生胎衣不下的原因很多，主要有以下几个方面。

（1）产后子宫收缩无力　日粮中钙、镁、磷比例不当，运动不足，消瘦或肥胖，致使母畜虚弱和子宫弛缓；胎水过多，双胎及胎儿过大，使子宫过度扩张而继发产后子宫收缩微弱；难产后的子宫肌过度疲劳，以及雌激素不足等，都可导致产后子宫收缩无力。

（2）胎儿胎盘与母体胎盘黏着　由于子宫或胎膜的炎症，都可引起胎儿胎盘与母体胎盘粘连而难以分离，造成胎衣滞留。其中最常见的是感染某些微生物，如布氏杆菌、胎儿弧菌等；维生素 A 缺乏能降低胎盘上皮的抵抗力而易感染。

（3）与胎盘结构有关　牛的胎盘是结缔组织绒毛膜型胎盘，胎儿胎盘与母体胎盘结合紧密，故易发生。

（4）环境应激反应　分娩时，受到外界环境的干扰而引起应激反应，可抑制子宫肌的正常收缩。

2. 诊断要点

胎衣不下有全部不下和部分不下两种。

（1）全部胎衣不下　停滞的胎衣悬垂于阴门之外，呈红色→灰红色→灰褐色的绳索状，且常被粪土、草渣污染。如悬垂于阴门外的是尿膜羊膜部分，则呈灰白色膜状，其上无血管。但当子宫高度弛缓及脐带断裂过短时，也可见到胎衣全部滞留于子宫或阴道内。牛全部胎衣不下时，悬垂于阴门外的胎膜表面有大小不等的稍突起的朱红色的胎儿胎盘，随胎衣腐败分解（1～2 天）发出特殊的腐败臭味，并有红褐色的恶臭黏液和胎衣碎块从子宫排出，且牛卧下时排出量显著增多，子宫颈口不完全闭锁。部分胎衣不下时，其腐败分解较迟（4～5 天），牛耐受性较强，故常无严重的全身症状，初期仅见拱背、举尾及努责；当腐败产物被吸收后，可见体温升高，脉搏增数，反刍及食欲减退或停止，前胃弛缓，腹泻，泌乳减少或停止等。

（2）部分胎衣不下　将脱落不久的胎衣摊开，仔细观察胎衣破裂处的边缘及其血管断端能否吻合以及子叶有无缺失，可以查出是否发生胎衣部分不下。残存在母体胎盘上的胎儿胎盘仍存留于子宫内。胎衣不下能伴发子宫炎和子宫颈延迟封闭，且其腐败分解产物可被机体吸收而引起全身性反应。胎衣部分不下通常仅在恶露排出时间延长时才被发现，所排恶露性质与胎衣完全不下时相同，仅排出量较少。

3. 防治措施

加强饲养管理，增加母畜的运动，注意日粮中钙、磷和维生素 A 及维生素 D 的补充，做好布氏杆菌病、沙门菌病和结核病等的防治工作，分娩时保持环境的卫生和安静，以防止和减少胎衣不下的发生。产后灌服所收集的羊水，按摩乳房；让仔畜吸吮乳汁，均有助于子宫收缩而促进胎衣排出。

注意对于阴门悬吊有胎衣者，既不能在胎衣上悬吊重物，又不能将胎衣从阴门处剪断。采取前一种方法，胎衣血管可能勒伤阴道底壁黏膜，也可能引起子宫内翻及脱出，还会引起努责以及重物将胎衣撕破，使部分胎衣留在子宫内；采取后一种方法处理，遗留的胎衣会缩回子宫，以后脱落也不易排出体外，还会使子宫颈提前关闭。如果悬吊的胎衣较重，可在距阴门约 30 厘米处剪断，以免造成子宫脱出。

胎衣不下的治疗方法很多，概括起来可分为药物疗法和手术剥离两类。

（1）药物疗法　原则上是尽早采取全身性抗生素疗法，防止胎衣腐败吸收，并促进子宫收缩。当出现体温升高，产道有外伤或坏死时，应用抗生素做全身治疗。在胎衣不下的早期阶段，常常采用肌肉注射抗生素的方法；当出现体温升高，产道创伤或坏死情况时，还应根据临床症状的轻重缓急，增大药量，或改为静脉注射，并配合支持疗法。因分娩后 1 周内的牛施行导管灌注易造成阴道穹窿和子宫壁穿孔，应慎重使用。

① 垂体后叶注射液或催产素注射液，皮下或肌肉注射 50 万～100 万国际单位。也可用马来酸麦角新碱注射液，肌肉注射 5～15 毫克。

② 己烯雌酚注射液，肌肉注射10～30毫克，每日或隔日一次。

③ 10%氯化钠溶液，静脉注射300～500毫升。也可用水乌钙、抗生素、新促反刍液三步疗法具有良好的疗效。

④ 为预防胎衣腐败及子宫感染时，可向子宫内投放四环素或其他抗生素，起到防止腐败、延缓溶解的作用，等待胎衣自行排出。药物应投放到子宫黏膜和胎衣之间。每次投药0.5～1克。

⑤ 茯苓50～200克，加水约5000毫升，煎10～60分钟，加食盐20～100克，红糖（或白糖）100～500克，候温一次灌服。一般一次有效，灌服后30～60分钟即见胎衣排出。单用茶水或糖水或盐水对轻型病也有效，但组方疗效高，也可预防生产瘫痪、缺乳、虚弱等病症。

（2）手术剥离　手术剥离是用手指将胎儿胎盘与母体胎盘分离的一种方法，牛的手术剥离法宜在产后10～36小时内进行。术前确实保定患畜，阴门及其周围，手臂和长臂手套等均应消毒。剥离时，以既不残存胎儿胎盘、又不损伤母体胎盘为原则。术后应服适量抗菌防腐药。

经验之三十六：牛氢氰酸中毒的防治体会

氢氰酸中毒是由于家畜采食富含氰苷配糖体类的植物，在氰糖酶作用下生成氢氰酸，使呼吸酶受到抑制，组织呼吸发生窒息的一种急剧性中毒病。以突然发病、极度呼吸困难、肌肉震颤、全身抽搐和为期数十分钟的闪电型病程为临床特征。

牛采食富含氰苷配糖体的植物是导致氢氰酸中毒的主要原因。富含氰苷配糖体的植物有高粱和玉米的幼苗，特别是受灾之后或收割之后的再生苗；木薯，特别是木薯嫩叶和根皮部分；亚麻，主要是亚麻叶、亚麻籽及亚麻籽饼；各种豆类，如豌豆、蚕豆、海南刀豆等；许多野生或种植的青草，如苏丹草、三叶草，水麦冬等；其他植物，如桃、杏、枇杷、樱桃等的叶和种子。

动物长期少量采食当地含氰苷配糖体类的植物，往往能产生耐受性，因而中毒多发生在家畜饥饿之后大量采食或新接触、采食含氰苷配糖体类的植物时。

此外，误食或吸入氰化物农药，或误饮化工厂（如冶金、电镀）的废水，也可引起氰化物中毒。

通常于采食含氰苷配糖体类植物的过程中或采食后1小时左右突然发病。病畜站立不稳，呻吟苦闷，表现不安。可视黏膜潮红，呈玫瑰样鲜红色，静脉血液亦呈鲜红色。呼吸极度困难，肌肉痉挛，全身或局部出汗，伴发瘤胃臌气，有时出现呕吐。以后则精神沉郁，全身衰弱，卧地不起，皮肤反射减弱或消失，结膜发绀，血液暗红，瞳孔散大，眼球震颤，脉搏细弱疾速，抽搐窒息而死。病程一般不超过1～2h。中毒严重的，仅数分钟即可死亡。

根据采食氰苷配糖体类植物的病史，发病的突然性，呼吸极度困难、神经机能紊乱以及特急的闪电式病程，不难作出诊断。

需要鉴别的是急性亚硝酸盐中毒。除调查病史和毒物快速检验外，主要应着眼于静脉血色的改变。亚硝酸盐中毒时，血液因含高铁血红蛋白而褐变，采血于试管中加以震荡，血液褐色不退；氢氰酸中毒时，病初静脉血液鲜红，末期虽因窒息而变为暗红，但属还原型血红蛋白，置试管中加以震荡，即与空气中的氧结合，生成氧合血红蛋白，而使血色转为鲜红，大体可以区分。

对含氰苷配糖体的饲料，应严格限制饲喂量，饲喂之前应经去毒处理。饲草可放于流水中浸泡24h，或漂洗后再加工利用，亚麻籽饼可高温或经盐酸处理后利用。不要在含有氰苷配糖体植物的地区放牧。应用含氰苷配糖体的药物时，严格掌握用量，以防中毒。

本病病情危重，病程短急，且有特效解毒药。因此，应刻不容缓地首先实施特效解毒疗法。

氢氰酸中毒的特效解毒药是亚硝酸钠、美蓝和硫代硫酸钠。这三种特效解毒药，都可静脉注射。每千克体重的用量为1%亚硝酸钠注射液1毫升，2%美蓝注射液1毫升，10%硫代硫酸钠注射液1毫升。亚硝酸钠的解毒效果比美蓝可靠。因此，通常将亚硝酸钠与硫代硫酸钠配伍应用。如亚硝酸钠3克、硫代硫酸钠30克、蒸馏水300毫升，制成注射液，成年牛一次静脉注射；亚硝酸钠1克、硫代硫酸钠5克、蒸馏水50毫升，制成注射液，成年绵羊一次静脉注射。

为阻止胃肠道内的氢氰酸被吸收，可用硫代硫酸钠内服或瘤胃内注入（牛用 30 克），1 小时后可再次给药。

经验之三十七：牛酒糟中毒的防治体会

酒糟是酿酒原料的残渣，除含有蛋白质和脂肪外，还有促进食欲、利于消化等作用。常作为家畜的辅助饲料而被广泛利用。引起酒糟中毒的毒物一般认为是与下列一些因素有关。

来自制酒原料，如发芽马铃薯中的龙葵素、黑斑病甘薯中的翁家酮、谷类中的麦角毒素和麦角胺、发霉原料中的霉菌毒素等。这些物质若存在于用该原料酿酒的酒糟中，都会引起相应的中毒；酒糟在空气中放置一定时间后，由于醋酸菌的氧化作用，将残存的乙醇氧化成醋酸，则发生酸中毒；存于酒糟中的乙醇引起酒精中毒；酒糟保管不当，发霉腐败，产生霉菌毒素，引起中毒。

急性酒糟中毒，首先表现兴奋不安，而后出现胃肠炎症状，如食欲减退或废绝，腹痛，腹泻。心动过速，呼吸促迫。运步时共济失调，以后四肢麻痹，倒地不起。最后呼吸中枢麻痹死亡。

慢性酒糟中毒多发生皮疹或皮炎，尤其系部皮肤明显。病变部位皮肤，先湿疹样变化，后肿胀甚至坏死。病畜消化不良，结膜潮红、黄染。有时发生血尿，妊娠家畜可能流产。有的牙齿松动脱落，而且骨质变脆，容易骨折。

用酒糟饲喂家畜时，要搭配其他饲料，不能超过日粮的 30%。用前应加热，使残存于其中的酒精挥发，并且可消灭其中的细菌和霉菌。贮存酒糟时要盖严踩实，防止空气进入，以防酸坏。充分晒干保存亦可。已发酵变酸的酒糟，可加入适量石灰水澄清液，以中和酸性物质，降低毒性。

发生酒糟中毒后，应立即停止饲喂酒糟，然后采取以下办法：

① 为中和胃肠道内的酸性物质和排出毒物，可用硫酸钠 400 克、碳酸氢钠 30 克、加水 4000 毫升给牛内服。

② 为增强肝的解毒机能和稀释毒物，可用 10% 葡萄糖注射液 1000 毫升、氢化可的松注射液 250 毫克、10% 苯甲酸钠咖啡因注射液 20 毫升、5% 维生素 C 注射液 50 毫升，牛一次静脉注射。

③ 为中和血中酸性物质，可用5%碳酸氢钠注射液300～500毫升，给牛一次静脉注射。

④ 皮肤的局部病变，按湿疹的治疗方法进行处理。

经验之三十八：牛亚硝酸盐中毒的防治体会

亚硝酸盐中毒，是由于饲料富含硝酸盐，在饲喂前的调制中或采食后在瘤胃内产生大量亚硝酸盐，吸收入血后造成高铁血红蛋白血症，导致组织缺氧而引起的中毒。临床上以发病突然，黏膜发绀，血液褐变，呼吸困难，神经功能紊乱，经过短急为特征。

亚硝酸盐是饲料中的硝酸盐在硝酸盐还原菌的作用下，经还原而生成的。因此，亚硝酸盐的产生，主要取决于饲料中硝酸盐的含量和硝酸盐还原菌的活力。

饲料中硝酸盐的含量因植物种类而异。富含硝酸盐的饲料包括甜菜、萝卜、马铃薯等块茎、块根类；白菜、油菜等叶菜类；各种牧草、野菜、农作物的秧苗和秸秆（特别是燕麦杆）等。这些饲料调制不当，如蒸煮不透，或小火焖煮时间过长，或在40～60℃闷放5h以上，或腐烂发酵，均有利于硝酸盐还原菌迅速繁殖，使饲料中所含的硝酸盐还原为剧毒的亚硝酸盐。

当家畜食入已形成的亚硝酸盐后发病急速。一般是20～150分钟发病，呈现呼吸困难，有时发生呕吐，四肢无力，共济失调，皮肤、可视黏膜发绀，血液变为褐色，四肢末端及耳、角发凉。若能耐过，很快恢复正常，否则很快倒地死亡。

但如果是在瘤胃内转化为亚硝酸盐。通常在采食之后5小时左右突然发病，除上述亚硝酸盐中毒的基本症状外，还伴有流涎、呕吐、腹痛、腹泻等硝酸盐的刺激症状。再者，其呼吸困难和循环衰竭的临床表现更为突出。整个病程可持续12～24小时。最后因中枢神经麻痹和窒息死亡。

可根据黏膜发绀、血液褐色、呼吸困难等主要临床症状，特别短急的疾病经过，以及发病的突然性、发生的群体性、采食饲料的种类以及饲料调制失误的相关性，果断地做出初步诊断，并立即组织抢救，通过特效解毒药——美蓝的疗效，验证初步诊断的准确性。为了确立诊断，亦可在现场做变性血红蛋白检查和亚硝酸盐简易检验。

在饲喂含硝酸盐多的饲料时，最好鲜喂，且需限制饲喂量。如需蒸煮，应加火迅速烧开，开盖、不断搅拌，不要闷在锅内过夜。青绿饲料贮存时，应摊开存放，不要堆积一处，以免产生亚硝酸盐。

特效解毒剂为亚甲蓝（美蓝）和甲苯胺蓝，同时配合使用维生素C和高渗葡萄糖注射液。

亚甲蓝为一种氧化还原剂，在小剂量、低浓度时，经辅酶Ⅰ脱氢酶的作用变成还原型亚甲蓝，而还原型亚甲蓝可把变性血红蛋白还原为还原型血红蛋白。但大剂量、高浓度时，体内的辅酶Ⅰ脱氢酶不足以使之变成还原型亚甲蓝，过多的亚甲蓝便发挥氧化作用，使氧合血红蛋白变为变性血红蛋白，则使病情加重。

临床上应用1%亚甲蓝注射液（亚甲蓝1克，酒精10毫升，生理盐水90毫升）。牛按每千克体重0.4～0.8毫升静脉注射。也可用5%甲苯胺蓝注射液，牛按每千克体重0.1毫升静脉注射、肌肉注射或腹腔注射。

维生素C也可使高铁血红蛋白还原成还原型血红蛋白，大剂量的维生素C（牛3～5克，配成5%注射液，肌肉或静脉注射）用于亚硝酸盐中毒，疗效也很确实，只是奏效速度不及美蓝快。或肌肉注射硫酸阿托品和强力解毒敏均有良效。

高渗葡萄糖能促进高铁血红蛋白的转化过程，故能增强治疗效果。

此外，可根据病情进行输液、使用强心剂和呼吸中枢兴奋剂等。

经验之三十九：牛菜籽渣中毒的防治体会

菜籽渣中毒是由于菜籽或菜籽渣不经过处理或处理不当引起的一种中毒性疾病。菜籽为我国广为栽培的一年生或越年生十字花科植物，属油料作物，有多种品系，如油菜、芥菜等，其种子榨油后的菜籽渣含蛋白质32%～39%，是家畜蛋白质含量高、营养丰富的饲料，可作为蛋白质饲料的重要来源。

菜籽或菜籽渣中主要有毒成分是芥子苷也称硫葡萄糖苷，其本身无毒，但在处理过程中，细胞遭到破坏，芥子苷与芥子酶经催化水解作用后，产生有毒的异硫氰酸丙烯酯或丙烯基芥子油和噁唑烷硫酮。此外还含有芥子酸、单宁、毒蛋白等有毒成分。菜籽渣的毒性随油菜的品系不同而有较大的差异，芥菜型品种含异硫氰酸丙烯酯较高，甘蓝型品种含噁唑烷硫酮较高，白菜型品种两种毒素的含量均较低。

发生菜籽渣中毒后病牛表现为精神沉郁，可视黏膜发绀，肢蹄末端发凉，站立不稳，食欲减退，流涎，瘤胃蠕动减弱和腹痛，便秘或腹泻，粪便中混有血液。呼吸困难，常呈腹式呼吸，痉挛性咳嗽，鼻孔流出粉红色泡沫状液体。尿频，血红蛋白尿，尿落地时可溅起多量泡沫。有时呈现神经症状，出现狂躁不安和长期视觉障碍。中毒严重病例，全身衰弱，体温降低，心脏衰弱，最后虚脱而死。

犊牛在采食后 3 小时即可出现中毒症状，表现兴奋不安，继而四肢痉挛、麻痹，经 6 小时后站立不稳，体温由 39℃升至 40℃，心率加快，可达 110 次/分，一般经 10 小时左右死亡。

依饲喂菜籽渣的发病史、临床症状及病理变化，可获得初步诊断。确切的诊断可根据动物饲喂试验结果判定。

用菜籽渣作饲料时，一定要选择新鲜的，在饲喂前要经过无毒处理，并限制用量，一般不应超过饲料总量的 20%。为了安全的利用菜籽渣，目前国内推广试用下列去毒法。

① 坑埋法：在向阳干燥地方，挖一宽 0.8 米、深 0.7 米、长度视菜籽渣的数量而定的长方形沟，下铺稻草，将菜籽渣倒入沟内，上盖干草，再盖一尺厚的土，放置 2 个月后即可饲喂家畜。去毒效果达 70%～98%。

② 发酵中和法：将菜籽渣经发酵处理，以中和其有毒成分，本法约可去毒 90%以上，且可用于工厂化的方式处理。

③ 蒸煮法：将菜籽渣用温水浸泡一昼夜，再充分蒸或煮 1 小时以上，芥子苷、芥子酶可被高温破坏，芥子油可随蒸汽蒸发。

由于本病无特效解毒剂，发现中毒后立即停喂菜籽渣，可给胃肠黏膜保护剂和轻泻剂，用滑石粉 500 克、人工盐 150 克加水服。

中毒的初期可用 2%鞣酸溶液洗胃或内服，为防止虚脱，可注射 654-2 或 10%安钠咖注射液以及葡萄糖注射液等制剂。

为减少毒物的吸收与缓解刺激，可内服适量牛奶、蛋清、豆浆、淀粉浆等。

经验之四十：牛马铃薯中毒的防治体会

马铃薯也叫土豆、山药蛋。发生马铃薯中毒的主要是由于马铃薯中含有一种有毒的生物碱-马铃薯素（又名龙葵素）所引起。马铃薯素主要含于马铃薯的花、块根幼芽及其茎叶中。块根贮存过久，马铃薯素含量明显增多，特别是保存不当，引起发芽、变质或腐烂时，含量更为增高。使用上述发芽、腐败的马铃薯饲喂家畜，即可引起中毒。

发生马铃薯重度的中毒，表现明显神经症状。病初兴奋不安，狂躁，前冲后退，不顾周围障碍。后期转为沉郁，四肢麻痹，后躯无力，步态不稳，呼吸困难，黏膜发绀，心脏衰弱，一般经2～3日死亡；轻度的中毒，病程较慢，呈现明显的胃肠炎症状，食欲减退或废绝，流涎、呕吐、便秘，随后剧烈腹泻，粪中混有血液，精神沉郁，体力衰弱，体温升高，妊娠家畜往往发生流产。牛、羊多于口唇周围、肛门、尾根、四肢系凹部及母畜的阴道和乳房部发生湿疹。绵羊则常呈现贫血和尿毒症。

本病临床特征为神经症状、胃肠炎症状和皮肤湿疹，可结合对饲料情况的了解以及病料检验，进行分析确诊。送检病料可采取呕吐物、剩余饲料或瘤胃内容物等。

预防工作应从下列几个方面做起。一是不要用发芽、变绿、腐烂、发霉的马铃薯喂家畜。必须饲喂时，应去芽，切除发霉、腐烂、变绿部分，洗净，充分煮熟后再用，但也应限制饲喂量。二是用马铃薯茎叶饲喂家畜时，用量不要太多，并应和其他青绿饲料配合饲喂，发霉腐烂的马铃薯不能用作饲料。也不要用马铃薯的花、果实饲喂家畜。三是应用马铃薯作饲料时要逐渐增量。

发现中毒立即停喂马铃薯，为排除胃内容物可用浓茶水或0.1%高锰酸钾溶液或0.5%鞣酸溶液进行洗胃；用5%葡萄糖氯化钠注射液1000～1500毫升，5%碳酸氢钠注射液300～800毫升，或加硫代硫酸钠 5～15 克或氯化钙 5～15 克或氢化可的松 0.2～0.4 克静脉注射，肌肉注射强力解毒敏 20 毫升，也可使用缓泻剂。

对症治疗，当出现胃肠炎时，可应用 1% 鞣酸溶液，牛 500～2000 毫升，并加入淀粉或木炭末等内服，以保护胃肠黏膜，其他治疗措施可参看胃肠炎的治疗。狂躁不安的病畜，可应用镇静剂，如 10% 溴化钠注射液，牛 50～100 毫升静脉注射。为增强机体的解毒机能，可注射浓葡萄糖注射液和维生素 C 注射液，心脏衰弱时可给予樟脑制剂、安钠咖等强心药。

中毒引起的皮疹，先剪去患部被毛，用 30% 硼酸洗涤，再涂以龙胆紫，有防腐、收敛作用。据报道，发病早期灌服食醋 1000 毫升以上，并配合其他治疗，效果也较好。

经验之四十一：牛尿素中毒的防治体会

尿素可以作为反刍动物蛋白质饲料的补充来源，尿素的饲喂量一般为成年牛每日 150～ 200 克。当饲喂量过大或误食过量尿素，以及饲料中的尿素混合不均匀，或将尿素拌入饲料后长时间堆放，牛食入后都可以引起尿素中毒。这是由于过量的尿素在胃肠道内释放大量的氨，引起高氨血症而使动物中毒。

牛发生尿素中毒一般为急性中毒。发病急，死亡也快。表现流涎，磨牙，腹痛，踢腹，尿频呕吐，鸣叫，抽搐，肌肉震颤，运动失调，强直性痉挛，呻吟，心率加快，呼吸困难，全身出汗，瘤胃臌胀并有明显的静脉搏动。死前体温升高。慢性中毒时，病牛后躯不全麻痹，四肢发僵，以后卧地不起。

严格按照尿素的使用数量添加，尿素的添加量不超过总日粮的 1%，或谷类日粮的 3%。利用秸秆喂牛时，尿素可按 0.3%～0.5%。或者按照牛的体重确定，每日每头牛每 100 千克体重喂量在 20～30 克，一般成年牛每头日供给量不得超过 100 克。添加尿素时要先将尿素混入牛精料中充分搅拌后，加在草料中拌匀喂给，现喂现拌。尿素喂牛要由少到多，循序渐进，由过渡期到适应期，一般经 10～15 日预饲后逐步增加到规定量。每日应分 2～3 次供给日定量，不能图省事1次性喂给。需坚持常喂不间断。如因故间断，必须从头开始过度、适应训练。尿素不能加入水中饮用。喂尿素前要让牛多采食粗饲料或青贮饲料，不能空腹时喂给；临喂前将尿素与饲料混合均匀后喂给，不可单纯配合秸秆饲料喂给；也不能溶于水中直接饮用，一般在喂后2小时再饮水。犊牛不宜喂尿素，必须待犊牛能大量吃粗饲料后，方可开始喂给。严禁与含尿酶的饲料混喂。如生大豆、豆饼、豆科类草、瓜类等，以免降低尿素的饲喂效果。

发生尿素中毒的救治方法如下。

① 急性瘤胃臌气时要及时进行瘤胃穿刺放气（放气速度不能太快）。

② 灌入食醋10千克以上。

③ 灌服冷水20千克以上，以稀释胃内容物，减少氨的吸收。

④ 10%葡萄糖酸钙300毫升，25%葡萄糖500毫升，静脉注射。

第六章　人员管理与物资管理

经验之一：员工管理要“五个到位”

1. 培训到位

通常养牛场的养殖人员流动性较大，文化水平普遍不高，多数人对科学养牛的知识知之甚少，为了养牛场能够始终保持工作的连续性，无论是新招进的、还是老饲养员，都要坚持做好养牛相关知识的培训，内容主要是饲养员应知应会的饲养管理常识，比如如何消毒、如何给牛喂料、如何清理粪便、如何搅拌饲料、如何调整牛舍温湿度、如何通风换气等，还有一些管理制度。培训内容要具体到每个养殖环节怎么做，达到什么标准，要手把手地教，通过培训达到饲养员知道应该怎么干。

2. 指标到位

指标是衡量目标的方法，预期中打算达到的指数、规格、标准。指标到位就是对饲养管理的每个环节都要制定完成的标准，指标要具体，如犊牛成活率、饲料转化率、饲料报酬等。指标要合理，制定的指标既要参考常规的生产指标，又要结合本场生产的实际情况，要多征求全体养殖员工的意见和建议，不能过高，也不能过低，避免因为指标不合理，引起员工的抵触，影响养牛场的正常运行。做到既能调动养殖人员的积极性，又能使本场的效益最大化。

3. 责任到位

责任必须要先到位，要明确到具体人头上，做到人人头上有指标、件件工作有着落。责任不到位，导致执行的结果必定会不到位。只有将责任落实到执行的过程中，才会打造出最优秀的执行者，要让每一个员工都知道自己的工作职责，也要知道没有做好自己工作，应承担的不利后果或强制性义务。

4. 绩效考核到位

好的、科学的指标需要高质量的考核来保证。绩效考核管理工作是关系养牛场发展的一项系统工程，是一项长期任务。考核要严肃认真，分出层次，成为好的导向，真正做到干好干坏不一样、干多干少不一样，考核结果要成为奖惩的依据，真正做到公开、公平、公正考核，确保考核过程阳光、考核结果公正，真正考出激情、考出干劲、考出实绩，让大家服气。

5. 生活保障到位

牛场通常都在远离闹市区的郊区或偏远地方，加上牛场生物安全的要求，员工很少外出，生活单调枯燥，绝大部分时间都要生活在厂区内。所以牛场要在吃、住、娱乐上为员工创造良好的生活条件，创造拴心留人的环境，关心员工的生活，员工家庭有事、员工患病、过生日等都要慰问，使员工安下心来，愿意为牛场好好工作。

经验之二：聘用什么样的养殖人员？

牛场的管理是通过各类人员实现的。因此，要从“选人、育人、用人”三方面下工夫。

1. 场长

场长人选是关键，牛场场长要求既要懂管理还要精通牛饲养技术，是牛场经营成败的关键人物。对场长人选的素质要求高，很多牛场的场长要扮演一个经营者的角色。因此，聘用时对人品和技术要有深入的了解，必须有丰富的实践经验，要能踏实肯干的，不要那些口若悬河、只说不练的假把式。不要用错人把场子变成一个实验基地，损失惨重，优秀的场长人选可用重金或股权聘用，并且要经过一定的试用期来检验是否称职。

也有的是牛场自己培养，提拔任用从基层点滴做起来的精英，不用空降兵，这种人才能熟练运作牛场固有的成熟的管理模式，对公司忠诚，踏实肯干，学历要求不一定高，只要能做出成绩，在员工当中有威信和领导力的人选，在这种体制下每个员工觉得也有提升的空间，牛场工作显得非常有活力。

2. 技术人员

技术人员在牛场中扮演一个不折不扣的执行者的角色。通常牛场都愿意从农业院校应届毕业生中招聘，但是这部分毕业生，刚参加工作，对新的工作环境适应得比较慢，猪场的封闭式管理和枯燥的生活，年轻人比较浮躁，这山望着那山高，一旦碰到点儿难题就选择离开，流失率很大。大多数高学历人才来牛场的目的是积累经验，而不是做实事。另一个原因是年轻人的恋爱婚姻问题，有的进场前就有男朋友或女朋友了，一般不会两个人同时进一个牛场当技术员，这样两个人要很长时间见不到面，只有整天电话传情，时间一长，哪有心思安心工作。没有女朋友或男朋友的，待在牛场圈子很小，难交上男女朋友，到一定时候给再高的工资为了考虑自己终身大事也要离职，因此很难遇到合适的人选。

比较好的办法是自己培养技术人员，其实对技术员的学历不要求多高，只要交代的事情能不折不扣完成的，工作扎实努力，肯学习，爱钻研的都能胜任，牛场管理只要标准化、程序化，一个饲养周期就可以培养一名优秀的技术人员。

3. 饲养员

饲养员最好是用家住外地的农村夫妻工，30～50岁的人选，要求吃苦耐劳，身体健康，最好是孩子已经成家立业的，家庭没有负担的，能适应封闭式管理的人选，一般在农村招聘比较适合。

也有很多大型种猪场聘任畜牧专业大中专毕业生的来养牛的，因为这些养牛场养殖条件好，畜牧专业毕业生可以学到更多的知识，施展才华，个人成长也有发展的空间，对牛场和毕业生本人都是不错的选择。

千万不要到打散工的劳务市场（注意这里说的不是人才市场）去招饲养员。因为劳务市场上的人多数是这样的人，一是多数没有固定住所；二是多数不会什么技术；三是多数吃了上顿没有下顿；四是多数家里日子过得不怎么样的；五是多数是单身的。没有长期打算，实在没钱生活不下去了就去挣点钱，只要兜里有一点钱随时准备去消费，指望这样的人能给你安下心来养好牛，根本不可能。

经验之三：员工管理的诀窍

牛场员工的管理主要的思想的管理，让所有的员工能够顺心、愿意、真正投入自己的工作，是牛场经营者的责任。员工的管理主要是思想的管理和工作的管理。

1. 思想的管理

思想的管理重要的是沟通和协调，经营管理者要充分了解每一名员工的思想变化，及时为他们排忧解难，为他们解决工作上、生活上、思想上的困惑和难题，做好他们的工作指导和后勤服务，就能让他们干好工作。

思想管理主要是良好工作氛围的保持和维护。让牛场的每一个人舒服地工作，是管理者的职责。一旦发现思想偏差，要及时通过单独谈话，进行疏导和协调。

员工犯错误的时候，不能一味地批评，但是也不能怕批评，最重要的是找出错误的原因，和解决的办法，以及今后如何避免再犯此类错误。单纯的偶尔失误并不可怕，可怕的是工作的散漫和无序带来的工作氛围的破坏。这样的失误是不可原谅的。

经营管理者要带头执行牛场的各项制度，不能要求员工好好做，自己却不注意。要及时地对牛场生产目标进行总结，并且和员工进行充分的沟通，减少杂音，最后形成一致的目标，并通过会议的方式进行传达，达到“形成共识，共同奋斗，不达目的不罢休”的效果。

当员工内部出现不和谐的因素或苗头时，要及时进行单独谈话，进行沟通，并对于相关信息和大家进行公开的沟通，形成互相理解、互相支持的工作氛围。对于工作有不同意见的成员，应该允许他们充分的表达。对员工的建议和意见，要定期召开会议，仔细聆听、合理采纳，对有利于牛场提高效益的建议要给予物质奖励。不得跟员工发牢骚、抱怨。牢骚、抱怨只会造成内部的不团结，影响工作效率，降低自己在员工心目中的形象及影响力。

2. 工作的管理

重要的事情布置给员工的时候，一定要说清楚、说明白，让员工完全明白你的意思，切忌仓促。要及时跟踪进度，防止出现执行偏差，同时要有时间期限，要限时回报，保证执行到位。当进度慢的时候，要及时督促并加以指导，加快进度，确保及时良好完成任务。

养牛工作过程繁琐、弹性大，养牛场要注重饲养过程的管理调控，使各饲养工作安排落实到每一天甚至每小时的每个工作细节，要建立健全各项操作规章制度，完善管理督促机制，将生产环节层层分解、层层落实，事事有人抓、事事有人管，用严格的制度去管理。严应该体现在方法上、制度上，而不是体现在板面孔训人。对违反厂规、工作纪律者，视情节轻重给予批评教育、经济处罚，甚至休假、辞退出场等处分，使职工在“有过必挨罚”的心理驱使下，认真遵守一切工作制度，谨慎工作，最大限度地避免减少工作过失。充分运用经济惩罚和行政命令等手段，体现牛场刚性管理精神是饲养管理工作中必不可少的。

人员合理搭配，可取长补短，收到良好的整体效果，有益于饲养工作的正常开展，这就是 1 加 1 大于 2 的道理。比如若把能力较强，特长相同，性格较急的两个人安排在一起引起“龙虎斗”局面；若把能力较差、性格柔弱的两个人安排在一起，工作缩手缩脚打不开局面；若把性格相投、志趣相符两个人组织在一起，能相互倾慕，配合默契；年龄大的与年龄小的、男的与女的安排在一起，不仅能相互体谅，而且还能相互促进；智商高的、性格好强的乐于领头，性格随和的乐于跟随。实际生产中，要注重该类问题的处理，在现有的人员基础上通过结构调整，使之达到最佳组合，尽量减少“内耗”。合理的人员搭配往往是良好工作的开端。

经验之四：怎样合理制定饲养员的劳动定额？

制定劳动定额时应根据工人的劳动强度和有利于工作完成来确定其劳动量。规模化养牛场实行流水作业，各岗位有专人负责，实行专门化管理。

（1）饲养员　饲养员负责牛群的饲养管理工作，按牛只不同生产阶段进行专门管理。主要工作为：根据饲养标准饲喂精料、全价饲料或粗饲料；按照规定的工作日程，进行牛只的梳刮、运动等护理工作；经常观察牛只的食欲、反刍、粪尿、发情、生长发育等情况。养牛场的饲养定额，一般是每人负责成年母牛30～40头、干乳牛20～25头、犊牛25～30头、肉用育成牛或肥育牛100头。

（2）饲料工　每人每日送草5000千克或者粉碎精料1000千克，或者全价颗粒饲料2000～3000千克。送料、送草过程中应清除饲料中的杂质。

（3）产房工　负责围产期母牛的饲养管理，作好兽医人员的助手，每日饲养牛只8～10头。要求管理仔细，不发生人为事故。

（4）挤奶工　负责挤乳、清扫卫生、协助观察母牛发情工作。机械化挤乳程度高的牛场，每人每日负责挤乳50～80头，手工挤乳的牛场16～18头。

（5）乳品处理工　负责乳品冷却、消毒，清洁盛乳器，发出乳汁，每日处理600千克牛乳，乳汁损耗低于2.5%。

（6）配种员　每200头牛配备一名授精员和一名兽医，负责母牛保健、配种和孕检。要求总繁殖率90%以上，情期受胎率45%。

（7）技术员　技术员包括畜牧和兽医技术人员，每100～200头牛配备畜牧、兽医技术人员各1人，主要任务是落实饲养管理规程和疾病的防治工作。

经验之五：养牛场的生产管理

养牛场的生产管理是牛场管理的核心内容，是企业经营目标实现的重要途径。涉及牛场经营管理的各个方面，制定科学合理的管理制度，并严格落实各项管理制度是决定牛场成败的关键。通常包括岗位责任制、牛场生产例会与技术培训制度、人员定额管理、操作规程、工具管理、饲料兽药采购保管和使用制度等。

一、岗位责任制

岗位责任制是养牛场工作的特点，在明确各部门工作任务和职责范围的基础上，用行政立法手段，确定每个工作岗位和工作人员应履行的职责、所担负的责任、行使的权限和完成任务的标准，并按规定的内容和标准，对员工进行考核和相应奖惩的一种行政管理制度。建立岗位责任制，有利于提高工作效率和牛场的经济效益。在制订每项制度时，要交有关人员认真讨论，取得一致认识，提高工作人员执行制度的自觉性。领导要经常检查制度执行情况。为了使岗位责任制切实得到执行，还可适当运用经济手段。

1. 场长工作职责

① 负责肉牛场的全面工作。

② 负责制定和完善本场的各项管理制度、技术操作规程，编排全场的经营生产计划和物资需求计划、牛场内各岗位的考核管理目标和奖惩办法。

③ 负责后勤保障工作的管理，及时协调各部门之间的工作关系。

④ 负责落实和完成牛场各项任务指标。

⑤ 负责监控本场的生产情况、员工工作情况和卫生防疫，及时解决出现的问题。

⑥ 做好全场员工的思想工作，及时了解员工的思想动态，出现问题及时解决，及时向上反映员工的意见和建议。

⑦ 负责全场直接成本费用的监控与管理，汇报收支计划。

⑧ 负责全场的生产报表，并督促做好周报工作、月结工作。

⑨ 负责全场生产员工的技术培训工作，每周主持召开生产例会。

⑩ 安全生产，杜绝隐患。

2. 生产主管工作职责

① 负责生产线日常工作；协助场长做好其他工作。

② 负责执行饲养管理技术操作规程、卫生防疫制度和有关生产线的管理制度，并组织实施。

③ 负责生产报表工作，随时做好统计分析，以便发现问题并解决问题。

④ 负责协助兽医技术员做好牛病防治及免疫注射工作。

⑤ 负责生产饲料、药物等直接成本费用的监控与管理。

⑥ 负责落实和完成场长下达的各项任务。

⑦ 直接管辖组长，通过组长管理员工。

3. 组长工作职责

① 生长育肥舍组长负责组织本组人员严格按《饲养管理技术操作规程》和每周工作日程进行生产，及时反映本组中出现的生产和工作问题。

② 服从生产线主管的领导，完成生产线主管下达的各项生产任务。

③ 负责整理和统计本组的生产日报表和周报表。

④ 本组人员休息替班。

⑤ 负责本组定期全面消毒、清洁、绿化工作。

⑥ 负责本组饲料、药品、工具的使用计划与领取及盘点工作。

⑦ 负责肉牛的出栏工作，保证出栏牛的质量。

⑧ 负责生长、育肥牛的周转、调整工作。

⑨ 负责本组空栏牛舍的冲洗、消毒工作。

⑩ 负责生长、育肥牛的预防注射工作。

4. 技术员职责规范

① 参与牛场全面生产技术管理，熟知牛场管理各环节的技术规范。

② 负责各群牛的饲养管理，根据后备牛的生长发育状况及成母牛的产奶情况，依照营养标准，参考季节、胎次、泌乳月的变化，合理、及时地调整饲养方案。

③ 负责各群牛的饲料配给，发放饲料供应单，随时掌握每群牛的采食情况并记录在案。

④ 负责牛群周转工作。记录牛场所有生产及技术资料。

⑤ 负责各种饲料的质量检测与控制。

⑥ 掌握牛只的体况评定方法，负责组织选种选配工作。

⑦ 熟悉牛场所有设备操作规程，并指导和监督操作人员正确使用。

⑧ 熟悉各类疾病的预防知识，根据情况进行疾病的预防。

5. 兽医职责规范

① 负责牛群卫生保健、疾病监控与治疗，贯彻执行防疫制度，

制订药械购置计划，填写病例和有关报表。

② 合理安排不同季节、时期的工作重点，及时做好总结工作。

③ 每次上槽仔细巡视牛群，发现问题及时处理。

④ 认真细致地进行疾病诊治，充分利用化验室提供的科学数据。遇到疑难病例，组织会诊，特殊病例要单独建病历。认真做好发病、处方记录。

⑤ 及时向领导反馈场内存在的问题，提出合理化建议。配合畜牧技术人员，共同搞好饲养管理。贯彻“以防为主，防重于治”的方针。

⑥ 努力学习、钻研技术知识，不断提高技术水平。普及肉牛卫生保健知识，提高职工素质。掌握科技信息，开展科研工作，推广应用成熟的先进技术。

6. 饲养员职责规范

① 保证肉牛充足的饮水供应；经常刷试饮水槽，保持饮水清洁。

② 熟悉本岗位肉牛饲养规范。饲喂保证喂足技术员安排的饲料给量，应先粗后精、以精带粗。勤填少给、不堆槽、不空槽，不浪费饲料。正常班次之外补饲粗饲料。饲喂时注意拣出饲料中的异物。不喂发霉变质、冰冻饲料。

③ 牛粪、杂物要及时清理干净。牛舍、运动场保持干燥、清洁卫生，夏不存水、冬不结冰。上下槽不急赶。坚持每天刷拭牛体。

④ 熟悉每头牛的基本情况，注意观察牛群采食、粪便、乳房等情况，发现异常及时向技术人员报告。

⑤ 配合技术人员做好检疫、医疗、配种、测定、消毒等工作。

7. 犊牛岗位职责

① 注意观察犊牛的发病情况，发现病牛及时找兽医治疗，并且做好记录。

② 喂奶犊牛在犊牛岛内应挂牌饲养，牌上记明犊牛出生日期、母亲编号等信息，避免造成混乱。

③ 新生犊牛在1小时内必须吃上初乳。

④ 犊牛喂奶要做到定时、定量、定温。

⑤ 及时清理犊牛岛和牛棚内粪便，犊牛岛内犊牛出栏后及时清

扫干净并撒生石灰消毒。舍内保持卫生，定期消毒。

⑥ 喂奶桶每班刷洗，饮水桶每天清洗，保证各种容器干净、卫生。

⑦ 协助资料员完成每月的犊牛照相、称重工作。

8. 育成牛、青年牛岗位职责

① 注意观察发情牛并及时与配种员联系。

② 严格按照饲养规范进行饲养。

③ 保证夜班饲草数量充足。

9. 成母牛岗位职责

① 根据牛只的不同阶段特点，按照饲养规范进行饲养。同时要灵活掌握，防止个别牛只过肥或瘦弱。

② 爱护牛只，熟悉所管理牛群的具体情况。

③ 按照固定的饲料次序饲喂。饲料品种有改变时，应逐渐增加给量，一般在 1 周内达到正常给量。不可突然大量改变饲料品种。

④ 产房要遵守专门的管理制度，协助技术人员进行肉牛产后监控。

10. 产房岗位职责

① 产房 24 小时有专人值班。根据预产期，做好产房、产间及所有器具清洗消毒等产前准备工作。保证产圈干净、干燥、舒适。

② 围产前期肉牛临产前 1～6 小时进入产间，后躯消毒。保持安静的分娩环境，尽量让母牛自然分娩。破水后必须检查胎位情况，需要接产等特殊处理时，应掌握适当时机且在兽医指导下进行。

③ 母牛产后喂温麸皮盐水，清理产间，更换褥草，请兽医检查，老弱病牛单独护理。

④ 母牛产后 0.5～1 小时进行第一次挤奶，挤出全部奶量的三分之一左右，速度不宜太快。第二次可适量增加挤出量，24 小时后正常挤奶。

⑤ 观察母牛产后胎衣脱落情况，如不完整或 24 小时胎衣不下，请配种员处理。

⑥ 母牛出产房应测量体重，并经人工授精员和兽医检查签字。

⑦ 犊牛出生后立即清除口、鼻、耳等部位内的黏液，距腹部 5 厘米处断脐、挤出脐带内污物并用 5%碘酒浸泡消毒，擦干牛体，称

重、填写出生记录，放入犊牛栏。如犊牛呼吸微弱，应立即采取抢救措施。

11. 饲料工岗位职责

① 严格按照饲料配方配合精饲料。饲料原料、成品料要按照不同品种分别摆放整齐，便于搬运和清点。

② 严格按照操作规程操作各类饲料机械，确保安全生产。

③ 每天按照技术员的发料单，给各个班组运送饲料。要有完整的领料、发料记录，并有当事人签字。

④ 运送或加工饲料时，注意检出异物和发霉变质的饲料。

⑤ 每月汇总各类饲料进出库情况，配合财务人员清点库存。

二、牛场生产例会与技术培训制度

为了定期检查、总结生产上存在的问题，及时研究出解决方案，有计划地布置下一阶段的工作，使生产有条不紊地进行。全面提高饲养人员、管理人员的技术素质，提高全场生产管理水平，特制定生产例会和技术培训制度。

① 每周日晚 7:00～9:00 为生产例会和技术培训时间。

② 该会由场长主持。

③ 时间安排：一般情况下安排在星期日晚上进行，生产例会 1 小时，技术培训 1 小时。特殊情况下灵活安排。

④ 内容安排：总结检查上周工作，安排布置下周工作；按生产进度或实际生产情况进行有目的、有计划的技术培训。

⑤ 程序安排：组长汇报工作，提出问题；生产线主管汇报、总结工作，提出问题；主持人全面总结上周工作，解答问题，统一布置下周的重要工作。生产例会结束后进行技术培训。

⑥ 会前组长、生产线主管和主持人要做好充分准备，重要问题要准备好书面材料。

⑦ 对于生产例会上提出的一般技术性问题，要当场研究解决，涉及其他问题或较为复杂的技术问题，要在会后及时上报、讨论研究，并在下周的生产例会上予以解决。

三、人员定额管理

在生产经营活动中，根据企业一定时间内的生产条件和技术水平，规定在人力、物力、财力利用方面应遵守的数量和质量的标准称为定额。在牛场通常指一个中等劳力在正常条件下，按照规定的质量要求，积极劳动所能完成的工作量，所能管理的肉牛数量。

充分调动和保护职工的积极性，贯彻执行“按劳分配”的原则，使劳动报酬与职工完成的劳动数量和质量相结合，实行目标管理。对育成牛、犊牛饲养工制定工作量，制定成活率、生长发育指标、饲养规程。对于乳牛、泌乳牛、育肥牛饲养工及挤乳工、送料工规定工作量和操作规程。对配种员规定工作量和繁殖指标。对技术员、场长应分别规定其职责。各岗位工作人员明白其任务和职责，各司其职。对完成饲料供应、乳牛产奶量、母牛受胎率、犊牛成活率、育成牛增重、牛病防治等有功人员，以及遵守操作规程人员，应予以奖励。

制定劳动定额的时候，为了客观、合理地制定劳动定额，应该现场进行工作量测定，以测定结果为依据，经过适当调整后制定出劳动定额。测定时要依据本场的生产管理条件，如放牧、舍饲或者半舍饲等要求的，是饲养架子牛还是母牛，饲料是机械添加还是人工添加等。要综合考虑，并能根据生产过程中出现的情况随时调整，使之既符合本场实际需要，又科学合理。

四、操作规程管理

1. 制定操作规程

操作规程是牛场生产中按照科学原理制定的日常作业的技术规范。牛群管理中的各项技术措施和操作等均通过技术操作规程加以贯彻。做到三明确，即分工明确、岗位明确、职责明确。使饲养员知道什么时间应该在什么岗位以及干什么和达到什么标准。要根据不同饲养阶段的牛群按其生产周期制定不同的技术操作规程。明确不同饲养阶段牛群的特点及饲养管理要点，按不同的操作内容提出切实可行的要求。如犊牛饲养技术操作规程，育成牛饲养操作规程、母牛饲养操作规程、育肥牛饲养操作规程等，对饲养任务提出生产指标，使饲养人员有明确的目标，做到人人有事干、事事有人干、人人头上有指标。

2. 饲养管理的日常操作规程

① 每天饲喂 3 次，上午、下午、晚上各一次。

② 每天刷拭牛体 2 次，上午、下午各一次。

③ 牛粪及时清运到粪场，清扫牛床；清洗牛床，夏季上午、下午各 1 次，冬季上午 1 次。

④ 下班前清扫料道、粪道，保持清洁整齐。

⑤ 工具每天下班应清洗干净，集中到工具间堆放整齐，清粪、喂料工具应严格分开，定期消毒。

⑥ 牛舍周围应保持整洁，定期清扫，清除野杂草。

⑦ 夏季做好防暑降温工作，冬季做好防寒保暖工作。

3. 观察适应期饲养

新进肉牛第一天喂清洁水，并加适量盐（每头牛约 30 克）；第二天喂干净草，最好饲喂青干草，并逐渐开始加喂酒糟或青贮料，使用少量精料，至 5～7 天时，可增加到正常量。2～3 周观察期结束，无异常时调入育肥牛舍。牛在观察期内要特别注意食欲、饮水、大小便情况，发现异常及时报告。

五、工具管理

工具管理是规范牛场管理，合理利用牛场的物力、财力资源，使公司生产持续发展，不断提高企业竞争力的管理措施，也是实施精细化管理的主要内容。

1. 目的

使牛场生产工具得到有效管理，规范生产工具的申领、使用、保管、报废等，对生产工具实施有效监控和保管，避免工具的流失，提高工具有效利用率。

2. 范围

适用于牛场内生产使用的所有工具，分为共同使用和个人专用的工具两种。

3. 操作流程及职责要求

（1）现有工具的清理

① 现有牛场共同使用和个人专用的工具，由×××科（员）负责统计，建立工具台账，明确责任人，员工专用工具由具体使用人负责。

② 对目前生产外借出去的工具等要重新核对，落实到班组或个

人，规范台账。做到日清月结，台账、工具数量相符。

（2）工具申领、使用及保管程序　工具首次申领使用时，首先填写工具申领单，经班组长同意后，报场长签准，交保管员处领取。保管员应在“生产工具台账”注明用途和保管责任人，台账应注明领用日期、名称、规格、责任人等。

4. 生产工具使用

① 应爱护使用，在使用过程中，发现工具不良或损坏，以旧（坏）换新形式换取新工具，并及时填写工具返修单或工具报废单，以旧（坏）换新领用前，由班组长鉴定工具的好坏并说明原因。如仍可使用，请领用人继续使用；如可修复，可联系相关专业人员进行修复，属人为造成的损坏由相关使用人承担，按工具市价赔偿。

② 工具经确认需要报废的，填写工具报废单，经班组长同意报场长，经场长批准后，方可报废，同时在“生产工具台账”注明报废销账。

③ 原工具丢失或损坏，按市价赔偿后方可再重新领用；如属于工具质量问题，应追究卖场及购货人的责任。

④ 人员离职或工作调动，应将所使用、保管工具按照生产工具台账所登记的如数退还交接，办理保管移交手续，缺少或损坏的工具市价赔偿，否则不予办理离职或工作调动手续。

5. 工具的借用及归还

① 对生产以外部门，如需使用生产工具，可办理临时借用手续，使用完毕应及时归还，借用期间生产工具保管人负责跟踪直至归还。

② 生产工具借用必须填写“生产工具借用”，说明借用时间、归还时间、用途、保管责任人等，经部门负责人签字后，方可借用。

六、饲料兽药采购、保管、使用制度（仅供参考）

① 饲料、添加剂、兽药等投入品采购应实施质量安全评估，选优汰劣，建立质量可靠、信誉度好、比较稳定供货渠道。定期做好采购计划。

② 采购饲料产品应具有有效的证、号。不得采购无生产许可批准的产品。

③ 采购兽药必须来自具有《兽药生产许可证》和产品批准文号

的生产企业，或者具有《进口兽药许可证》的供应商。所用兽药的标签应符合《兽药管理条例》的规定。

④ 进货入库的饲料、添加剂和兽药应认真核对，数量、含量、品名、规格、生产日期、供货单位、生产单位、包装、标签等与供货协议一致，原料包装与完全无损，无受潮、虫蛀，并做详细登记。

⑤ 兽药、饲料、添加剂应分库存放。所有投入品根据产品要求保管，定期检查疫苗冷藏设备，确保冷藏性能完好。

⑥ 饲料添加剂、预混合饲料和浓缩饲料的使用根据标签用法、用量、使用说明和推荐配方科学使用。铜、锌、硒等微量元素应执行国家规定使用，减少对环境的污染。

⑦ 严格执行《中华人民共和国兽药规范》、《药物饲料添加剂使用规范》规定的使用对象、用量、休药期、注意事项，饲料中不直接添加兽药，使用药物饲料添加剂应严格执行休药期制度。严格执行兽医处方用药，不擅自改变用法、用量。

⑧ 禁止使用国家规定禁止使用的违禁药物和对人体、动物有害的化学物质。慎重使用经农业部批准的拟肾上腺素药、平喘药、抗（拟）胆碱药、肾上腺皮质激素类药和解热镇痛药。禁止使用未经农业部批准或已经淘汰的兽药。

⑨ 禁止使用过期失效、变质和有质量问题的饲料和兽药、疫苗。

⑩ 建立饲料添加剂、药物的配料和使用记录。保存期 2 年。

第七章　经营与销售

经验之一：育肥牛养多大出售最合理

确定出栏时间，要根据生长发育规律、育肥效果、饲料报酬、商业时机等来综合判断，以取得好的养殖效益。

肉牛生长发育规律表明，家畜在1岁前生长增重较快，1岁以后生长速度逐渐减慢，特别是1.6～2.0岁以后生长更慢。以夏洛莱牛为例，日增重从初生到6个月龄为1.18～1.50千克，而7～12月龄为1.05～0.90千克。

一般情况下，6月龄肉牛肥育期为10～12个月，12月龄牛肥育期为8～9个月，24月龄牛肥育期为5～6个月出栏为宜。

① 食欲观察：牛食欲减低，采食量下降，即使改变饲养技术，食欲仍不能有效提高，此时即可出栏。

② 称重检查：育肥牛前期体重增加很快，后期连续3次称重，体重基本不再增加。此时即可出栏。

③ 肥度触摸：牛的胸前、背部、最后肋骨上方、后肢膝壁、公牛阴囊、母牛乳房等处，脂肪较难沉积，如果触摸这些部位感觉丰满，柔软、充实并有弹性，其他部位的体膘已肥满，就证明育肥已完成，此时即可出栏。

经验之二：怎样养牛效益高?

据测试，肉牛的生长发育规律是肉牛在1岁前生长增重较快，1岁后生长速度减慢，特别是1.6～2岁以后生长更慢。当架子牛经育肥达到膘肥体胖时，增重速度远远低于育肥期的前、中期，饲料转化率低，养牛户应及时结束育肥并出售，以免增加饲料成本、减少利润。此外，牛维持生命的维持需要随牛的体重增加而加大，如体重300千克时的维持量为23.2兆焦，体重500千克时的维持需要量为34.1兆焦。500千克的育肥牛1天的维持量需要量折合成玉米（玉米饲料的维持净能为9.12兆焦）为3.73千克，多饲养10天就无谓地消耗玉米37.3千克。试验证明，年龄小的肉牛增重1千克需要的饲料较年龄大的肉牛要少得多。因此，从饲料总消耗量和资金及设备利用等方面考虑，饲养年龄小的肉牛较饲养年龄大的肉牛更有利。

目前，在我国广大农牧区，对犊牛实行4～6月龄断奶，夏、秋季以放牧为主，适当补饲，冬、春季在塑料大棚保温舍饲。一般在第2年秋末冬初即犊牛生后1.5周岁、体重达到300千克左右时出栏比较合适。这时的肉牛增重速度较快，肉质细嫩，育肥消耗的饲料少，饲养成本低，适合在广大农牧区推广。同时，出栏的架子牛再经过3～4个月的强度育肥，在2岁左右体重达到500千克时屠宰，对养牛户和消费者都有利。

自繁自养效益高。养牛场（户）有计划地实行自繁自养，不仅能避免因从外地买牛带进的传染病，而且可降低养牛费用20%～30%。

对于既懂得怎样购买到好母牛，还懂得如何饲养的养牛经验丰富的养殖户来说，可以以出售带犊牛的母牛为主，这样出售效益高，购买者也愿意买。

养不阉公牛效益高。研究表明，在同样的饲养条件下，不同性别牛的生长发育速度不同，公牛最快，阉牛次之，母牛最慢。公牛在不同年龄段的生长速度和饲料转化率均高于阉牛，生长速度高14%～15%。22.5月龄的公牛比阉牛饲料利用率高12.8%。所以2岁前肥育的公牛不宜去势，否则肉质会变劣。另外，公牛胴体瘦肉率比阉牛高8%，胴体脂肪比阉牛低38%，公牛可生产更多的优质肉。

经验之三：购买架子牛的说道多

购买架子牛育肥，是绝大多数养牛场必须要做的事情，有经验的养殖者会根据架子牛的质量、市场行情和饲料资源等情况选择到合适的架子牛，而对于初涉肉牛养殖或经验少的养殖者却是一个难题，难点在于不掌握选择的一些规矩。因此，作为养殖者必须懂得一些购买的规矩，就会少走很多弯路，少交“学费”。

选择架子牛首先要懂的规矩是预期出栏时间和出栏体重，通常架子牛体重大，育肥需要的时间短，饲料消耗少，出栏体重大，价格波动相对也小。育肥时间长，消耗的饲料就多，价格不确定因素也多。所以在购买时这些因素都是要必须考虑的因素。

还有架子牛买卖差额，也就是架子牛交易时的价格和架子牛经过育肥后出售时的价格之间的差额，简单理解为买进价和卖出价的差额。购买时要对育肥后的架子牛出售价格进行评估，买卖差额越大，育肥获利越多。

买卖差额较大时应选择体重大的架子牛，在短时间能获得较高的利润。在买卖差额较小时应选择体重较小的架子牛，小体重的架子牛一方面可以通过延长饲养等待育肥牛价格的上升，另一方面由于饲养时间延长，获得了卖价更高的优质牛肉，从而得到更高的饲养效益。

购买肉牛质量（等级）较高、年龄较轻的牛，购买的价格可适当高一些。因为这样的架子牛，增重快、饲料报酬率高、胴体质量高，在强度肥育以后，能获得较高的售价，尽管购买价格高，也能获得较好的利润。

饲料价格高时，购买的价格要尽量低一些。因为增重成本随饲料价的增加而提高了，只有有了较大的买卖差额，育肥者才有利可得。

架子牛体重大，购买的价格可适当高一些。因为体重大的架子牛到肥育者手中催肥的时间短，饲料消耗少，虽然买卖差额不大，肥育者仍能获得较好的利润。

架子牛较肥胖时，购买的价格要低。因为这种类型的牛增加体重要消耗较多的饲料，饲料成本高，因此买卖差额小时，肥育者无利可图。

需要有较长时间肥育才能达到出栏或屠宰的架子牛，购买的价要低。由于饲养期长，饲养成本高，市场价格不确定因素多，只有较大的买卖差额，肥育者才能保证获利。

严冬腊月和酷暑季节不利于肉牛生长，饲养成本高，养殖风险大，尽量错开少养或不养。养殖条件好的养牛场也要尽量少养，以减少管理难度。

经验之四：影响肉牛高产肥育的因素

1. 肉牛品种

不同品种在育肥过程中，在饲料、饲养管理、饲养时间、方法、措施等条件都相同，它的增重是不同的，不同杂交肉牛，其增重速度也不同，一般杂种后代，比本地亲本的增重平均值提高15%～25%。

奶公牛犊生长潜力大，初生重大，成年体重也大，高于其他肉牛品种，因此产肉的潜力也大。

2. 饲料

饲料对增重影响很大。

① 饲料数量的影响，肉牛吃的多，生长快，如30千克的小肉牛，日食2.5千克精料可长1千克体重，吃2千克料，只能长0.7千克。当然过多也会造成浪费。

② 饲料品质的影响，在不同的发育阶段，肉牛对饲料配制有不同的要求。幼龄牛需要较高的蛋白质饲料，成年牛和肥育后期需要较高的能量饲料。如小肉牛日粮中所含蛋白质水平和氨基酸的种类，比例是否完全平衡。如粗蛋白水平18%，比14%的增重快，同时用混合饲料比单一饲料喂肉牛增重快。

3. 育肥前犊牛的体重和体况

体况包括体型结构、形体发育程度和前期生长发育水平。牛的体型首先受躯干和骨骼大小的影响。肉牛肩峰平整且向后延伸，直到腰与后躯都能保持宽厚，是高产优质肉的标志。育肥前体重大、生长发育好的犊牛，要比体重小、生长发育差的，育肥效果要好。一般来说，断奶体重越大，肥育效果越好。

4. 年龄

不同年龄的牛所处的发育阶段不同，体组织的生长强度不同，因而在肥育期所需要的营养水平也不同。幼龄牛的增重以肌肉、内脏、骨骼为主，成年牛的增重除增重肌肉外，主要为沉积脂肪。

按单位体重的增重率计，年龄越小，增重速度越快，年千克增重耗料越少。例如 10 千克仔肉牛，每月增重 7 千克，增重率 70%，肉料比 1∶2.1；80 千克的大肉牛，每月增重 20 千克，重率只有 25%，肉料比 1∶3.4，所以小肉牛阶段比大肉牛增重大，效益好。

5. 肉牛只饲养密度

据试验，一栏养 10 头，每头占地面积 1.2 平方米，日增重 610 克，另一栏养 15 头，每头占地面积 0.8 平方米，日增重 580 克，适当宽度对增重是有利的。

6. 环境温度

对肉牛肥育影响较大，以 7℃为界，温度低于 7℃时，牛体产热量增加，牛的采食量也增加。低温增加了牛蹄热的散失量，从而使维持需要的营养消耗增加，饲料利用率就会降低。而当环境温度高于 27℃时，会严重影响牛的消化活动，使食欲下降，采食量较少，消化率降低，随之而来的是增重下降。反映到季节上，秋天肥育比夏天、冬天快。

此外，性别（公肉牛比母肉牛增重快）、阉割（阉割的比不阉割的增重快）以及饲养方法（不限料比限料快）、饲喂餐数、驱虫与否等，对高产肥育都有影响。

经验之五：养肉牛不挣钱的原因

1. 肉牛品质差

没有选择优良品种或者是黄牛改良品种，不注重品种的选择和选育。目前农村有半数以上仍为本地牛，甚至一些养牛户采用肉牛亲子间繁殖。很多买来的牛并不是真正的杂交牛，国外引进良种的血液含量很低，大部分是杂交公牛本交后代或是回交的二代、三代。这些牛买回来后其生长发育远不如通过人工授精所得到的后代，这些肉牛品质差、生长慢、耗料多、瘦肉率低。

2. 不懂得营养

农户养肉牛大都不懂饲料科学配合或不明白全价饲料的含义，有啥喂啥。造成自配饲料营养不全或不平衡，肉牛生长缓慢。如使用玉米秸秆喂牛的，不经过青贮或者连最基本的粉碎、揉碎等加工都不做，特别是不愿意自己制作青贮饲料，即使有制作的制作的数量也不足。很多是直接将玉米秸秆整棵喂牛，既降低了玉米秸秆的使用效果，又浪费了大量的秸秆资源。

3. 饲喂不科学

不能做到科学饲喂，做不到定时饲喂、定量饲喂、冬季牛要饮温水和保证不了饲料质量。饲喂时间、次数随意，常出现闲时勤喂、有事少喂、农忙断顿的粗放饲养现象。生料熟喂，破坏了饲料中的营养成分，增加了人工、燃料等成本。突然更换饲料，使肉牛产生应激反应，造成一段时间肉牛的食欲减退而影响生长。

4. 牛舍太简陋

肉牛连最起码的遮风挡雨都没有，冬不御寒夏不防暑。许多肉牛养殖户为图省事，利用厕所、房前、屋后、夹道等地建简易圈养肉牛，栏舍结构极不科学。有的肉牛牛舍地面长期积水积尿，肉牛关在圈中等于坐水牢，臭气熏天，严重影响肉牛的健康生长。

5. 混群同圈养

大小肉牛同圈饲养，造成肉牛以大欺小、以强欺弱、互相撕咬，不仅不利于小肉牛和弱肉牛的生长，而且不能根据肉牛龄特点合理供料。

6. 不注重防疫

目前养殖户大都忽视“防重于治”的原则，他们存有侥幸心理，连肉牛的几大传染病疫苗也不接种，结果使肉牛病增多，有的甚至出现花钱治不好病的现象。即使一些慢性病虽不能造成肉牛只死亡，但会影响肉牛对饲料的吸收利用，抑制其生长发育，推迟出栏，增加料耗，得不偿失。另外，从外地买牛，去买牛的人对当地的疫情和地方性疫病并不清楚，也提不出需要对哪些疾病进行检疫，有些地方在引牛时把病也引进来，造成了一些不必要的损失和麻烦。

7. 忽视驱虫

肉牛驱虫是肉牛养殖必须做的工作之一，因为肉牛经常接触地面，加上饲喂青饲料、生饲料，极易使肉牛感染蛔虫等寄生虫病。轻者使肉牛发育不良、生长受阻，重者会造成肉牛的死亡。但很多养殖场（户）不了解，常常忽视这一重要环节。

8. 把握不好出栏时间

不按照肉牛的生长发育规律养牛，农户养肉牛时常忽视最佳出栏时间，或者在生长最快的时候出栏。肉牛的生长规律是先快后慢，甚至停滞，必须做到该出栏时再出栏。

经验之六：如何卖个好价钱？

养肉牛的目的是为了赚钱。因此，如何使养肉牛的效益最大化，使所养的肉牛卖个好价钱，是每个养殖者最关心的事情。应该注意以下几个方面。

1. 遵循市场规律，养殖适销对路的品种

这是卖出好价钱的前提。养殖场要能“见微知著”地遵循市场规律，摸准市场的脉搏。养殖户可以根据当地肉牛消费的特点，确定选择养什么品种，也就是说养什么样品种的羊好卖就养什么品种。如目前我国专门化肉牛品种的缺乏、高档牛肉供应的严重不足，投资者可以从这方面入手。再比如当地的肉牛品种适合与国外引进的优秀品种杂交生产杂交肉牛，杂交后生产的肉牛长得快，肉质好，销路也好，就可以饲养引进品种如夏洛莱牛、西门塔尔牛、短角牛、利木赞牛、海福特牛、安格斯牛等，与当地的品种杂交；还可以饲养肉牛繁育公司“放养”“寄养”的肉牛，或者是选择“公司＋农户”的饲养方式；如果本地区对地方特色的黄牛品种的需求量较大，可以饲养这些地方品种，如秦川牛、南阳牛、鲁西牛、延边牛、新疆褐牛等地方品种，这个品种饲养成本以及养殖的技术含量很低，适合性强，而且肉质细嫩，营养价值高，被餐饮行业看好，同样也能取得好效益。无论选择哪个品种，只要搞好饲养管理，产销对路，都能取得比较好的经济效益。市场需求是多元化的，无论养殖什么品种，只有符合市场需求，才能赚到钱。否则，不能适销对路，就不能获利。

从经济效益的角度，要见效快就养殖大家普遍饲养的品种，因为这样的品种肉牛好挑选、饲料来源广、市场需要量大、饲养技术成熟等。而饲养量少的品种，市场需要养殖场自己去开拓，品种纯度不好保证，没有成熟的饲养技术等，想短期取得好效益非常困难。

2. 健康养殖，生产放心食品

注水牛肉、疾病牛出售、添加违禁的瘦肉精、私屠滥宰严重以及检疫检验缺乏等这些在肉牛养殖业出现的问题，使我国牛肉质量不能让国内的消费者放心，也难以满足国际贸易上多数进口国的要求。最主要表现为不能满足卫生及动物检疫标准，其中包括鲜嫩度、卫生保障、疫病控制、兽药残留等，从质量上不具备国际竞争力。

因此，积极发展健康肉牛养殖，养殖户转变粗放式养殖观念，实现标准化规模养殖。在农区专业养牛户和大型养羊场要建立标准化生产体系，并实行标准化生产规程。积极参与专业化养殖小区建设，进入养殖小区后，建标准化羊舍、青贮窖及其相关设施，重点做好品种、饲料、防疫、养殖技术和产品等五方面的标准化工作，逐步实现品种良种化、饲养标准化、防疫制度化和产品规格化，做到绝对不添加任何违禁添加剂和不使用任何违禁药物，生产安全放心的肉牛产品，严格执行疫病检测和产品药物残留监测等，生产优质、安全牛肉产品。尤其是生产高档牛肉，给企业带来的效益会更高。

要多在改善养殖条件和饲养管理下工夫，少在投机取巧上费心思，不能为一时的小利而毁掉整个肉牛养殖的前程。促进安全优质肉牛产品生产。

3. 延伸产业链，增加产品附加值

肉牛产业的发展，不仅取决于养殖环节，更取决于加工环节。在发达国家，肉牛加工产值一般是养殖产值的3倍，而在我国大部分农区，加工产值只是养殖产值的80%左右。大部分肉牛交易仍以卖活牛为主，加工产品少、价格低。业内人士分析说，同时对于传统的肉牛屠宰加工企业，在当前的市场环境下，传统的生牛饲养、加工企业赢利能力十分有限。受上游饲料、原料价格波动的影响，包括生牛在内的泛农业产业一直存在峰谷交替的大起大落现象，不断地在阶段性暴利、阶段性亏损、阶段性持平三个状态间“荡秋千”。肉牛企业战略重点放在打造由牧场到餐桌的全产业链模式。

因此，对有实力的大型肉牛养殖场和肉牛屠宰企业要提高综合加工能力，引进国外现代科学屠宰方法和先进的加工工艺和分割水平，积极拓展市场：根据市场的不同需要，将牛肉进行分部位分割，以满足不同层次人的口味和烹饪需求。将牛肉进行小块包装或精品包装，提高产品档次。加快牛肉的精深加工，增强市场竞争力，达到提高肉牛个体价值的目的。

4. 实施品牌战略，打造过硬品牌

品牌有利于树立养殖场的形象，提高企业及产品的知名度与美誉度。有利于提高产品的附加值，增加利润；有利于市场细分，培养顾客偏好与顾客忠诚，培养稳定的顾客群；有利于促使企业保证和提高产品质量，维护企业的自身信誉；有利于维护企业的正当权益；当今社会，产品竞争同质化、市场竞争白热化，许多企业失败的原因不尽相同，但是成功者的法宝却惊人的相似，那就是他们无一例外地借助了品牌的力量。一个成功的品牌，能够为其所有者不断带来超额利润，今天的市场竞争，很大程度上就是品牌竞争。

要重视对品牌的创立和宣传，有条件的企业要积极申报 ISO 22000 食品安全管理体系认证、ISO 9001 质量管理体系、ISO 14001 环境管理体系认证等相关认证、清真食品认证、绿色食品认证、QS 认证等多项认证，这些认证是牛肉过硬品质的保证，是企业长久发展、产品品质稳步提高的坚强基石。参加各种形式的展销推介活动，营造良好的品牌发展氛围。这方面做得比较好的企业很多，如大连雪龙黑牛股份有限公司“雪龙黑牛”品牌、重庆恒都食品开发有限公司“恒都牛肉”品牌、延边朝鲜族自治州畜牧开发总公司“犇福”延边黄牛肉品牌等。

逆水行舟，不进则退。要想在同质化竞争越来越激烈的市场中分得一杯羹，立于不败之地，就必须创立自己的过硬品牌。

5. 整合销售渠道，实施深度营销

健全有序的流通渠道是一个产业建立与发展的基础，一个完整的产业体系的建立与发展离不开高效有序的市场流通网络。因此，肉牛养殖场要在充分利用现有销售渠道的基础上逐步建立具有自身特色的销售渠道和网络，并对其实施有效的管理和控制，才能让养羊的效益倍增。

对于资金实力雄厚的养殖企业，可以在建场立项的时候就开始大造声势，把项目进展的每一个步骤都作为一个宣传的好时机，等真正可供出售的肉牛能对外销售的时候，不用太多宣传推介就达到一定的知名度了。比如在肉牛场立项的时候，可以利用地方政府招商引资政策，让地方政府有关部门参与规划，让当地的主流媒体报道这一投资项目，地方政府为了自身的政绩，也会主动通知媒体报道，后续的奠基仪式、开工仪式、当地政府和省市领导视察、引进种猪、养殖人才招聘会以及主动参与当地的一些公益事业和慈善捐款等，都是造势的最好也是最廉价的方式。

对于创业初期，资金规模不大的养牛场，可以借势而为。可以考虑先加入相关合作组织来整合资源，提升形象，扩大影响，借力开拓自己的市场，销售产品。目前，在养肉牛行业中存在不同的组织，如畜产品龙头企业、国家和地方养肉牛协会、养肉牛合作社等。饲养者可以根据自己的实际情况，选择适合于自己的渠道来扩大生猪产品的销售，增加经济效益。

等自身积累一定的实力的情况下，在明确自己市场定位的基础上，经营者要敢于解放思想，大胆创新，根据本场的生产情况制定自己的市场营销策略来开拓市场。

参 考 文 献

[1] 肖冠华等编著．投资养肉牛你准备好了吗．北京：化学工业出版社，2014.
[2] 王加启等编著．肉牛高效益饲养技术（修订版）．北京：金盾出版社，2009.